高分子制振材料・応用製品の最新動向Ⅲ

New Trends of Polymer Damping Materials and Applications III

監修：西澤　仁
Supervisor : Hitoshi Nishizawa

シーエムシー出版

刊行にあたって

生活環境の中での騒音・振動問題は，環境安全性の主要な課題として産業界の重要なテーマの一つとして注目されている。自動車，鉄道，電気電子機器，OA 機器，建築，船舶等主要産業における振動減衰問題は，高品質化，高性能化とともに新しい振動減衰効果が要求されてきており，また，地震対策，環境騒音対策を含めて防振，吸音，遮音，制振の振動減衰技術として活躍している。

その中で高分子材料は，熱可塑性樹脂，ゴム，エラストマー，熱可塑性樹脂として幅広い要求に対応できる優れた性能，幅広い要求への対応性，コスト安等の特徴を生かして各種応用分野で使用されている。

これまでに『高分子制振材料の応用製品の最新動向Ｉ，Ⅱ』を発刊し，皆様からご好評をいただいてきた。発行からほぼ10年が経過し，電気電子機器，OA 機器分野では，各種機器の性能向上による振動数の上昇と新しい騒音対策の要求，自動車分野では性能向上とともにドライバーへの運転環境の向上を目指した環境安全対策，建築分野では地震対策への強化と騒音対策の強化，船舶では船舶防火構造規制の改定への対応と船舶の高性能化，ハイテク化の推進のための振動対策，車両分野では，高速化，環境安全対策の強化の推進が実施されている。

これらの状況を踏まえ前回の発刊からだいぶ月日が経過していることと，皆様からの強い再刊の希望を考慮して今回再刊することになった。必ずや今後の研究開発，開発にお役にたてるものと確信している。皆様のご活用を心から期待している。

2019 年 3 月

西澤技術研究所
西澤　仁

執筆者一覧（執筆順）

西澤　仁	西澤技術研究所　代表
山口誉夫	群馬大学　理工学府　知能機械創製部門　教授
渡辺茂幸	(地独)東京都立産業技術研究センター　開発本部　開発第一部 光音技術グループ　副主任研究員
板野直文	日本特殊塗料㈱　開発本部　第２技術部　技術２課
三須基規	昭和電線ケーブルシステム㈱　デバイスユニット　免制震部 技術・品質保証課
髙山桂一	㈱昭和サイエンス　代表取締役　社長
花田光弘	㈱昭和サイエンス　大阪営業所　システムサービスグループ　副部長
岩本康人	昭和電線ケーブルシステム㈱　デバイスユニット　制振制音部　部長
伊藤幹彌	(公財)鉄道総合技術研究所　材料技術研究部　防振材料　研究室長
細川晃平	七王工業㈱　技術部　研究開発課　主任
竹内文人	三井化学㈱　研究開発本部　高分子材料研究所　主席研究員
中島友則	三井化学㈱　研究開発本部　高分子材料研究所　主席研究員
千田泰史	㈱クラレ　イソプレンカンパニー　エラストマー事業部 エラストマー研究開発部

目　　次

【第Ⅰ編　高分子制振材料の最新動向と今後の研究の方向】

第1章　制振材料の応用分野と要求特性及び制振機構

西澤　仁

第2章　自動車における制振材料の適用とシミュレーション解析

山口誉夫

【第Ⅱ編　騒音に関する環境規制と制振特性の評価試験法】

第3章　制振特性の評価試験法　渡辺茂幸

【第Ⅲ編　高分子制振材料の応用展開】

第4章　自動車用制振材料　板野直文

第5章　建築免震用積層ゴム，制振ダンパー　三須基規

第6章　船舶用制振材　髙山桂一，花田光弘，岩本康人

第7章　鉄道用防振・制振材料　伊藤幹彌

第8章　高分子制振材料の応用分野と制振材料の適用状況 —電気電子機器，OA機器，その他機器—　西澤　仁

【第Ⅳ編 注目される高分子制振材料】

第9章 アスファルト系制振遮音材について 細川晃平

第10章 熱可塑性ポリオレフィンABSORTOMER® 竹内文人，中島友則

第11章 制振性スチレン系エラストマー「ハイブラー」 千田泰史

【第Ⅴ編 新規制振材料の特許提案動向】

第12章 制振材料に関する最近の特許動向とその主な内容 西澤 仁

【第Ⅵ編 市場編】

第13章 高分子制振材料の開発と市場 シーエムシー出版 編集部

〈第Ⅰ編〉
高分子制振材料の最新動向と今後の研究の方向

第1章　制振材料の応用分野と要求特性及び制振機構

西澤　仁*

1　はじめに

最近の社会生活の高度化，複雑化と自動車，電気電子機器，鉄道車両，建築，航空機等の科学技術の発展に伴い高度化された通信機器（5G時代），電子機器の微振動対策，EV自動車，AI駆動無人自動車の実用化，高性能船舶における難燃高減衰性材の要求，宇宙関連機器へ適用等振動騒音問題はますます要求度が高まりそこに使用される振動減衰機器及び減衰材料に要求される性能も吸音，遮音，防振，制振等の要求内容も複雑化してきている。一方，地震国日本における耐震対策は緊急の効果的な振動減衰対策も望まれている。

高分子振動減衰材料は，高減衰性付与効果の高さ，材料及び加工費の安さ等の特徴をいかして広い応用分野で実用化されている。

ここでは，最近注目されている振動減衰性能が要求される制振材料の応用分野，要求特性，制振性付与機構を記述したい。

2　制振材料の応用分野と要求性能

振動減衰技術は，図1，表1に示すように[1,2]，騒音対策を例にとってその制御技術から考えるとエネルギー反射から見た遮音技術と防振技術，エネルギー吸収から見た吸音技術，制振技術に分類することが出来る。制振技術は，外部から入った振動エネルギーを材料自身が持つ粘弾性特性の tan δ（損失係数）による発熱現象によって起こるエネルギー吸収により発揮される機能である。それを効果的に発揮させるために材料の分子構造，材料組成を改良することが行われており，応用分野によって要求される特性に対応した材料開発が望まれている。

2.1　制振材料の応用分野と要求事項及び使用されている代表的な制振材

制振材料の応用分野は広範囲に及ぶが表2に代表的な応用分野に絞って応用分野，応用製品，要求される性能，使用されている代表的な制振材料の種類を示すので参照されたい。

各応用分野での詳細な制振材料について代表的な応用分野のみをここで紹介しておくことにしたい。

＊　Hitoshi Nishizawa　西澤技術研究所　代表

2.1.1 自動車用分野における制振材料の概要

制振材料が現在まで貢献している分野の一つが自動車用であり，図2[3]に示すように車体，エンジン等多くの箇所に制振材料が使用されており，図3，表3[4,5]示すような周波数，振幅の振動の発生に対応した表4に示すような各種制振材料が使われている。一般的な乗用車一台で約40 kgの制振材が使用されていると言われている。

自動車の振動減衰材料は，制振材料とともに表1に示す吸音材料，遮音材料，防振ゴムが同時に使用されている。これら振動減衰材料は，自動車から発生する周波数によって使い分けられており，防振ゴムは，主としてエンジンルームを主体に使用され，現在耐熱性に優れたEPゴムを主体に使用され，現在は，防振性能に優れたすなわちバネ定数が小さく，(低Kd)，損失係数の大きな（ηの大きな）ゴム材料の開発が大きな課題となっている。

吸音材料，遮音材料は，比較的周波数の高い領域で使用され，制振材料は，中間的な周波数で使用されている。自動車用制振材料は，低コストのアスファルト系，ゴムアス系が多いが，最近は，乗り心地，運転環境の向上も検討されており，制振性能に優れた高性能タイプの検討も進められている。その高度な制振性を要求される製品として紹介されている例を図4[6]に示しておきたい。

更に基本的な制振材料の開発の方法を表5に示すが，制振効果，吸音効果，遮音効果を一つの製品で発揮させようとする意図を伺い知ることが出来る。また。自動車用制振材料として多用されているアスファルト材料の制振特性を図5に示しておきたい。ここからアスファルトはそれ自身かなりの制振効果があることが理解できよう。現状は他の特性を考慮してゴム，TPE等との複合材料として実用化されている例が多い。

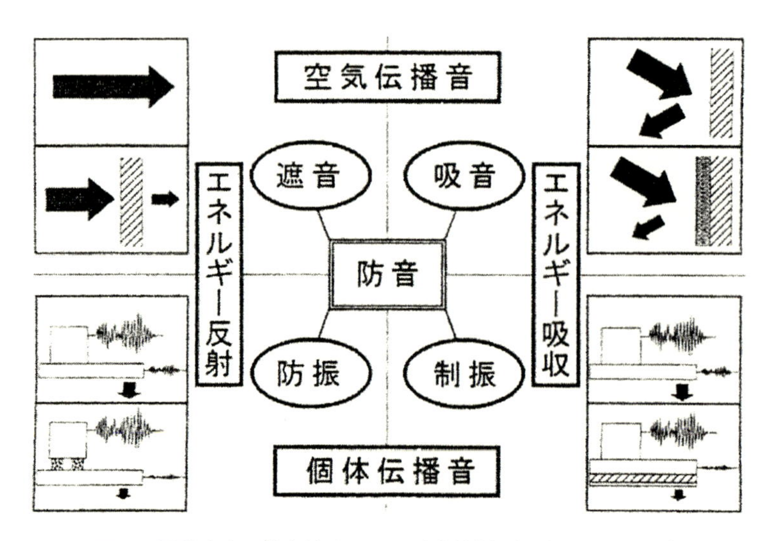

図1　振動減衰の基本技術とその減衰機構（騒音対策の制御）

表１　振動減衰技術の基本技術と制振機構（騒音対策の制御）

機能	騒音対策	振動対策
エネルギー反射	遮音材料 次図には，壁の一方から音を発して，壁に入射した音を反射，透過，吸収の３つに分類したものを示す。 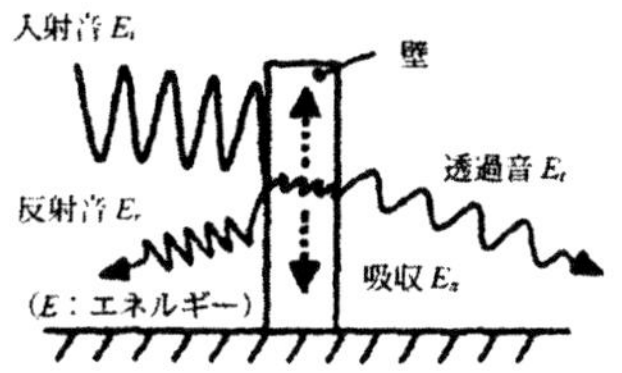 入射音 E_i　壁　透過音 E_t　反射音 E_r　吸収 E_a　（E：エネルギー） ここで遮音とは，入射エネルギー E_i に対して壁を通過する音の E_t がどれだけ小さくなるかを示し，次式で求められる音響透過損失 R で示される。 $R = 10\ \mathrm{Log}_{10}\ (E_i/E_t)$ この R が大きいほど遮音性能が高いことを示す。	防振材料（防振ゴム） 自動車の被防振部材の下に設置して，被防振部材の固有振動数に対する防振材（防振ゴム）の固有振動数を下図に示すように $\sqrt{2}$ 以上離すことにより，振動伝達率を<1にすることが出来，非防振材の振動を減衰させる。 (a) 振動絶縁されていない系　入力が正弦波振動の場合　(b) 振動絶縁された系 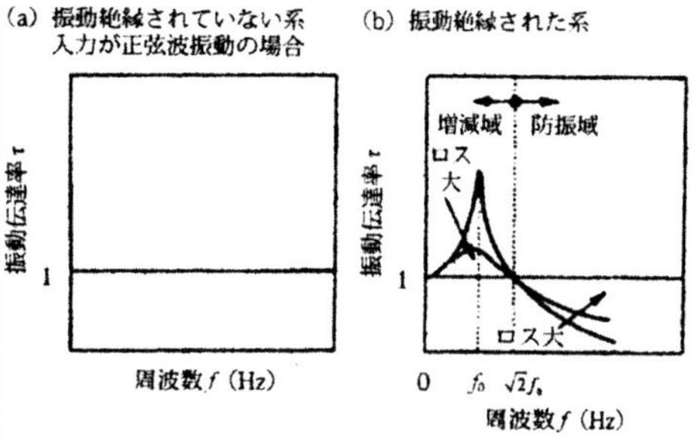 振動伝達率 τ　1　周波数 f (Hz)　増減域　防振域　ロス大　0　f_0　$\sqrt{2}f_0$ 防振ゴムの硬度（バネ定数）を変えることにより，各種固有振動数の防振ゴムを作ることが出来，多種類の固有振動数の被防振材に応用できる。 自動車用防振ゴムは，特に低 Kd（動的バネ定数）でしかも高い η（損失係数）のゴムの開発が重要なポイントとなる。最近は，耐熱性，低コストの EPDM をベースゴムとして高損失係数のゴムが開発されてきている。
エネルギー吸収	吸音材料 遮音材料で示した図に示したように，材料の吸音性能は，入射音エネルギー E_i に対する反射音以外のエネルギー（$E_i - E_r$）の割合を示し，次式によって求まる吸音率 α によって示される。E_a は材料によって吸収されるエネルギーを示す。 $\alpha = (E_i - E_r)/E_i = (E_a + E_t)/E_i$ $0 < \alpha < 1$	制振材料 動的 tan δ の大きな，tan δ の温度特性のブロードな材料開発がポイントとなる。 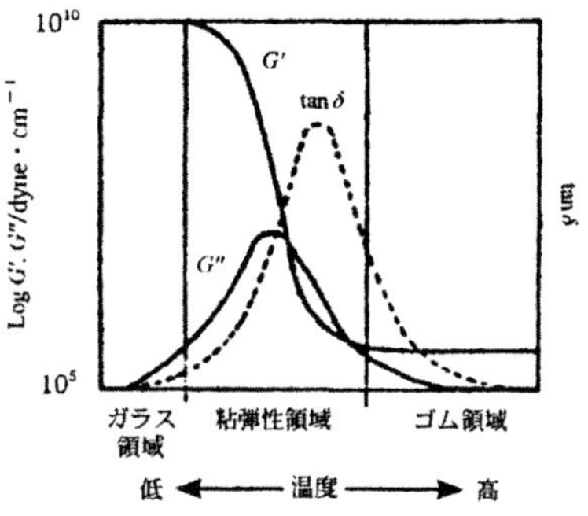 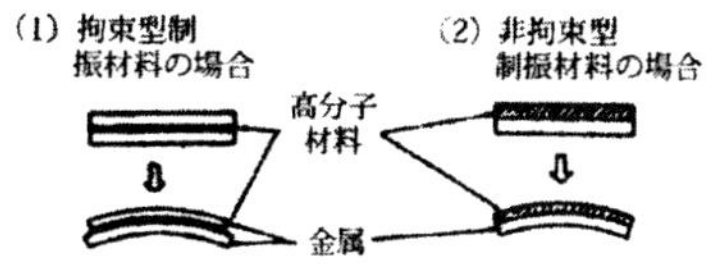 10^{10}　G'　tan δ　G''　Log G', G''/dyne・cm^{-1}　10^5　ガラス領域　粘弾性領域　ゴム領域　低 ← 温度 → 高 (1) 拘束型制振材料の場合　(2) 非拘束型制振材料の場合　高分子材料　金属

表２　制振材料の応用分野と要求特性及び使用される代表的な制振材

応用分野	応用製品	要求特性	代表的な制振材料
電気電子機器 OA 機器	家電製品，各種 OA 機器，CD，DVD 各種小型モーター 光関連機器，PC，各種電子機器	振動減衰特性（高損失係数，温度特性，周波数特性のフラット化），適正剛性，耐熱性，難燃性（UL94，HB～5V，電気用品安全法試験合格，グローワイヤー試験等），電気特性	ゴムアス系制振材，各種 TPE，PVC 系制振材，IIR 系制振材，アクリル系制振材，シリコーンゲル，アクリルゲル，EVA 系制振材，エポキシ樹脂系制振材
自動車	エンジン，車体，車両室内材料，フロアー材	高損失係数（温度特性，周波数特性の平坦化），適正剛性，難燃性（JIS D 1201 室内材料規格，FMVSS303）耐熱性，耐油性，低コスト	ゴムアス系制振材，PU 系制振材，EVA 系制振材，各種 TPE，液状変性 PB 系，IIR 系，PVC 系，ACR 系
建築	免震アイソレーター，高減衰ダンパー，屋根材，壁材，窓，電線管貫通孔シール材	高損失係数（温度特性，周波数特性平坦化），適正剛性，耐熱性，耐候性，難燃性（建築基準法難燃規格合格），総発熱量＜8 MJ	ゴムアス系制振材（難燃性基準法レベル），IIR 系制振材，TPE 系制振材，制振性防火塗料及びシール材，シリコーン系シール材，各種発泡難燃性材料
船舶	各種甲板床張材，制振材，防振材，耐火性制振壁材，耐火性制振性塗料，各階貫通孔シール材（電線，ガス管等）	国土交通省船舶防火構造規制合格，難燃性，発熱量（＜1～1.5 MJ），低発煙量，火炎伝播性，低有害性ガス），制振性，高損失係数（＞0.1～0.5），温度特性，周波数特性平坦化，適正剛性，接着性，耐水性（塩水）	各種合成ゴム，エポキシ樹脂，PU 系樹脂，各種 TPE，各種液状ポリマー

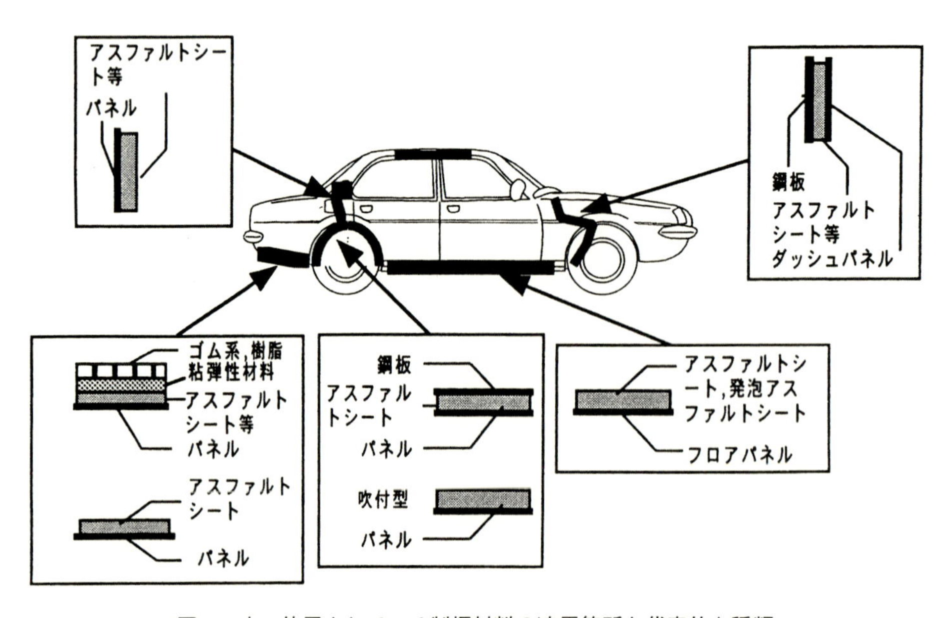

図２　車に使用されている制振材料の適用箇所と代表的な種類

現象		周波数		要求特性
↓		↓		↓
ボディシェイク エンジンシェイク	→	10～15HZ (振幅約±0.8%)	→	Tan δ 大
室内こもり音	→	100Hz (振幅約 0.2%)		→動倍率小さく 吸音率、遮音率大きく 音響透過損失大きく

（1）騒音は、ボディの共振による音、道路の孔や、凹凸によるこもり音とサスペンションとの共振による騒音（約 100Hz 程度）

（2）振動は、タイヤのアンバランスによるバネの共振に基ずくボディシェイク、エンジン系共振によるエンジンシェイク（10~15Hz）

図３　自動車の振動減衰のための主として騒音を対象とした振動数，振幅と要求特性

表３　自動車で発生する振動，騒音

音源	主要部品，その他	発生要因
エンジン系	エンジン，ピストン弁，クランク軸，燃料ポンプ	シリンダー内の燃焼，爆発，ピストン，リングの衝突，シリンダークランクシャフト等の振動，共振（防振材，制振材，遮音材）
排気系	排気マニホールド，燃料噴射装置，マフラー	エンジン排気弁の開閉による高圧ガスの放射，エンジン弁の開閉による爆発音の放射，シリンダーからの排気流，衝突音等，消音機表面の振動（防振材，制振材，吸音材，遮音材）
吸気系	吸気マニホールド，空気清浄器	多量の空気の供給音，管内空気流による発生音，圧縮機の騒音等（制振材，遮音材）
冷却系	ラジエーター，冷却ファン，ファンベルト，水冷ポンプ	ラジエーターでの空気と熱交換を促進する電動ファン，ラジエーター，ウォーターポンプ等の振動，騒音（制振材，遮音材）
駆動系	動力伝播装置	エンジンからの動力を駆動輪に伝える装置，トランスミッション，クラッチ，プロペラシャフト等（制振材）
タイヤ，路面系	タイヤと路面の接触	タイヤ溝のトレッドと路面との接触部における大きな音（気体音，スリップ音等）
制動系	ブレーキ	摩擦音

註）自動車で発生する振動周波数

車種	バネ上固有振動数（Hz）	バネ下固有振動数（Hz）	
		前輪系	後輪系
軽自動車	1.5～2.1	13～17.5	13～16
大型自動車	1.4～1.7	11～16	12～16
小型自動車	1.2～1.6	10～15.5	10～17.5
中型自動車	1.0～1.5	12～13.5	9～13

表４　自動車用制振材料の種類と応用箇所

使用箇所	適用場所	制振材料の種類とタイプ
車体	フロアー，ダッシュ，ドアー，ルーフ，パネル，ホイールハウス，ルームパーテーション	非拘束型 アスファルト系，ゴムアス系，PU フォーム系，酢ビ系塗料，アクリル系塗料 拘束型 アスファルトサンドイッチ鋼板，ラミネート構造
エンジン周辺	オイルパン，シリンダー，ヘッドカバー，タイミングベルトカバー	塗料系 アクリル系塗料，酢ビ系水性塗料 鋼板系 各種ラミネート鋼板
その他	トランスミッションハウジング，パーキングプレートカバー	スプレー型 アスファルト，アクリル樹脂，酢ビ系水性塗料

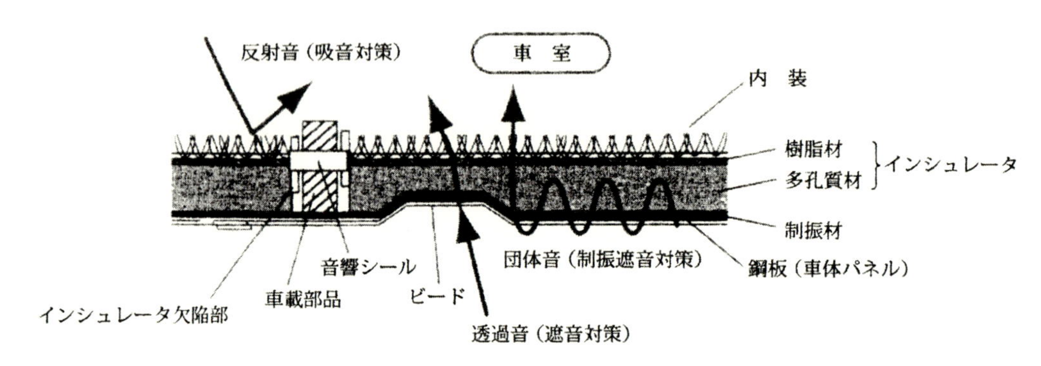

図４　最近の自動車用振動減衰材料（制振，吸音，遮音）の例

現在実際に使用されている自動車用制振材の制振効果の代表的例を図６[1]に示すが，制振材料は，主として低，中周波数領域における固体伝播音の低減に効果があることが示されている。

自動車用制振材料のもう一つの要求特性として難燃性規格がある。特に室内材料に JIS D 1201（FMVSS303）規格に準拠した水平難燃性試験に合格しなければならない（図７）[7]。この水平難燃性試験は，運転者を含む搭乗者が火災事故時に車内から安全に逃げ出すために必要な難燃性を有する材料であることが基本的な考え方に基づいて決められているため，それほど厳しい規格ではない。しかし今後 EV 車への転換でどのように変化するか定かではないが，当面は従来通りの規格を継承するようである。現状の室内材料に使用されている難燃材料に使用されている難燃剤を参考のために表６に示す[7]。

2.1.2　建築分野における制振材料

建築分野における制振材料は，振動減衰だけを目的としてのものではなく断熱性，水密性，気密性等複合的な目的で使用される場合が多い。使用されている制振材料は，各種ゴムシート，TPE シート，難燃断熱発泡材料，ゴムアスシート等が多い。これら制振材料は，他の応用分野

表５　自動車用制振材料開発のポイント

項目	材料開発の具体的施策
材料組成の開発	ベース樹脂 ゴム，アスファルト，IIR，EVA，アクリルゴム，エチレン-アクリル酸エステル，TPE での分子構造の修正。 相溶化剤 ポリマーアロイにおける分散性（モルフォロジー），相溶性調整のための添加剤によるゾーンサイズの制御。 充填剤（フィラー） マイカ，グラファイト，フェライト，各種ナノフィラー（MMT，シリカ，CNT，グラフェン），板状タルク，二硫化 Mo，窒化硼素，チタン酸カリウム，導電性カーボン，チタン酸バリウム，ジルコン酸チタン酸鉛等のポリマー界面でのせん断発熱の制御。 有機極性ハイブリッド減衰性付与剤 各種極性有機化合物（スルフェンアミド化合物，アクリレート化合物）による電気損失の向上。 加工助剤兼減衰性付与剤 ポリイソブチレン，サブ，シクロペンタジエン系樹脂，フェノール-フォルムアルデヒド樹脂による粘弾性温度特性の修正。脂肪酸金属塩による粘弾性特性の修正。
ポリマーアロイ，IPN ポリマーにおける tan δ 温度分布の制御	(1) ポリマー同志の極性の調整，粘度の調整，分散技術の調整で，広範囲の温度で tan δ の大きなポリマーアロイが開発できる。 (2) IPN ポリマーを利用し，極性の適正なモノマーを選択し，モルフォロジー（分散性）を制御することにより広範囲の温度で tan δ の大きな新規材料が開発できる。 (3) ナノフィラーの選択，ベースポリマーの選択，２軸押出機による混練制御による分散性制御による新規ナノコンポジットの開発。
フィラーとの減衰性付与剤併用，表面処理による tan δ の向上	アスペクト比の大きなフィラー，平板状フィラー，比重の大きなフィラーの選択，有機極性ハイブリッド化合物による制振効果の向上。フィラー表面処理によるポリマー界面のせん断量の制御による制振性能の向上。

と共通の特性が要求されるものが多いのでここでは，特徴的な用途である地震対策として使用されている高減衰免震ゴム，耐震用建築ダンパーに使用される振動減衰材料について記述したい。

(1) 高減衰積層ゴムに使用される高減衰ゴム

一般的な免震積層ゴムは，図８に示されるように，振動を水平方向に軟らかい積層ゴムによって減衰するとともに併用する制振ダンパーによって軟らかく迅速に振動を止めることが出来る仕組みになっている。高減衰積層ゴムは，制振ダンパーを使用しないで積層ゴム自身に制振性能を付与したゴムが使用されており，図９に示すように効果的な減衰効果により全体の振動を迅速に停止することが出来る。このゴムには，優れた垂直支持量力と適正な水平振動減衰効果を示す性能が付与されている。材料としては，優れた機械的強度と伸長率，クリープ特性とともに効果的な振動減衰効果を有する材料開発がポイントとなる。

石油残留物であるアスファルトは、
高分子芳香族化合物のアスファルテンが相互に2次結合してミセルを形成し、
このミセルがレジンを吸収し、低分子量オイル中に分散されたものである。
ゲル型の分散状態とtan δの周波数特性を次に示す。
特に自動車用制振材に他のポリマーとブレンドされ多用されている。

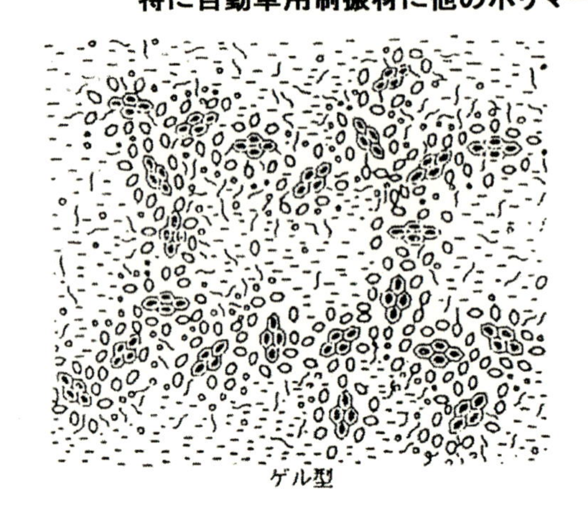

ゲル型

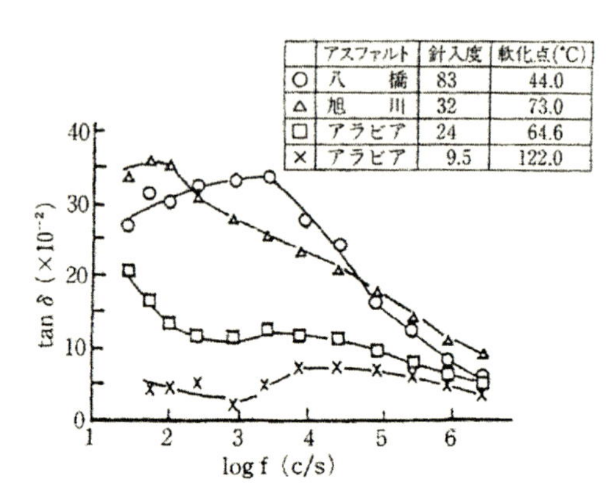

	アスファルト	針入度	軟化点(℃)
○	八　　橋	83	44.0
△	旭　　川	32	73.0
□	アラビア	24	64.6
×	アラビア	9.5	122.0

誘電率測定法による周波数と tan δ

図５　低コストでかなりの制振性を示すアスファルトの制振特性

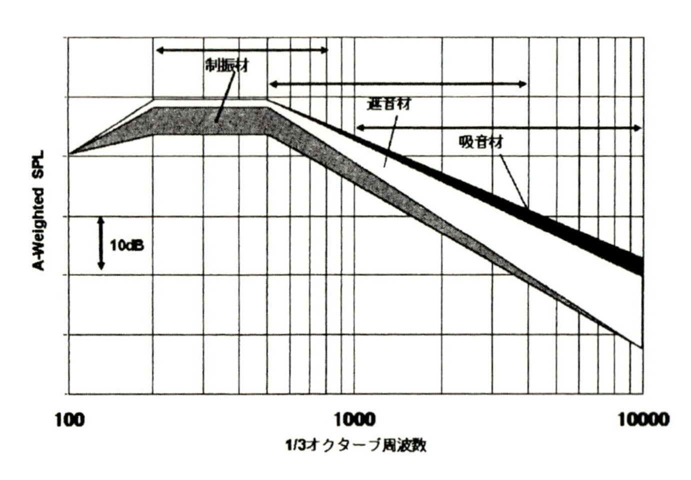

図６　振動減衰材料（制振，吸音，遮音）の自動車室内制振効果

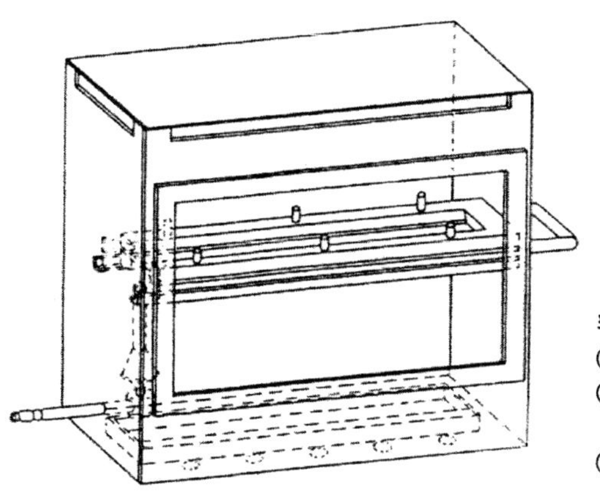

図7　自動車用材料の難燃性試験方法（JIS D 1201）

表6　自動車室内用難燃性高分子材料の種類と使用される難燃剤

分類	高分子材料	難燃化技術	適用部品
シート レザー類 制振材	PVC 合成ゴム PO	リン酸エステル，縮合タイプリン酸エステル 無機系（水和金属，ホウ酸亜鉛等），一部臭素系	シートカバー ドアートリム フロアカバー等
発泡材料	軟質，硬質 PU 一部発泡 PVC	縮合タイプリン酸エステル，リン酸エステル 水和金属，その他無機系難燃剤，Intumescent 系	シートクッション 制振材 クラッシュパッド ドアートリム等
布	敷物，カバー	窒素系（グアニジン，メラミン）， リン酸エステル 一部臭素系	シートカバー ドアートリム ルーフトリム等
成型品	ABS，PP アクリル，PA 等	高難燃は臭素系， 縮合型リン酸エステル 無機系	パネル メーターフード コンソールボックス
ハーネス	PP，PE	水酸化 Mg＋助剤， リン酸エステル	配線系統

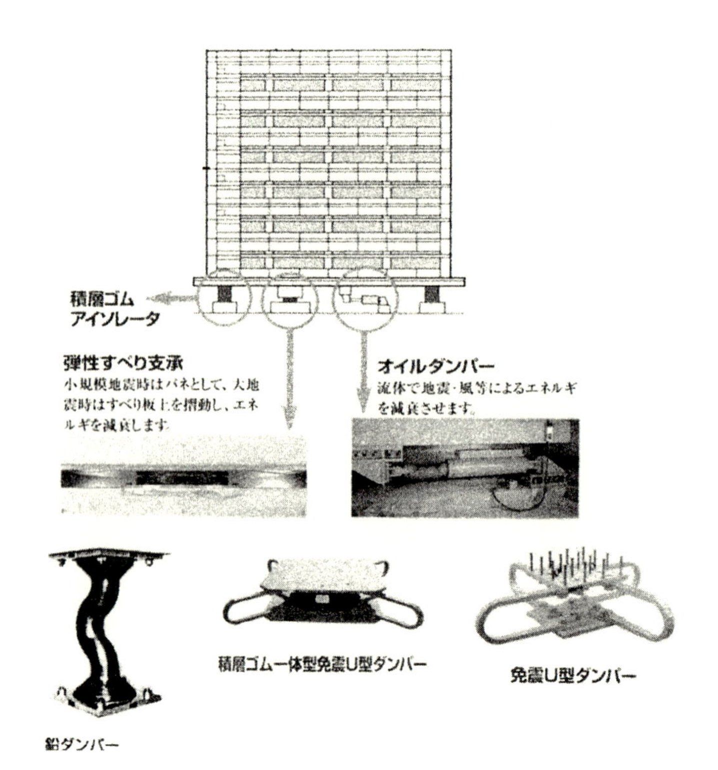

図８　免震積層ゴムによる建築物の振動減衰機構（積層ゴム＋各種ダンパー）

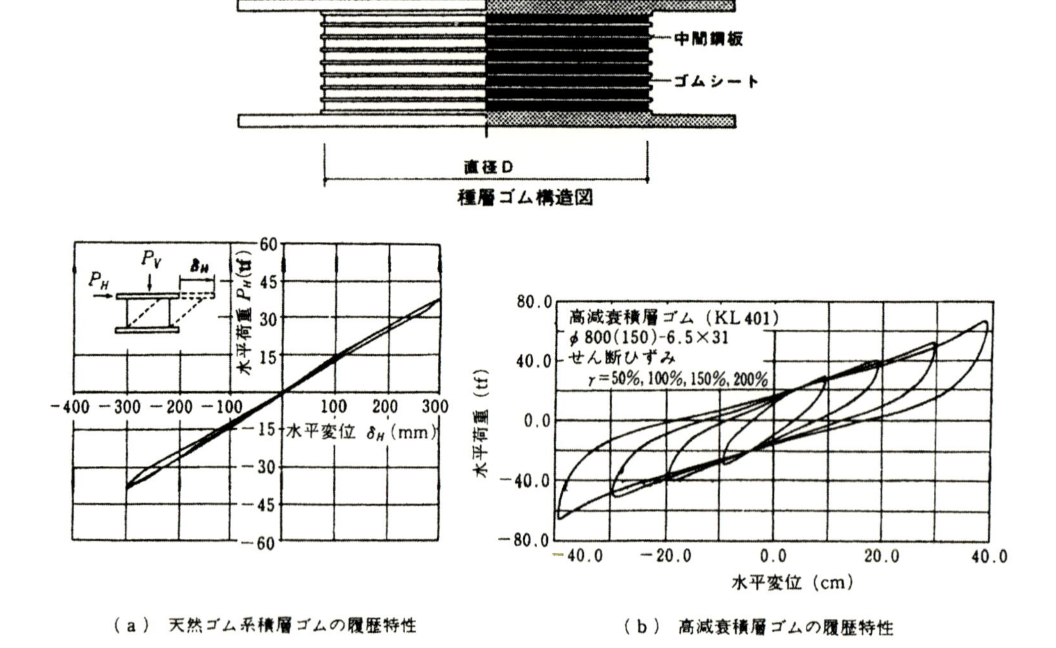

（ａ）天然ゴム系積層ゴムの履歴特性　　（ｂ）高減衰積層ゴムの履歴特性

図９　高減衰免震積層ゴムによる建築物の振動減衰効果（高減衰積層ゴムのみ）

(2) 建築構造物の振動を減衰する制振ダンパー

制振ダンパーは，図 10 に示す形状の装置であり，建築構造物の主要な橋梁部に設置して地震時に付加されるエネルギー減衰させる装置である。そこで使用されている粘弾性ダンパーは制振効果の高い高分子系制振材料が使用されている。

高減衰積層ゴムに要求されている性能は，ベースゴムが NR であることから損失帰依数が低いため損失係数を上げることが難しい。制振性付与効果の高い高度な材料技術が必要になり，損失係数の安定性，経時的な変化の小さいことを目的としてポリマーアロイを中心とした材料開発が主として行われている。

制振性は，図 9 に示す等価減衰係数の値として 0.15～0.18 が目標値とされている。使用条件は，製品使用環境温度で－40～40℃で，周波数 1 Hz 以下，振幅 300% 以下である。また，実用時の使用環境温度の－40～40℃の範囲で出来るだけ温度特性が平坦な材料開発が必須になる。振動周波数は低いので材料開発は難しくなる。周波数が低いことと，損失係数の温度特性が平坦なことはかなり難しい要求である。建築材料の寿命としては，建築基準法の基本的な考え方に基づき 60 年であり，60 年後でも必要な特性を維持することが要求されている。

制振ダンパー材料への要求事項としては，損失係数は出来るだけ高いほど好ましいが，損失係数の目標値としては 1 以上（使用環境温度－10～40℃，周波数 1 Hz 以下，振幅 100% 以下，寿命は 60 年間必要特性を維持すること）で，剛性率は，製品の設置場所での使用環境時の温度条件の最低と最高温度の比率が 15～20 以下を目標としている。これら目標値はかなり厳しい数値である。

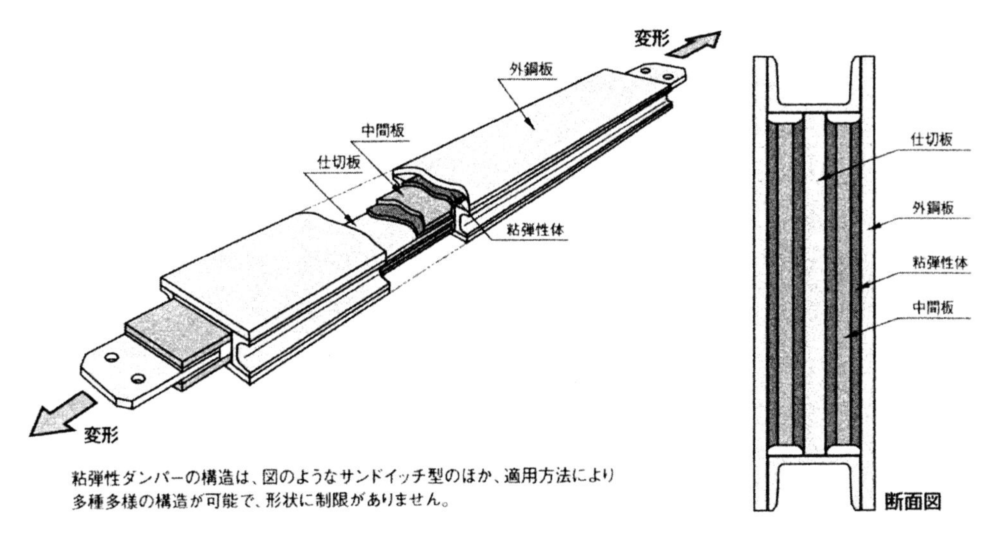

図 10　建築油制振ダンパーの代表的な構造

(3) その他制振材

建築用制振材のその他としては，屋根下，側壁，その他でゴム系材料，アスファルト系材料が断熱効果も兼ねた制振材として発泡制振，防音，遮音材料等が主として使用されており，適応目的によっては多種類の高分子材料，あるいは無機材料，無機材料＋高分子材料等も使用されている。特殊用途を除いて低コスト品が望まれている。

2. 1. 3 船舶用制振材料

最近，大型船舶用に使用される難燃性制振材料の需要が増加している。国土交通省の規格で船舶防火構造規制という規格が決められており，耐火，難燃製品がかなり使用されている。

現在の船舶は，図 11[8]に示すように電子制御による自動制御が進んでおり，振動対策が厳しくなってきている。2012 年船舶用 SOLAS 条約に規定されている船内騒音コードが改正され，2014 年～2018 年にかけて実施されてきて防音特性レベルが強化され一律 5 dB 低い値へ強化されている。そのため従来特定の船舶艦船，巡視船，調査船を中心として特定の船舶に適用されていた規制が一般商船へと幅広い船舶に拡大する可能性が増加してきている。

最近の開発例を図 12 に示すが新規の制振材が開発されてきており，優れた振動減衰特性の製品が上市されてきている[8]。今後も更なる需要の伸びが期待されている。実際の艦船でこの制振材を使用した時の振動減衰効果を図 13 に示すが，制振材の施工効果が明確に示されていることが解る[9]。最後に基本的な要求特性を表 7 に，代表的な船舶用制振材料の制振特性を図 14 に示す。

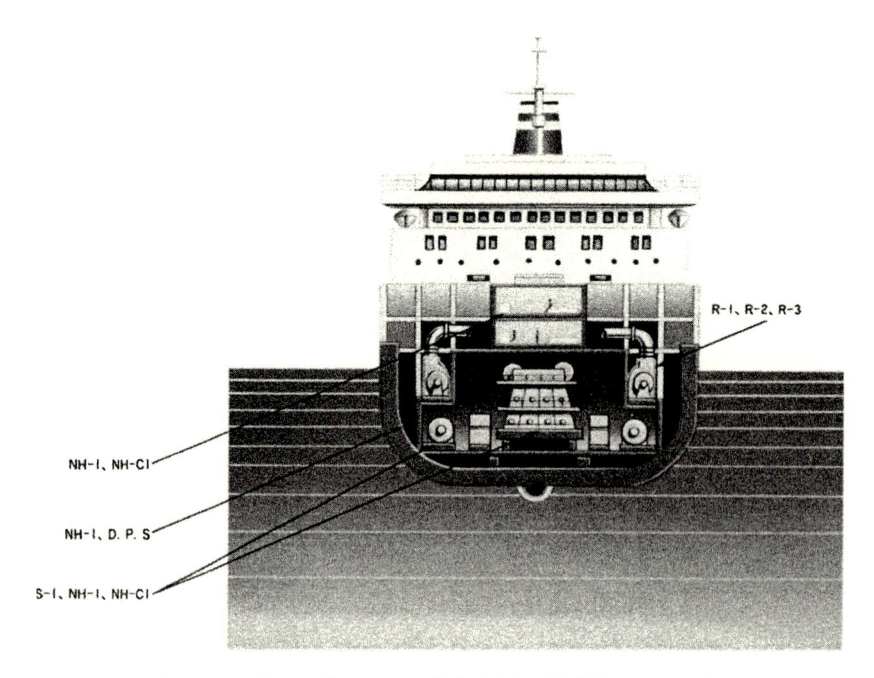

図 11　船舶内で使用される振動減衰材（制振材，防振材）

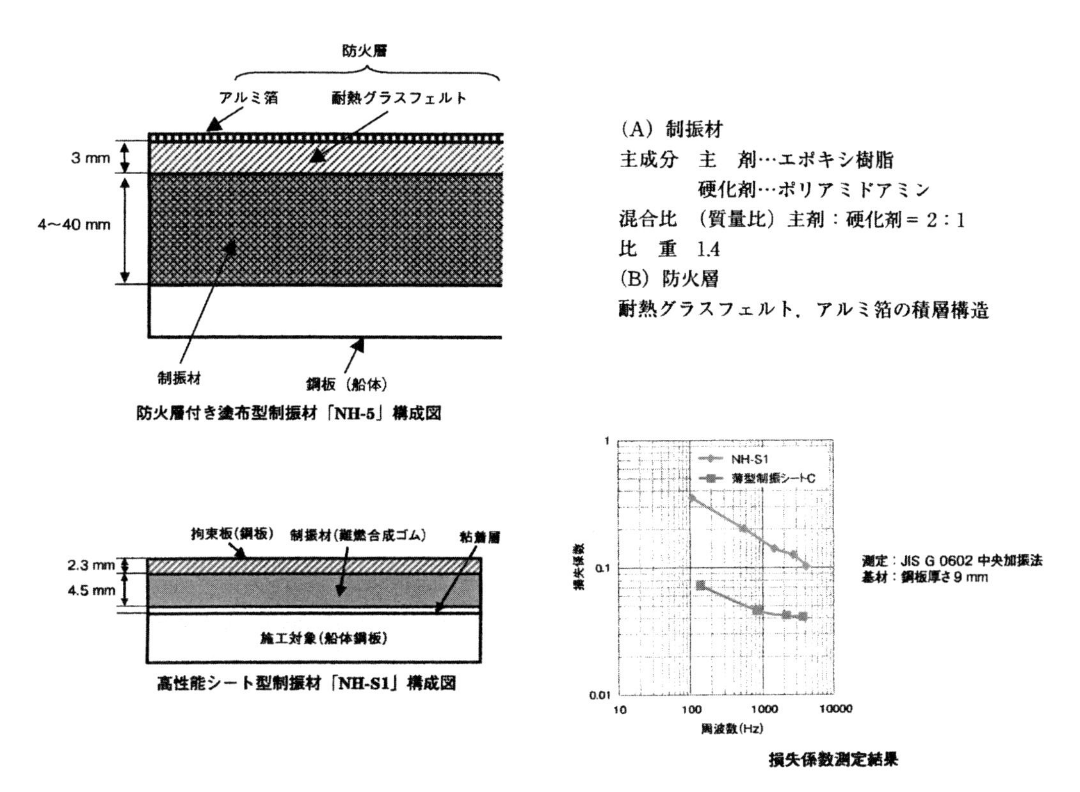

図 12　最近の船舶用制振材と損失係数値

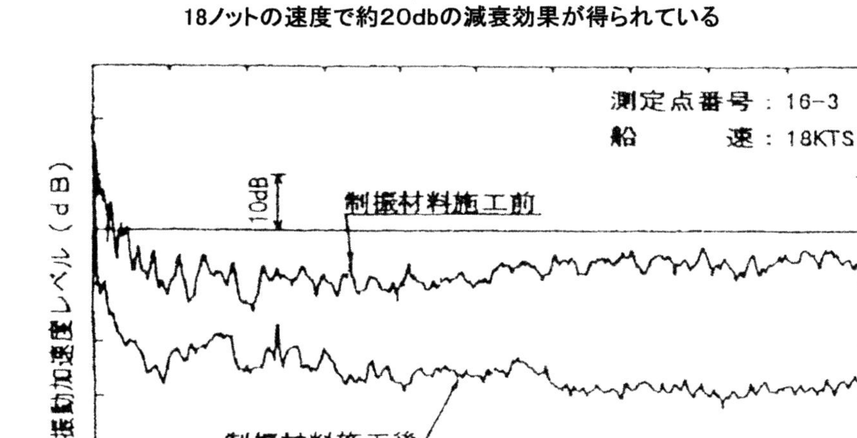

図 13　実際の船舶での制振材施工による振動減衰効果

表７　船舶用制振材料の代表的な要求特性

項目	要求される性能
制振特性	損失係数 0.05〜0.1 以上 温度条件：外壁板に接する箇所　0〜40℃ 船室機関室，制御室内部　0〜50℃ 周波数　30〜5,000 Hz
難燃性	国土交通省船舶防火構造規制（難燃制床張り材，一次甲板床張材） (1) 発熱量 床張り材総発熱量　<1.5 MJ 一次甲板床張り材総発熱量　<1.5 MJ (2) 発煙量 試験試料　3 体，加熱時間　6 分，発煙係数 CA　<240 (3) 火炎伝播性試験 試験試料　3 体，加熱時間 10 分 判定　クラス 3（加熱時間 10 分後，<燃焼距離 710 mm） (4) 有害性ガス（ppm） 一酸化炭素　<1,450　二酸化炭素　<60,000 HCL　<510　HBr　<50 HF　<590　HCN　<140 二酸化窒素　<350　二硫化酸素　<120 アクロレイン<1.7　ホルムアルデヒド<3.2

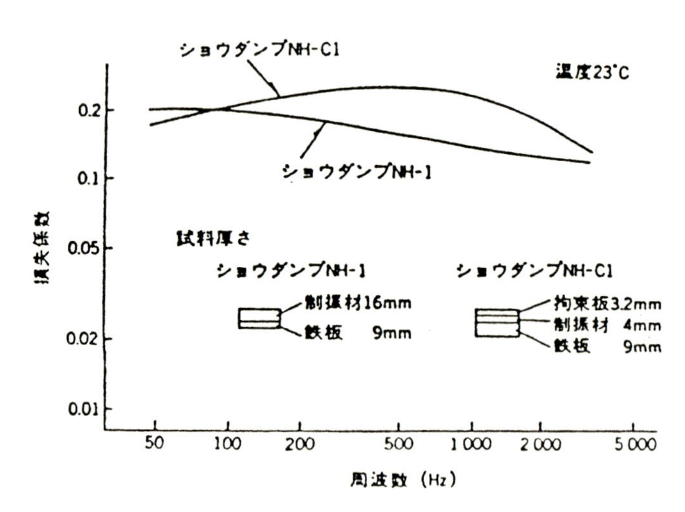

図 14　代表的な制振材料の制振特性

表8　応用面から見た制振材料の分類

性能	騒音，機械振動	地震，強風
周波数	数十～数千 Hz	<数 Hz
振幅	<1 mm	>100%
設計概念	機構 高分子材料粘弾性挙動 誘電体物質，圧電材料特性 両者のハイブリッド 特徴 材料選択幅が広い 架橋点間距離が短くて良い 性能向上が低周波数領域より容易 自動車は，この分類に該当する	機構 高分子粘弾性挙動 特徴 材料選択幅が狭い 架橋点間距離が長い 性能向上が高周波領域より難しい

2.2　日本で上市されている代表的な制振材料

現在日本国内では多種類の制振材料が開発，市販されている。現在の制振材料は，大きく分けて2種類に分類できる。それは，一つは，表8に示すように従来から高周波数，低振幅で使用される制振材料であり，もう一つは，建築用高減衰免震積層ゴムや制振ダンパーに使用される低周波数，大振幅の材料である。制振材料の開発には，前者の方が開発し易く後者は開発が難しい。それは前者の条件が周波数が高く，振動による発熱が起こりやすいからだと考えられる。国内で上市されている代表的な制振材料を表9に示す。

3　制振機構及び制振材料開発のための基本的な考え方

制振材料は，外部から侵入した振動を自身が有する粘弾性特性あるいはその他振動吸収性能によって熱エネルギーに変換することによってそのエネルギーを低減する効果を発揮する材料である，要求性能として次の条件を備えていることが重要である。

① 使用環境における振動数，温度条件において粘弾性特性の動的 tan δ が大きく，しかも広い温度範囲及び周波数範囲において出来るだけ平坦であること。

② 弾性率が実用温度範囲の最低，最高温度の値の差が出来るだけ小さく，望ましい比率は，15～20以下であること。すなわち施工時，実用時に余分な変形が起こらないこと。

③ 長期間使用時に，粘弾性特性（特に損失係数値）の変化が小さいこと。建築用材料は60年の寿命，電気電子機器は10～15年の寿命が要求される。

④ 環境安全性に優れ，規格に規定されている要求特性（難燃性，その他特性）を満足すること。

表９　日本国内制振材料の種類とメーカー一覧表

製品名	物質名，材料名，グレード用途等	メーカー
Sandam　サンダム	PVC，壁材，遮音材，PD ボード，AD ボード	ゼオン化成
マグダンパー	磁性複合制振材，磁性ゴムと拘束層構造 磁力でセット	ニチアス
MNCS，LR ダンパー	SB 系 TPE（多量オイル変性型） 非拘束型シート	BS
バイプレス	鋼板間樹脂サンドイッチタイプ	新日鉄
制振鋼板ダンプレ	鋼板樹脂サンドイッチタイプ	神戸製鋼
ハマダンパー	制振遮音板　ハマコンスレーン，その他	横浜ゴム
ショウダンプ	ゴム系，エポキシ樹脂系，Q ゴム，PVC 複合タイプ，単独シートタイプ，その他	昭和電線，ケーブルシステム，昭和サイエンス
イーデケル	制振材，遮音材	㈱ミトヨ
RG ゲル	TPE 系，ゲル系，その他	北川工業
ダイソラック	AB90，AB90D	ダイソー
DP，SDP，SS	エポキシ樹脂系制振材	NEC 環境 EG
オロテクス	NA200	住友軽金属
制振粘着ゴム	非加硫タイプ IIR，ゴムアス系	神栄興業
ハイブラー	SB 系制振材	クラレ
エラステージ	ポリマーアロイ系 TPE	東ソー
ベーマック	エチレンアクリル系 TPE	三井デュポンポリケミ
クレイトン	SB 系 TPE	クレイトンポリマー
アクテマージェル	TPE 系ポリマー	リケンテクノス
ネオフィード	TPE 系樹脂主体ポリマー	三菱ガス化学
カルプ	PP 系複合材料	カルプ工業
ジェットレックス	粘着シートタイプ	日東電工
VEM	アクリルポリマー系制振材	住友３M
キャットフィット	水系エマルジョン	コスモ
サントプレーン	PVC 系 TPE	エーイーエスジャパン
KY シート	ゴムアス系制振材	共同石油
ゴムアス	各種ゴムアス系材料	昭和シェル石油
スーパー静香 スワタイト	ゴムアス系制振材（建築用），難燃性ゴムアス（UL94，V0），アスファルト系制振材	七王工業
シリコーンゲル	シリコーンゲル制振材	㈱タイカ
ハネナイト	制振ゴム，難燃性制振ゴム	内外ゴム
セメダイン HC25	接着性制振材	セメダイン
S.O.E，アサプレン タフプレン	樹脂ポリマーアロイタイプ制振材 TPE 制振性改質剤	旭化成
カムフレックス	ゴム，樹脂 PU 系制振材	INOAC
ベクトラン	芳香族系ポリエステル樹脂	㈱クラレ
カルムーンシート	高難燃性制振シート	積水化学
アブソートマー	オレフィン系コポリマー制振材料	三井化学
ヴィブラン	各種ゴム，Q，各種樹脂ベース制振材	クレハエラストマー
PORAN	マイクロセルポリマーシート制振材 （PU 系ポリマー）	㈱ロジャー－イノアック
ダイホルギーFDC	各種樹脂（ABS，ナイロン，エンプラベース）制振材	シーシーアイ化成
KBG，KBS ダンパー	ゴム，樹脂ベース制振材	BS ケービーシ㈱
イーデケル	ゴムアス，各種ゴム，樹脂，塗料 自動車用制振材	日本特殊塗料
ZERO DUMP	アスファルト系制振材	木曽興業
ウェブレスコート	アクリル樹脂，IIR 系制振塗料	リックス㈱

3.1　制振機構

3.1.1　高分子材料の制振性向上のための基本的な考え方

高分子材料は，モノマーが重合して形成された高分子量の粘弾性体であり，温度或いはひずみが付加された条件では分子が常に動き回っている。そして一定のひずみを与えた条件で温度特性を測定すると図15に示すような粘弾性特性の変化を示す。これを高分子材料の粘弾性温度特性と呼んでいる。制振材料の性能を理解するために一般的によく使われる図である。高分子材料は，温度上昇とともに低温では動き難い分子運動が次第に活発化して弾性が低下して軟らかくなりtan δが増加し始め最大値を示す。その後tan δは減少傾向を示す。

この最大値は，分子運動が不活発になるガラス転移温度にほぼ近いと言われている。この領域近くでは分子運動がぎくしゃくした状態となり分子間の摩擦熱によるエネルギー低減効果が最も効果的に行われる温度領域と考えられている。そしてこの最大値は，制振材の動的な損失係数（tan δ）として性能評価の指標として使用されている。この制振効果と粘弾性特性との関係は図16に示すゴムボールをある高さから落下させた時の跳ね返り挙動との関係を見ると感覚的にもよく理解できると思うので参照されたい。

もう一つ重要なことは，tan δの最大値が出来るだけ大きく，平坦であることが要求される。広い温度範囲で大きいことは，寒冷地域，熱帯地域と広い地域で優れた性能示すことが出来るからである。

この振動エネルギーを吸収する性質は，高分子材料の分子運動に関係しておりその中でも分子鎖の中の図17に示すような炭素数で10～50結合している分子鎖の運動がTgに深く関係し，それ以下の炭素数4～8の分子鎖はβ転移の値に関係していることが指摘されている。ここのTgの値が制振材料のベース樹脂の選択の基本となっており，更にその温度特性の平坦性も制振材料の性能として最も重要な要求特性であることを明記しておきたい。もちろん表10に示すようなその他分子構造，分子運動が微妙に影響するので材料選択には高分子の構造に充分な配慮が必要になる。

代表的な樹脂，ゴム，エラストマーのTgを表11，表12に示すのでベース樹脂選択の参考にされたい。

3.2　制振性向上の具体的な方策

制振性能を向上するために粘弾性温度特性のTgの最大値の増加と温度特性の平坦化には次のような具体的な方法が採用されている（表13）。

① 複数のポリマーを混合分散させるポリマーアロイ（ポリマーブレンド），IPN（Inter Penetrating NetworkPolymer）重合技術，或いは，制振性に適した分子構造の重合技術
② 配合剤（マイカ，グラファイト，可塑剤，軟化剤，加工性付与剤当）による向上効果
③ ナノフィラー，ナノ分散を利用した改良効果
④ 無機フィラー分散，ポリマーアロイナノ分散技術

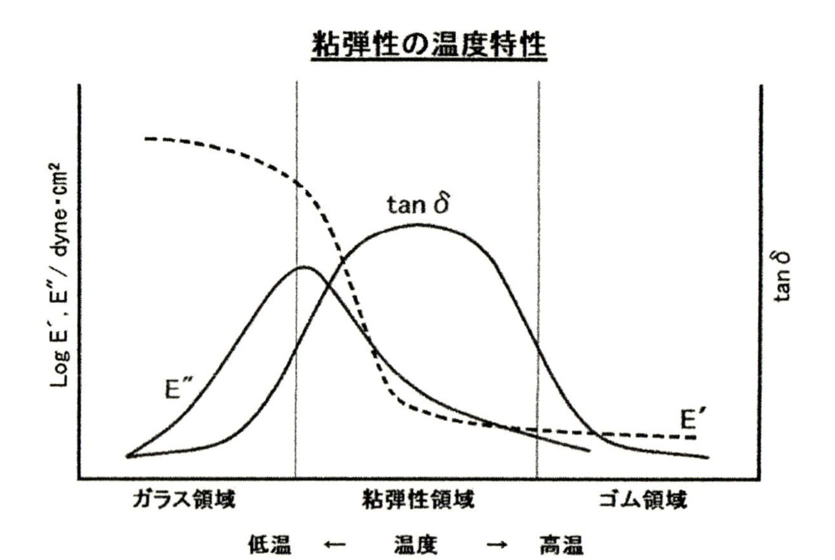

優れた制振材料 ① tan δ の値が大きい
② 広い温度範囲で tan δ が大きい
③ 実用温度範囲でE´の比が小さい

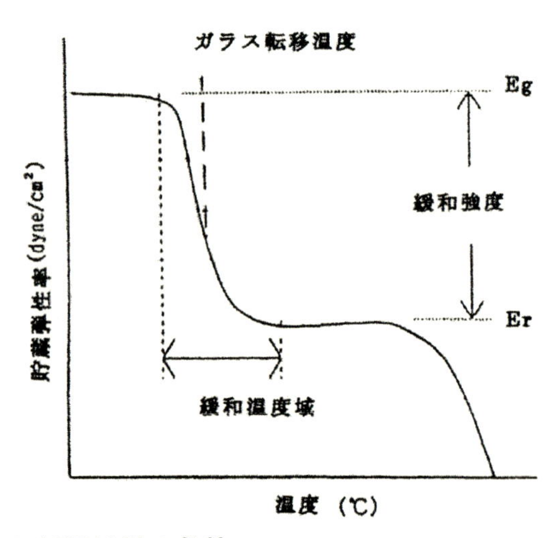

優れた制振材料の条件

(1) 緩和強度(振動エネルギー―Eg－熱エネルギー―Er)が大きい

(2) 緩和温度域の幅が広い

(3) EgとErの比が小さく、適正比である

図15 高分子材料の粘弾性特性の温度特性

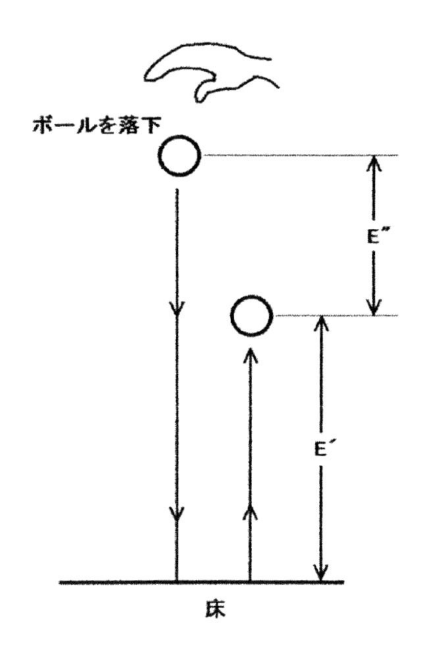

E′… 貯蔵弾性率 … 床からはね上がる距離

E″ … 損失弾性率 … 衝突により失ったエネルギー
（熱に変換）

tan δ… 損失係数 … エネルギー損失

H … 発熱量 … $H = \pi E'' \varepsilon_0^2$
ε_0… 最大変位量

複素弾性率 $E^* = E' + E''$

$\tan\delta = E''/E'$

図 16　制振効果を示すゴムボール落下時の反発挙動と粘弾性特性との関係

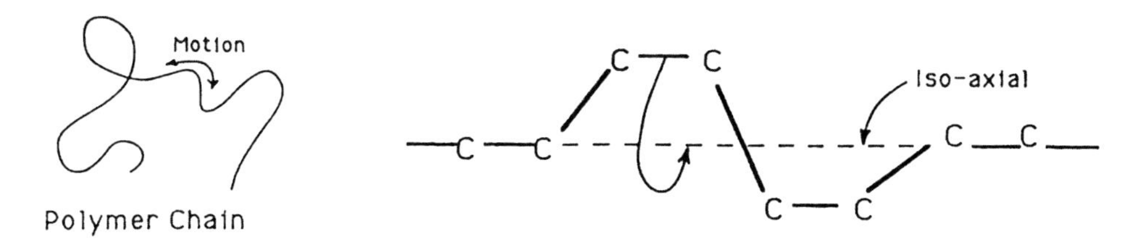

主鎖の分子運動、Tg に関与している　　炭素数 10～50 の分子鎖

側鎖の回転、β 転移に関与する　　炭素数４～8 の分子鎖

図 17　制振効果に深く関係している高分子鎖

表10　高分子分子構造のTgへの影響

要因	構造変化	分子構造とTg	
主鎖の可撓性	PEに対し二重結合，環状基の導入により分子の回転性が促成される	PE	−129℃
		CisPB	−100℃
		PVF	105℃
側鎖の大きさ	PEにメチール基，フェニール基，カルバゾール基の導入による分子の動き難さ	PE	−120℃
		PP	−10℃
		PS	−100℃
		PVCZ	−208℃
立体障害	回転を阻害する位置に側鎖を導入	ポリpメチールスチレン	100℃
		ポリαメチールスチレン	125℃
側鎖の可撓性	側鎖の可撓性による分子の動き易さ	ポリp-tブチールスチレン	118℃
		ポリp-nブチールスチレン	5℃
		ポリpメチールスチレン	101℃
対称性	対称的な側鎖の導入によりTgが低下	PVC	87℃
		PVDC	−17℃
		PP	−10℃
		PIB	−65℃
極性	極性基の導入による分子間相互作用の増大による分子運動の抑制	PP	−10℃
		PVC	87℃
		PAN	100℃
分子量	分子の大きさの変化	Tgが上昇	
架橋，加硫	分子の橋かけによる分子運動の束縛	Tgが上昇するが，上昇程度は小さい	

これら改良技術の中からいくつかを取り上げて今まで行われている技術をまとめてみたい。最も一般的に行われているのがポリマーアロイであり，損失係数の向上とブロード化を目指した開発が行われている。

ポリマーアロイの場合は，tan δの最大値を上げながら温度特性を平坦化する技術はかなり難しい。平坦化するための効果的な方法は，図18に示すように二つのポリマーの相溶性を上げることであるが，相溶性が上がるにつれて二つの山が一つになりながら二つのポリマーの真ん中にシフトし，一つの山になり，しかもピーク値が少し低下する傾向を示すことである。問題は，山の形状が一つになる傾向は好ましいが，もう一歩平坦化することが必要になる。これを改良するには，二つのポリマーのTgのバランスと相溶性の程度の制御により変化するもので注意したい。

相溶性の制御については，図19に示す二つのポリマーの粘度と混練設備の構造とローターの混練せん断速度が関係し，また図20に示すように二つのポリマーの中間的な相溶性を持つ相溶化剤の添加が効果的である。

ポリマーアロイの他にコスト的にはやや高価であるが，二つのポリマー分子鎖が相互に絡み合いながら各ポリマー成分に独自の架橋を行い，特徴的な粘弾性を発揮するIPN（相互侵入架橋網目構造を有する）ポリマーがある。これは，特徴的な粘弾性特性を有する高分子材料として知ら

表11　代表的な樹脂のTg及び融点

物質	融点 ℃	ガラス転移点 ℃
ポリエチレン（PE）		
低密度PE	105～120	－125，約－21
中密度PE		約－21
高密度PE	126～137	－122，約－21
ポリプロピレン（アイソタクチック）	165～208	－35～－8
ポリ塩化ビニル	273～310	70～81
ポリスチレン	250	80～100
セルロースアセテート	270～280	40～45
セルロースアセテートブチレート	160～300	40～45
ポリメチルメタクリレート		105
ナイロン（PA）		
PA-6	214～250	40～52
PA-66	265～270	50～57
PA-610	215～233	約50
PA-11	182～220	43～47
PA-12	179	37～41
ポリオキシメチレン（ポリアセタール）	175～200	－85～－82
ポリ-4,4'-メチレンジフェニレンカーボネート	278～300	
ポリ-4,4'-イソプロピリデンジフェニレンカーボネート（ポリカーボネート）	230～267	130～150
ポリエチレンテレフタレート	245～284	67～81
ポリブチレンテレフタレート	221～232	17，80
ポリフェニレンオキシド	298	85
ポリ四ふっ化エチレン	320～330	－133，20～25，127
ポリ三ふっ化一塩化エチレン	210～222	－20，40～52，100
ポリふっ化ビニル	200～230	41
ポリふっ化ビニリデン	185～220	約40
ポリフェニレンスルフィド	290～295	97
ポリ-4,4'-ジフェニルスルホン		214
ポリビスフェノールA-4,4'-ジフェニルスルホン		176
ポリ-*p*-フェニレン-4,4'-ジフェニルスルホン		210
ポリビスフェノールAテレフタレート（ポリアリレート）		205
ポリ-*p*-フェニレンテレフタルアミド（Kevlar-29）	500～600	
ポリアクリロニトリル	317，341	97

出典：H. F. Mark（Ed.）"*Encyclopedia of Polymer Science and Technology*" Vol.7, Interscience（1967），J. Brandrup, E. H. Immergut（Ed.）"*Polymer Handbook*" Second Edition, Interscience（1975），日本化学会編　化学便覧　応用編　改訂３版（1980）等を参照した。

表12　代表的なゴム，エラストマーのTg及びTm

ゴムの種類	Tg（℃）	Tm（℃）
NR	−68〜−74	〜13
IR	−68〜−74	〜6
SBR	−44〜−57	—
BR	−95〜−102	〜1
CR	−45〜−50	〜42
IIR	−63〜−75	〜55
EPM・EPDM	−40〜−60	—
EAM	〜−30	—
CSM	〜−34	—
CM	—	—
CO・ECO	〜−25	—
NBR	−10〜−56	—
NIR	—	—
ACM・ANM	0〜−30	—
U	−30〜−60	—
T	−20〜−60	—
Q	−112〜−132	—
FKM	—	—
1,2-ポリブタジエン（1,2結合90〜92%）	−25〜−30	75〜80

表13　制振材料開発の課題―ポリマーアロイ，TPNポリマー，添加剤，ナノコンポジットによる改良技術―

項目	方法と課題
ポリマーアロイ，IPNポリマー，新規重合ポリマー（TPE等）等	ポリマー選択，混練分散技術， 相溶性の制御（相溶化剤選択），モルフォロジー評価， 温度特性のブロード化適正ポリマー選択のための分散性と制振特性の関係確立（ゾーンサイズと制振特性の関係） 分散性と制振特性の関係確立（2軸押出機による混練方法の確立）
配合剤の選択，分散，混練技術	適正配合剤選択（マイカ，グラファイト，板状フィラー等） 表面処理剤の選択 分散性と制振特性の関係の確立 粘断性調整加工助剤の選択
ナノコンポジット	適正ポリマー，ナノフィラーの選択（MMT，CF，等） 2軸押出ナノコンポジット化条件確立 極性相溶化剤の選択，混練押出条件 分散性と制振特性の関係確立

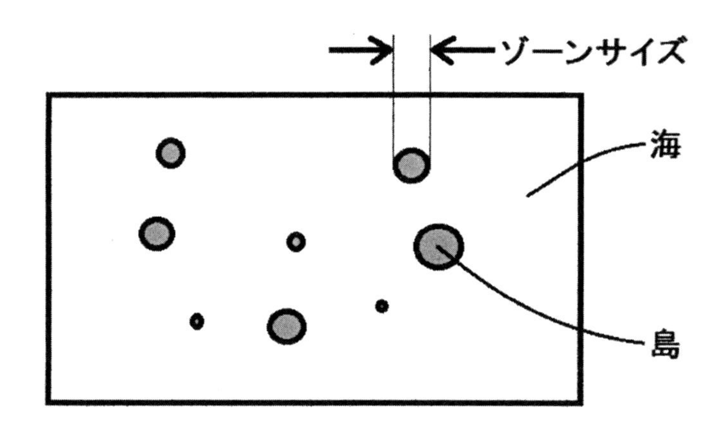

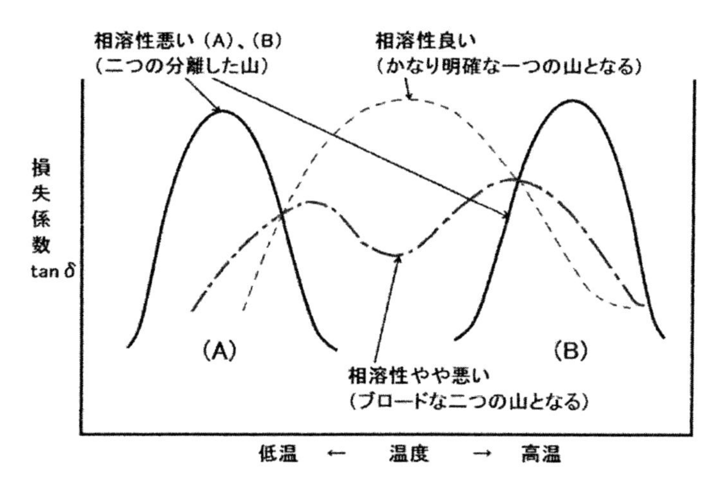

図18　ポリマーアロイでの高分子の相溶性（ゾーンサイズ）と tan δ の関係

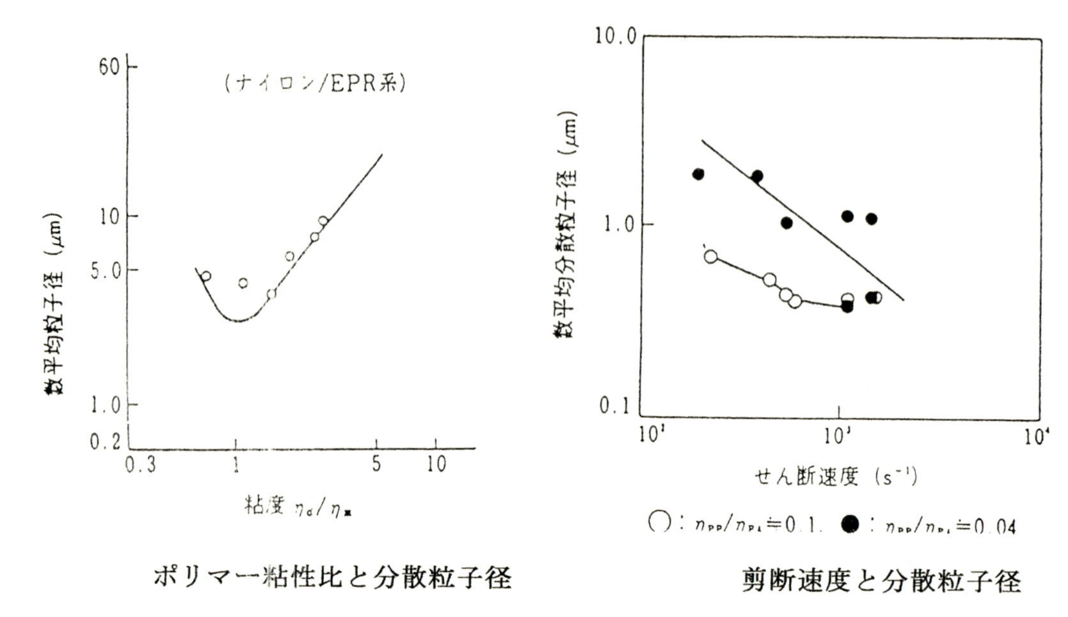

ポリマー粘性比と分散粒子径　　剪断速度と分散粒子径

図19　ポリマーアロイでのポリマー相溶性（ゾーンサイズ）とポリマー粘度比及び混練装置ローターのせん断速度との関係

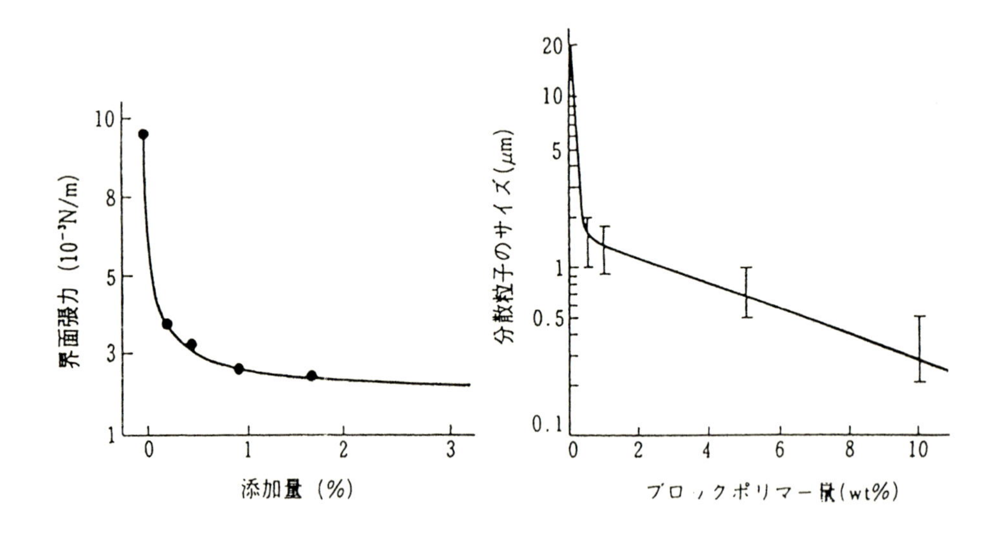

相溶化剤添加量と界面聴力　　相溶化剤添加量と分散粒子径

図20　相溶化剤添加量と界面張力及び相溶性（ゾーンサイズ）との関係

れている。構造及び製造方法を図21，表14に示す。構成分子成分の種類，モルフォロジーによって特徴的な粘弾性特性を示すことで知られている。

このIPNポリマーは，既にSEBS-PETR，シリコーン-ナイロン，シリコーン-PU，PP-EPDMアクリルゴム－PU-PS，PVC－フェノール樹脂等の研究が行われており，更には，エポキシ樹脂-PET，NR-アクリルゴム，PVA-アクリルアミド，アクリル樹脂-アミド，アクリル樹脂-PET等の研究の可能性も指摘されている。繰り返すが製造方法が複雑でコストが高いことが実用化を難しくしている。

IPNの最もユニークな例として，注目されているのがシリコーン（シロキサン）とPMMの例である。表14にPMMAとポリシロキサンの成分比とtan δの関係を示している。広範囲の温度範囲においてtan δがフラットになる。このフラットになる原因はシリコーン分子鎖の存在にあると考えられる。

シリコーンの分子構造は，図22に示すように骨格のイオン性が高く親水性を示す-Si-O-結合が内部を向き，非イオン性で疎水性を示す有機基が外部を向いたらせん構造を有している。このらせん構造がイオン性の引き合う力によって安定化しており，-Si-O-結合が6個で一回転していると言われている。そしてシリコーン構造は全体で疎水性を示すため引き合う力が弱いと言われている[10]。そのために広範囲の温度で極めて動きやすくtan δの温度特性も－100℃から200℃

（１）逐次重合法

モナマー（１）、架橋剤（１）

↓（重合）

ポリマー架橋体（１）

↓

モノマー（２）、架橋剤（２）

↓（膨潤）

↓（重合）

ポリマー架橋体（２）

（２）同時重合法

モノマー（１）、架橋剤（１）

モノマー（２）、架橋剤（２）

↓（段階的重合）

同時重合架橋ポリマーＳＩＮ

制振性能制御

分散モルフォロジーの制御

架橋度の制御

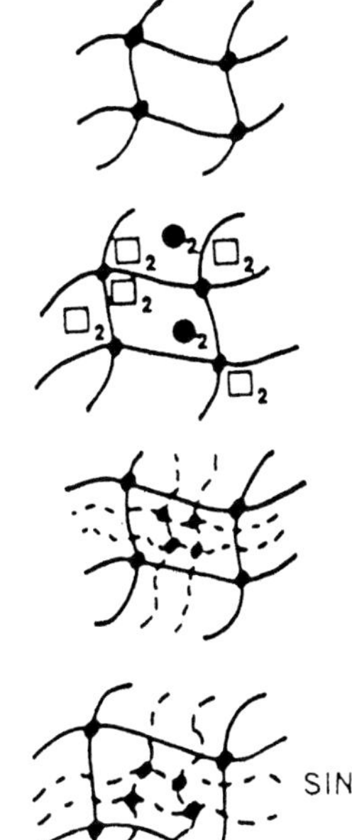

図21　IPNポリマーの製造方法

表14　制振特性に優れたIPNポリマーの概要

項目	IPNポリマー制振性能向上技術のポイント	備考
IPN ポリマー	IPNポリマーの構造 (a)　(b) 製造技術 逐次重合法 （Aモノマー＋架橋剤）の重合→A重合体→（Bモノマー＋架橋剤）添加， 膨潤→重合→B重合体→相互侵入→IPNポリマー 同時重合法 （Aモノマー＋架橋剤）＋（Bモノマー＋架橋剤）→段階的重合→相互侵入→IPNポリマー 実用例，ポリシロキサン－PMMA PMMA量とtan δの関係 0.30 0.25 0.20 0.15 0.10 0.05 0.00 tan δ -100 -50 0 50 100 150 温度 a 架橋度 2％ b 架橋度 5％ c 架橋度 10％ a b c シロキサンの架橋度によってもtan δのブロード化が変化する	複数ポリマーの分散モルフォロジーと架橋 例：シリコーン-PMMA，SEBS-PET，シリコーン-PA，シリコーン-PU，PP-EPDM，PVC-フェノール樹脂等 最初Aモノマーを重合，架橋し，次にBモノマーに膨潤させ，Bモノマーを重合，架橋させる A，B量モノマーを同時に混合重合，架橋する tan δのブロード化 E'，tan δのブロード化に有効であるが，詳細な機構は解明されていない。構成分子，モルフォロジーに大きく影響されている。分散性の多様化が影響しているのではないか？

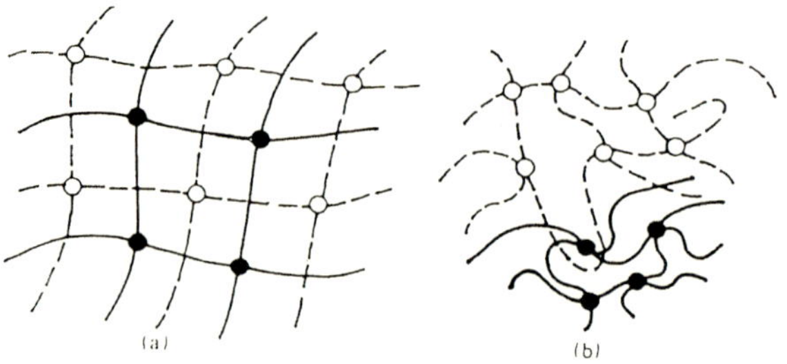

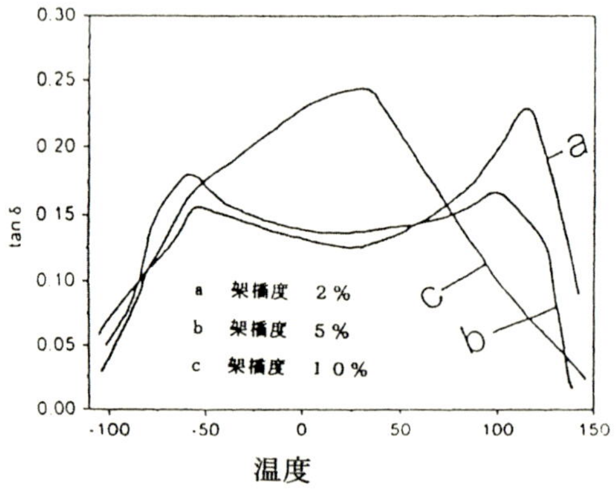

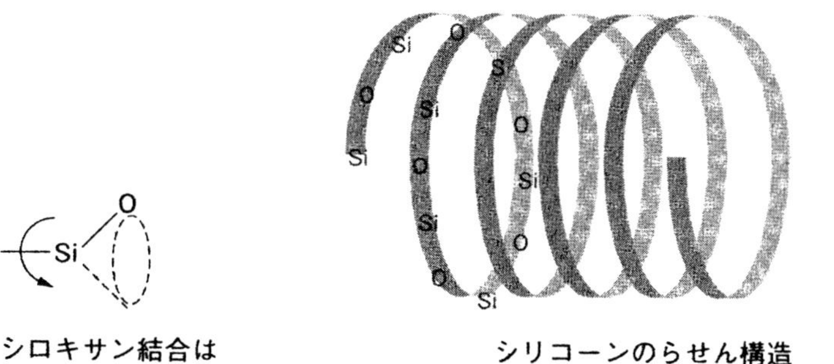

図22　シリコーン分子とそのらせん構造と分子の動きやすさ

まではほぼ変わらない。

シリコンポリマーは，制振材料に要求される難燃効果にも効果を示し，その難燃機構は，燃焼時にシリコンの材料表面への移行，析出性と固相における燃焼残差の安定性による断熱，酸素遮断効果であると推定されている（図23，表15）[10]。

制振性を向上させるもう一つの方策は，アスペクト比の大きな無機フィラー，平板状の無機フィラー，ナノフィラーの添加による剛性の向上による Tg 点のシフト，可塑剤の配合による軟質化と Tg 点のシフト及びせん断ひずみによるせん断発熱の発生によるエネルギー消費に基づく制振効果が挙げられる。これらの制振向上効果を表16に示すが，広範囲の温度で優れた制振特性を要求される場合は，このシリコーン分子構造が利用されている。

一方，配合剤の添加による制振性向上効果は，Tg 点のシフトや tan δ の上昇には貢献するが tan δ の平坦化による平坦領域の拡大には効果がないようである。これが出来るのが，ポリマーアロイ或いは IPN ポリマーの合成によってのみ可能であると考えられよう。これは，幅広い分子量分布をもつポリマー分子鎖の分子運動による制振効果の制御と単純に無機フィラーや可塑剤のような物質で硬度を変えて分子の動き難さを制御しただけでは Tg をシフトする効果や一定の周波数での tan δ の上昇を示すことは出来るとしても広い周波数数範囲にわたって制振性の発現の基本となる振動による発熱現象を起こすことは，難しいためではないかと推定している。

制振効果による振動減衰効果を更に高める方策として最後に触れておきたいことは，かなり以

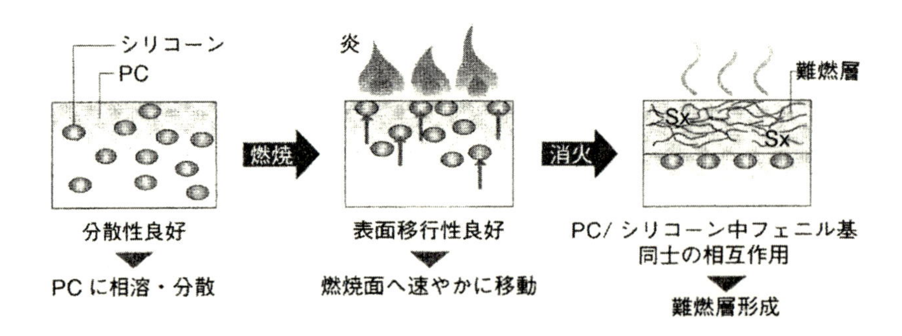

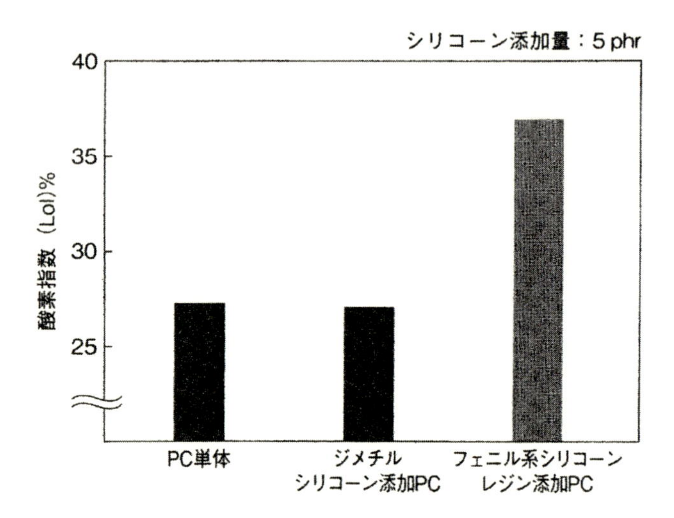

図 23　シリコーンの難燃機構と PC への難燃効果

表 15　シリコーンの PC への難燃効果

項目		PC 単体	臭素系難燃化剤添加 PC	フェニル系シリコーン レジン添加 PC
曲げ強さ	kgf/ cm^2	960	970	930
曲げ弾性率	kgf/ mm^2	230	230	220
衝撃強さ	kgf・cm/cm	97	45	80
荷重タワミ温度	℃	138	137	134
ロックウェル硬度		63	66	60
メルトフロ	g/min	10.4	10.7	11.8
難燃性 UL94*1		V-2	V-0	V-0

*1 試験片厚さ：1.57 mm　　（規格値ではありません）

表16　無機フィラー，可塑剤等は配合剤による制振性向上効果

項目	配合剤による高分子制振性能向上技術のポイント	備考
充填剤	充填剤の基本的効果 充填剤による分子間運動の束縛による tan δ ピークの高温側へのシフト，tan δ ピーク値の上昇。tan δ のブロード化は期待できない。 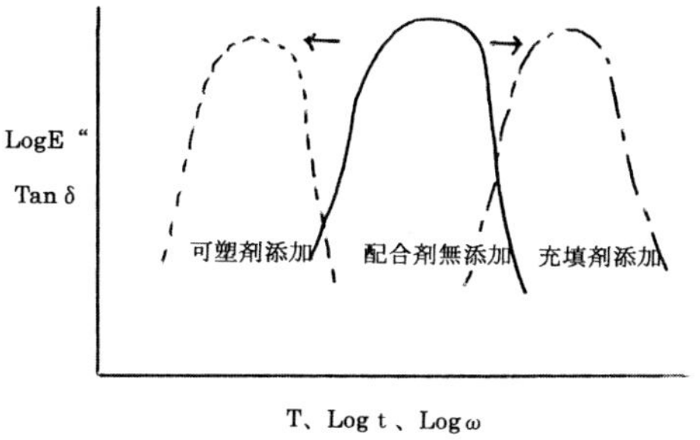 充填剤，可塑剤配合による tan δ シフト 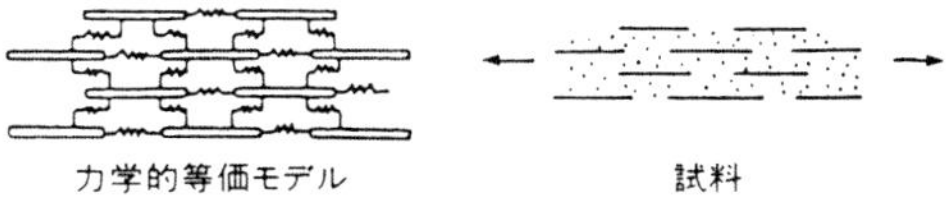 充填剤の形状とせん断歪み負荷による制振効果	効果的なブレード 板状タルク，黒鉛，フェライト，マイカ，窒化ホウ素，チタン酸カリウム 充填剤添加による弾性率の増加と高温側へのシフトは，充填剤と高分子との結合力が影響。 ポリマーアロイにおける各相への偏在による弾性率，tan δ の変動に注意 せん断力負荷による扁平形状効果，界面における滑り摩擦により tan δ 上昇効果。アスペクト比に影響される。
可塑剤	可塑剤の基本的効果（前図参照） 高分子の可塑化，滑り効果により分子運動を活発化し，剛性の定価による Tg のシフト。 フタル酸系，脂肪酸二塩基系，トリメリット酸系，リン酸系，ポリエステル系，エポキシ系等多種類の選択が可能。 ナノコンポジット系高剛性制振材料の開発 ナノフィラーによる高剛性，高 tan δ 材料開発への挑戦	可塑剤の種類，相溶性可塑化効果に注意 ナノコンポジット化条件の検討
樹脂	樹脂の効果 基本的には，ポリマーアロイと同じ効果を示すが，樹脂の種類が多く選択の幅が広い。	相溶性，分散性に注意 高振幅低周波数用材料として使われる。

前から研究されており現在も継続されている有機ハイブリッド制振材料である[11,12]。これは圧電性高分子，極性高分子を利用して圧電性を利用し，圧電によって変換された電気的エネルギーが材料の電気抵抗（損失係数）によって放散され，圧電高分子に電気回路を接続してインピーダンスを調整すると材料のエネルギー損失が起こり，元々有する粘弾性特性と一緒になって高い制振効果を発揮することを特徴とするハイブリッド型制振材料である。

この有機ハイブリッド材料の代表的な例を図24，図25に示しておきたい。

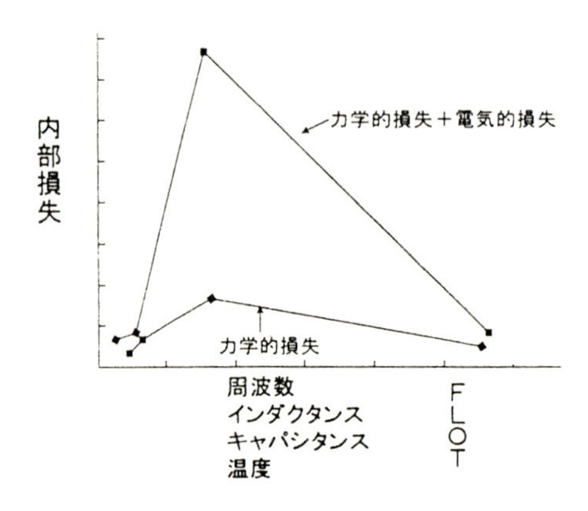

図24　有機ハイブリッド制振材料の基本構成

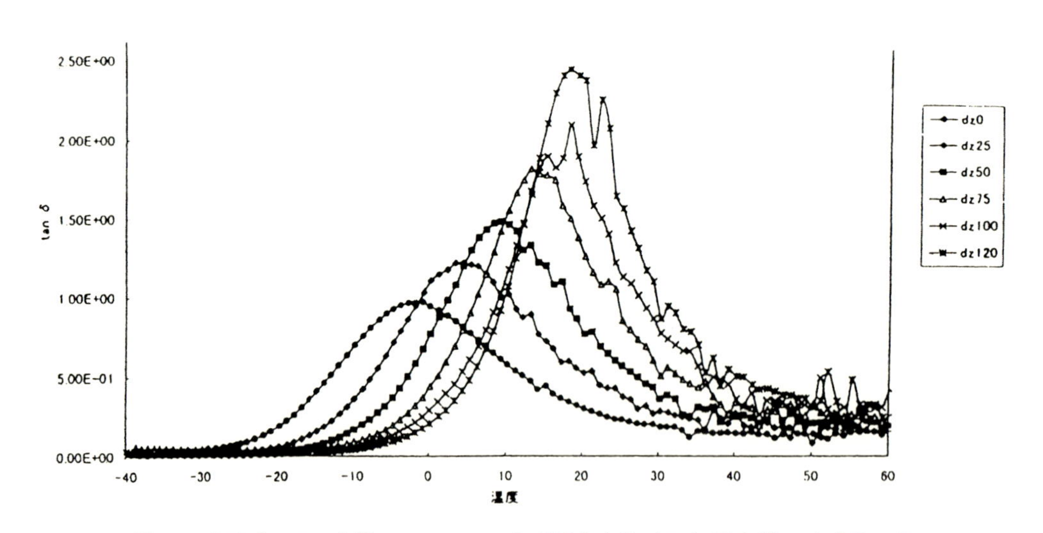

図25　塩素化PE－有機スルフェンアミド系化合物（DZ）系有機ハイブリッド制振材料のtan δ温度特性（DZ配合量とtan δの関係）

文　　献

1)　板野直文：ファインケミカル，**47**，No.2 (2018)
2)　西澤仁：自動車室内の快適性向上に向けた材料開発と特性評価，技術情報協会（2018）
3)　井上茂：騒音制御，**23**，No.6 (1999)
4)　西澤仁：自動車用防振材料，制振材料の利用技術，技術情報協会（2018）
5)　西澤仁：高分子制振材料の開発，応用製品の最新動向Ⅱ，シーエムシー出版（2009）
6)　岡本晴久；音響技術，No.13. P-2 (2006)
7)　西澤仁：　難燃化技術の基礎と最新の開発動向，シーエムシー出版（2016）
8)　昭和サイエンス，昭和電線ケーブルシステム振動減衰材技術資料（2016）
9)　高田一己：海洋音響学会誌，**28**，No.3，126 (1999)
10)　山谷正明：シリコーン大全，日刊工業新聞社（2016）
11)　住田雅夫：Polyfile，May P-50 (1998)
12)　呉馳飛：高分子論文集，**60**，No.3，P.41 (2001)

第2章　自動車における制振材料の適用とシミュレーション解析

山口誉夫*

1　自動車の騒音と制振・防音対策

自動車の騒音（車内音，車外音）は固体音と空気音とからなる。車内音における固体音と空気音との比率は0.03 kHz～0.5 kHzでは固体音の寄与が大きく，0.5 kHz～10 kHzでは空気音の寄与が大きいとされる。空気音は音源から発生した音が受音者（乗員）に聞こえる音である。固体音は，起振源からの振動が構造物を媒質として伝搬していき，車体パネルなどの板部で放射されて乗員に聞こえる音である。固体音の代表例として，路面の微細な凹凸が起振源のロードノイズがある[1,2]。その振動がタイヤ→サスペンション→車体のフレームの経路から車体パネルに伝わり，パネルから放射音により，車内音となる。ロードノイズには車体の共振（骨格共振，パネル共振；対象周波数範囲に1000個以上存在）のみならず伝達系各部の共振（タイヤのトレッド面の膜共振，タイヤ内部空気の共鳴，ホイールの共振，サスペンションリンクやコイルばねの共振etc.），さらに車室共鳴が関与する現象で，中高周波数音で対策が求められる重要な現象である。周波数範囲が0.03 kHz～10 kHzと広く，多くの部品が関連する複雑な現象であり，厳重な制振防音対策がされる。これは電気自動車でも残る現象である。

ロードノイズ以外の固体音として，エンジンやモータの振動がゴムマウントや各種ケーブルを介し車体に伝わる伝達音もある。シャフトやジョイントの回転変動やギアの噛み合い伝達誤差などが起振力となる駆動系振動伝達音なども固体音に挙げられる。ハイブリッド車，電気自動車では，トルクリプルと呼ばれるモータの電磁振動があり振動伝達音となる。

一方，車内音における空気音の代表例として加速時に聞こえるエンジンやモータの透過音やタイヤのパターンノイズ，風切音がある。エンジン透過音は，エンジン内の爆発による燃焼ガス圧力，エンジン運動部品の慣性力，ピストンとシリンダー間，動弁系などエンジン機構部品間で発生する衝撃を伴う機械的加振力や吸排気系での共鳴，気流などを音源として発生した音波が，エンジン房内と車室の隔壁となる車体パネルやフロアパネルを透過して車室内へ流入する音である。ハイブリッド車，電気自動車のモータの電磁振動も透過音となり特に8 kHz～10 kHzの音が問題になりやすい。

車外音は空気音が多く，前出のエンジン音やモータ音や風切音，転動時のタイヤの溝での空気の出入りに基づくパターンノイズ，排気音などがある。主に吸音，遮音で対策される。

---

*　Takao Yamaguchi　群馬大学　理工学府　知能機械創製部門　教授

このような騒音を低減するために起振源，伝達系，放射系，受音部にわたり多くの対策が施されている。低周波数では主に起振源の起振力の低減やサスペンションなどの伝達経路の部品の対策，ゴムやコイルばね，ダンパーによる防振対策，車体構造の補剛による構造変更による対策などがなされる。車体フレームでは入力点の動剛性を増大する対策やゴムなどの防振マウントを振動伝達経路にある部品間に挿入し伝達を低減する対策が用いられる。

放射系，受音部の制振・防音（吸音・遮音）は中高周波数域の対策として重要な役割を担っている。振動から騒音が発生する放射系の車体パネルでは，乗員がいる車室に車体パネルが接するので影響が大きく，厳重な制振，防音対策が実施される（図1）。車室では空間共鳴が起こり，音圧が上昇するので吸音で減衰させる。

車体パネルでの具体的な対策として，ビードと呼ばれる凹凸や曲面でパネル剛性を高め，その上に制振材を積層し減衰を付加し振動低減を図る。制振材料は，金属製の車体構造などの固体を伝搬する波動，振動のエネルギーを熱エネルギーに変換し，波動や振動の振幅を低減するために用いられる。自動車用の制振材料として，高分子系の粘弾性材料が最も用いられる。車体パネルにはシート状の制振材を塗装ラインの乾燥炉の熱を利用して車体に形状にフィットさせながら熱融着させる[3)]。制振塗料をロボットで車体に塗布することが多くなっている[4)]。これより，場所によって制振層の板厚を変化することができ，制振性能と軽量化の両立の検討が容易になる。

制振対策は，パネルの共振に起因する騒音が現れる150～500 Hzを主に対象とする。

制振性能は損失係数η_Dで評価されることが多く，この値が大きいほど制振効果が大きい。自動車の構造に用いられる鋼，鋳鉄やアルミニウムなどの金属の損失係数η_Dはおよそ0.0001～0.01であり減衰効果は小さい。通常の硬い樹脂材（ガラス領域）の損失係数は0.01～0.05程度である。制振材の損失係数は0.05～1.5と大きな減衰が得られる。制振材は使用する温度を損失係数が最

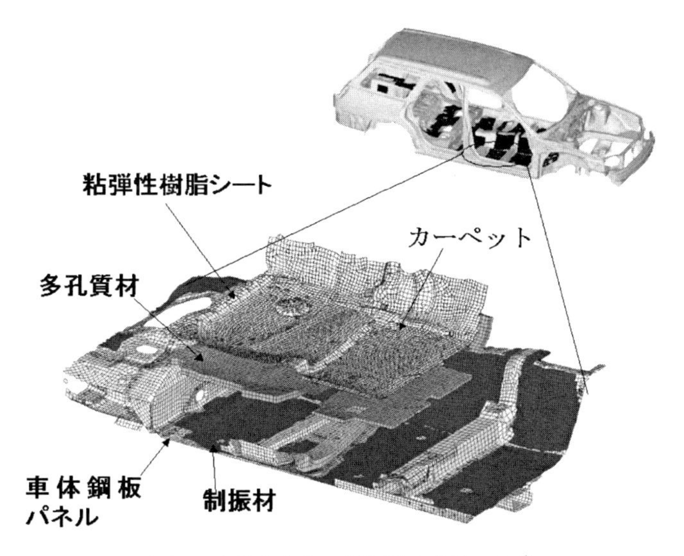

図1　自動車車体の制振防音構造の例[1)]

大となるガラス転移温度近傍に合わせるような材料チューニングが行われることが多い。制振材料を金属製の車体構造に用いると，系の損失係数ηが大きくなり，制振処理が無い場合に比べて，時間波形の振幅は早く小さくなる。一方，構造物は，運動に関連する質量Mと構造自身のばね特性Kで決まる固有振動数f_n，（$f_n = \omega_n / (2\pi)$，$\omega_n = (K/M)^{1/2}$）で揺れやすい。この固有振動数と外力に含まれる振動数f，（$f = \omega / (2\pi)$）が一致すると共振現象により振幅が著しく増大する。制振材を用いると，減衰効果により系の損失係数ηが大きくなり共振のピーク近傍の振幅を減らすことができる。制振材は，強度から単独で構造として用いられることは少なく，通常は金属製の構造に積層して用いられる。積層構造で得られる減衰ηは，制振材料の損失係数η_Dとは異なることに注意を要する。ηは積層構造を構成する材料の中で，最も大きな損失係数η_{max}と最も小さな損失係数η_{min}の中間の値になる。金属製パネル，はりへの制振材の積層方法として，二層型（非拘束型）とサンドイッチ型（拘束型）がよく用いられる。二層型は金属パネルと粘弾性制振材層の二層からなり積層構造が曲げ変形したときに，粘弾性制振材層は伸縮変形をし，その時のヒステリシスで減衰効果を得る。この積層構造で得られる減衰については，Oberstにより理論解析がなされている[5]。粘弾性材層と金属層の厚み比$n = h_D/h_1$と弾性率比$e = E_D'/E_1$があまり大きくない条件では近似式$\eta \propto en^2 \eta_D = (E_D/E_1)(h_D/h_1)^2 \eta_D$が成り立つ。$E_D'$は貯蔵弾性率，$E_1$は金属層のヤング率である。制振効果$\eta$を大きくするためには制振材層の材料損失係数$\eta_D$と板厚$h_D$と弾性率$E_D'$を大きくする。弾性率$E_D'$と材料損失係数$\eta_D$を同時に大きくする必要がある。逆に金属層の板厚$h_1$と弾性率$E_1$を大きくすると制振効果$\eta$は小さくなる。弾性率$E_D'$を維持しながら制振材を発泡させ板厚$h_D$を増して減衰効果$\eta$を大きくすることも行われる。

一方，サンドイッチ型は金属パネルと拘束層と呼ばれる硬い層（金属や硬質な樹脂）で粘弾性制振材層をサンドイッチした構造である。この積層構造が曲げ変形したときに，粘弾性制振材層はせん断変形をし，その時のヒステリシスで減衰効果を得る。この積層構造で得られる減衰については，Unger，Kerwin，Ditaranto，Mead，岡崎らなど多くの研究者により理論解析がなされている。Unger，Kerwinは粘弾性制振材層が比較的柔軟で，積層構造が曲げられた時に，粘弾性層がせん断変形すると仮定して積層構造の減衰の理論式[6]を得ている。自動車で制振効果が主に期待されるのは100～500 Hzであるが，このような周波数で制振効果を得るためには，粘弾性材料のせん断弾性率を低く柔らかくし板厚h_Dを厚くする必要がある。制振材をパネル間の密着を増すために発泡させ板厚h_Dを増して低周波数域の減衰効果ηを大きくすることも行われる。制振材を発泡させることはパネルや拘束層と制振材との密着を増す効果もある。拘束層の伸び剛性E_3h_3と金属層の伸び剛性E_1h_1が近いほど，制振効果が大きくなる。

これらのOberstの式やUnger，Kerwinの式は平板あるいは真直はりのみに適用される。自動車の車体構造を構成するパネルでは平板ではなく，曲面やビードと呼ばれる凹凸を含んでいる。この場合，これらの式で見積もられる結果とずれが生じる[2,7~10]。減衰効果は，パネルの剛性の影響をうけ，一般には剛性を高めると減衰効果が減る。

なお制振構造の上に防音（吸音・遮音）部材が積層され，主に500 Hzから10000 Hzの高周波数領域の騒音低減を担っている。遮音機能を重視する防音部材の場合には制振構造の上に多孔質材と樹質材を積層して二重壁遮音構造を形成し，パネルからの振動が車室に音として放射されるのを遮断している。柔らかい多孔質材をパネルと内装材の間に挿入し，振動や波動の伝達を絶縁する効果を狙っている。車室内に入ってきた音波（空気音と固体音）は，壁面にあるパネルなどで反射，干渉し定在波が発生する。すなわち車室空間の共鳴により，車内音は大きなピークとなる。この対策のため防音部材には吸音機能が求められる。吸音を重視する場合には，制振構造の上に多孔質材のみを積層する。多孔質材の吸音性能を発揮するためには，その上に積層される表皮材の通気性を適度に維持する必要がある。

これらの車室内表面の各パネル，内装部品の防音対策がすすむと，ガラスからの透過音，放射音が残される。ガラス表面は視認性の問題からフォーム材，繊維材などの多孔質材の利用が困難な部位である。合わせガラス（フロントガラスは安全性から使用義務あり）の中間膜に粘弾性材料を用いて，高制振効果を与えた構造が用いられ場合がある[11)]。これよりコインシデンス現象（振動による曲げ波の波長と音波の波長が一致する条件となる周波数で，遮音性能が劣化する現象）による遮音の劣化の改善や，ガラス面の共振の制振による放射音低減がなされる。

2　自動車構造での制振性能の数値解析

制振防音性能と軽量化の両立を検討するツールとして数値計算が利用される。

自動車用の制振防音部品は内装部品や車体構造などと組み合わせて用いられる。そのために積層構造となる。その積層体の高周波数域の吸音遮音性能の解析が伝達行列法[12~15)]や SEA 法[16)]で実施され，防音材の積層構成や配置が検討されている。

低中周波数域を扱う場合は異なるアプローチが必要となる。伝達行列法では，板に無限平板の仮定を用いるが，これは板振動の波長が板の辺の長さに比べて充分に短くなければ成立しない。しかし，近年の自動車は衝突安全対策でフロア面を補強するフレームが多数設置され，車体のフロアまわりを構成する鋼板パネルの最低次共振周波数は，100 Hz から 600 Hz 程度となるので，この周波数以下では無限板の仮定は，基本的には成立しない。また，フロア面は面剛性を高くするためにビードと呼ばれる凹凸加工や曲面加工をするので，平板とする扱いは低中周波数域ではできない。さらにパネルには粘弾性制振材が積層されているが，その減衰効果もパネル剛性，すなわちパネル形状の影響を受ける。よって，板の形状や境界条件を厳密に考慮する必要がある。そのために，数値解析法として，任意形状が扱える有限要素法が用いられる[2, 8~10, 17, 18)]。

自動車車体の金属パネルや金属フレームに対応する固体の振動場は，微小振幅を仮定し通常の線形有限要素で離散化される。要素の運動エネルギー，歪みエネルギー，ポテンシャルエネルギーを求めラグランジュの方程式を用いると次式を得る。

$$[M]_{se}\{\ddot{u}\}_{se}+[K]_{se}\{u\}_{se}=\{F\}_{se},\quad [K]_{se}=[K_R]_{se}(1+j\,\eta_e) \tag{1}$$

$$[M]_{se}=\iiint_e \rho_{se}[N]^T[N]dxdydz,\quad [K]_{se}=\iiint_e [B]^{\mathrm{T}}[D][B]dxdydz$$

ここで，ドットは時間微分を表す。$[B]$ と $[D]$ はそれぞれBマトリックスとDマトリックスである。$[N]$ は形状関数行列である。ρ_{se} は要素 e の質量密度，$\iiint_e dxdydz$ は要素領域内での積分を表す。$[M]_{se}$，$[K]_{se}$，$\{u\}_{se}$，$\{F\}_{se}$ は，それぞれ要素質量行列，要素剛性行列，要素内の節点変位ベクトル，要素内の節点力ベクトルである。式(1)の$[D]$の中の弾性率 E_e を，複素弾性率 $E_e(1+j\eta_e)$，（j：虚数単位）とすることで，粘弾性材要素になる[2,8~10,17,18]。この時，$E_e=E_{\mathrm{D}}'$ は粘弾性材の貯蔵弾性率，$\eta_e=\eta_{\mathrm{D}}$ は，粘弾性材の材料損失係数に相当する。その結果，粘弾性材要素の $[D]$ は複素行列となる。

金属製の車体を弾性体，制振材や樹脂材料を粘弾性体で表現し有限要素でモデル化し全要素を重ね合わせ全系の運動方程式を得る。振動数 f，（$f=\omega/(2\pi)$）による周期励振とし，この運動方程式に外力 $\{F\}_{se}$ を与え，複素連立一次方程式として解くと，変位 $\{u\}_{se}$ が得られる。

共振した状態の制振特性を求めるためには，全系の運動方程式で外力項を $\{0\}$ として得られる次の複素固有値問題の式を解く。

$$\sum_{e=1}^{e_{\max}}\left([K_R]_e(1+j\eta_e)-(\omega^{(i)})^2(1+j\eta_{\mathrm{tot}}^{(i)})[M]_e\right)\{\phi^{(i)}\}=\{0\} \tag{2}$$

$[M]_e$ は全系の質量行列，$[K_R]_e$ は全系の剛性行列 $[K]_e$ の実部である。添え字 (i) は，i 次固有モード，$(\omega^{(i)})^2$ は複素固有値の実部，$\{\phi^{(i)}\}$ は複素固有モード，$\eta_{\mathrm{tot}}^{(i)}$ はモード損失係数（i 次モードの共振ピークで得られる減衰）である。$\omega^{(i)}$ は i 次モードの固有角振動数である。

材料減衰 η_e（$e=1,\ 2,\ 3,\cdots,\ e_{\max}$）で全要素の中で最大のものを $\eta_{\max}$ とし以下を定義する。

$$\beta_{se}=\eta_e/\eta_{\max},\qquad |\beta_{se}|\leq 1 \tag{3}$$

$|\eta_{\max}|\ll 1$ と仮定し，微小量 $\mu=j\eta_{\max}$ を導入し，式(2)の複素固有値問題の解を漸近展開する。

$$\{\phi^{(i)}\}=\{\phi^{(i)}\}_0+\mu\{\phi^{(i)}\}_1+\mu^2\{\phi^{(i)}\}_2+,\cdots,\qquad (\omega^{(i)})^2=(\omega_0^{(i)})^2+\mu^2(\omega_2^{(i)})^2+\mu^4(\omega_4^{(i)})^2+,\cdots,$$

$$j\eta_{\mathrm{tot}}^{(i)}=\mu\eta_1^{(i)}+\mu^3\eta_3^{(i)}+\mu^5\eta_5^{(i)}+,\ \cdots, \tag{4}$$

$|\beta_{se}|\leq 1$ であるので $|\eta_{\max}|\ll 1$ ならば，$|\beta_{se}\eta_{\max}|\ll 1$ が成立し $\mu\beta_{se}$ も μ と同様に微小量となる。$\{\phi^{(i)}\}_0$，$\{\phi^{(i)}\}_1$，$\{\phi^{(i)}\}_2$，$\cdots$と$(\omega_0^{(i)})^2$，$(\omega_2^{(i)})^2$，$(\omega_4^{(i)})^2$，$\cdots$と $\eta_1^{(i)}$，$\eta_3^{(i)}$，$\eta_5^{(i)}$，$\cdots$は実数とする。式(4)を式(2)に代入し，μ^0 と μ^1 の量ごとに整理し次式を得る。

$$\eta_{\mathrm{tot}}^{(i)}=\sum_{e=1}^{e_{\max}}(\eta_e S_{se}^{(i)}) \tag{5}$$

$\eta_{\mathrm{tot}}^{(i)}$ はモード損失係数，$S_{se}^{(i)}$ は歪みエネルギー分担率である。この式より，モード損失係数 $\eta_{\mathrm{tot}}^{(i)}$ は弾性率に関連する材料減衰 η_e と歪みエネルギー分担率との積の全要素にわたる和から近似計算できる。式(5)はJohnsonにより提案されたモード歪みエネルギー法（MSE法：Modal Strain

Energy Method[2,8~10,17,18]と同じ形式になっている。式(5)の$\eta_e S_{se}^{(i)}$は各要素の減衰の寄与率となり制振要素の配置検討ができる。これらのパラメータを用いて，モーダル法で応答の計算ができる。さらに制振要素だけではなく多孔質材要素も考慮するように拡張したMSKE法（Modal Strain and Kinetic Energy Method）[19,20]も提案されている。また，本手法は制振防音構造が非線形弾性支持（ヒステリシス減衰有）された問題に拡張されている[21]。

3　数値解析の応用例

厚さ0.8 mmの鋼製片持ちはりに，厚さを2 mm，3 mm，5 mmと変化させて制振材を積層した構造のモード損失係数をFEMで計算した[8]。図2に結果を示す。図中の実線は，FEMによる計算結果，破線はOberst式[5]による理論値である。図中の黒丸は実験値である。三者とも一致しており，計算は妥当といえる。車体パネルには剛性の確保などの理由で，曲面やビードと呼ばれる凹凸が入れられる。粘弾性制振層の効果は，パネルの剛性によって減衰が異なることが報告されている[2,7~10]。図4はビード（図3を参照）の有無で制振材のモード減衰の変化を数値計算したものである[8]。ビードにより減衰値が低下することが予測できている。さらに応答を計算した結果と実験結果を図5に示す[8]。図の鋼板層の加振点iを，インパクトハンマーで加振して，パネル上の観測点rの加速度$\hat{A}_r$，($\hat{A}=-\omega^2\hat{U}_r$) を求めた。図の縦軸は加速度／外力の振幅$|\hat{A}_r/\hat{F}_i|$，横軸は外力の周波数$\omega/2\pi$である。三次元構造の共振ピークへの制振効果が計算できている。

先にも示したが，二層型制振材を積層した鋼製はりが，純粋な曲げ変形（パネルでは面外変形に相当）を受ける場合のモード損失係数η_{out}と材料減衰η_{D}との関係α_{out}は，先述の次のOberst式となる[9]。

$$\eta_{\mathrm{out}} \cong \alpha_{\mathrm{out}}\eta_{\mathrm{D}},\quad \alpha_{\mathrm{out}}$$
$$=(\xi\bar{e}/(1+\xi\bar{e}))(3+6\xi+4\xi^2+2\bar{e}\xi^3+\bar{e}^2\xi^4)/(1+2\bar{e}(2\xi+3\xi^2+2\xi^3)+\bar{e}^2\xi^4) \quad (6)$$

ただし，板厚比$\xi=h_{\mathrm{D}}/h_1$と，弾性率比$\bar{e}=E_{\mathrm{D}}'/E_1$である。

一方，二層型制振材を積層した鋼製はりが，軸方向に伸縮変形（パネルでは面内変形に関連）する場合の係数α_{in}は，次式となる。

$$\eta_{\mathrm{in}} \cong \alpha_{\mathrm{in}}\eta_{\mathrm{D}},\quad \alpha_{\mathrm{in}}=1/((E_1h_1/E_{\mathrm{D}}h_{\mathrm{D}})+1) \quad (7)$$

三次元形状のパネル振動は，面外変形と面内変形が混在し，減衰特性（モード損失係数）は次式となる[9]。

$$\eta_{\mathrm{tot}}^{(n)}=\gamma\eta_{\mathrm{out}}+(1-\gamma)\eta_{\mathrm{in}} \quad (8)$$

γは曲げ変形と面内変形との間の歪みエネルギーの比率である。

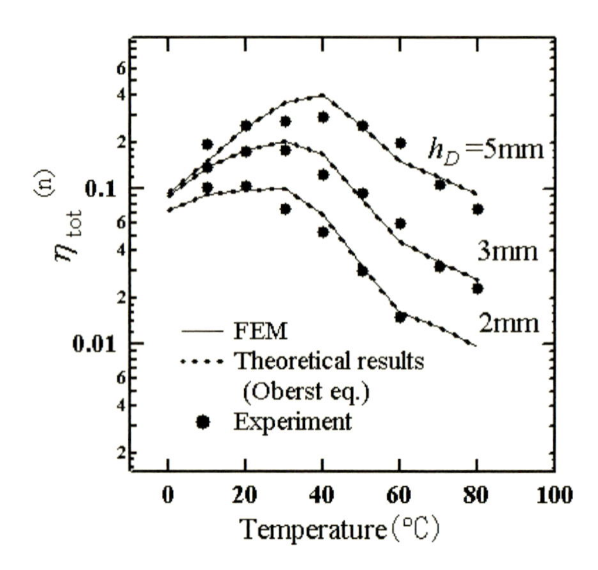

図２　制振材積層片持ちはりの減衰特性[8)]

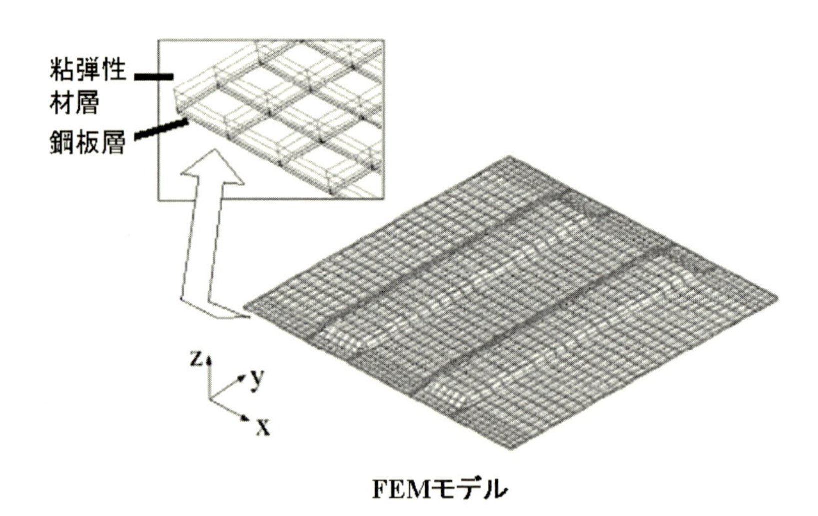

図３　制振材積層ビードパネルの計算モデル

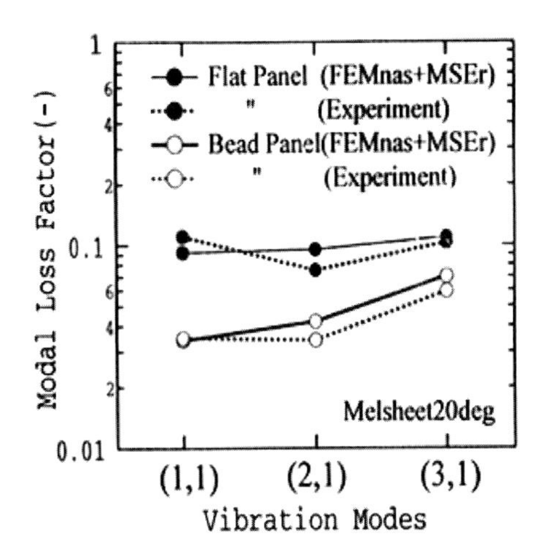

図４　車体用制振ビードパネルのモード減衰の例[8)]

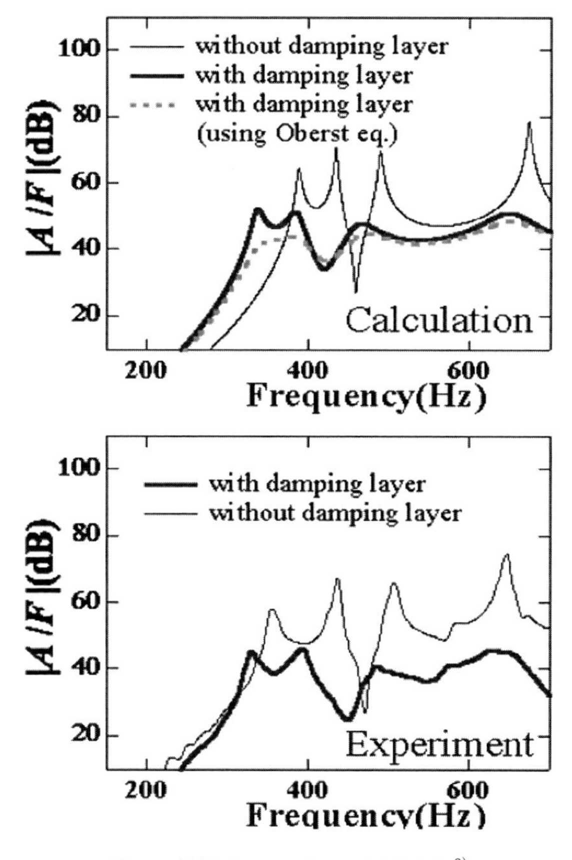

図５　制振ビードパネルの振動応答[8)]

自動車の積層構成の一例で考えると，面内変形の損失係数0.0026，面外変形（曲げ変形）の損失係数0.74となる。よって，パネル構造の振動の歪みエネルギーで，面内変形成分の比率が大きいと，減衰効果は小さくなる。逆に面外変形成分の比率が大きいと，減衰効果は大きくなる。したがって，粘弾性制振材積層パネルの減衰効果は面内変形（リブ，ビード，曲面部：高剛性）に対しては効果が小さく，曲げ変形（平面部：低剛性）に効果が大きい[9,10]。パネルの中で，減衰が効きやすい平面部と充分高剛性となる高いビード部，深い曲面部にわけ，制振材を平面部のみに積層し，高剛性と高減衰を両立できるという報告がある[10,22]。

図6は制振層を積層した車体構造の減衰特性の解析結果である[2]。車体骨格が主体に変形する振動モードには制振効果が少なく，車体パネルが主に変形するモードで制振効果が大きい。

図1の車体のフロアパネルに制振材を積層し，吸音二重壁構造とした系の加速度応答の数値計算と実験結果[1]を図7に示す。両者は定性的に一致している。

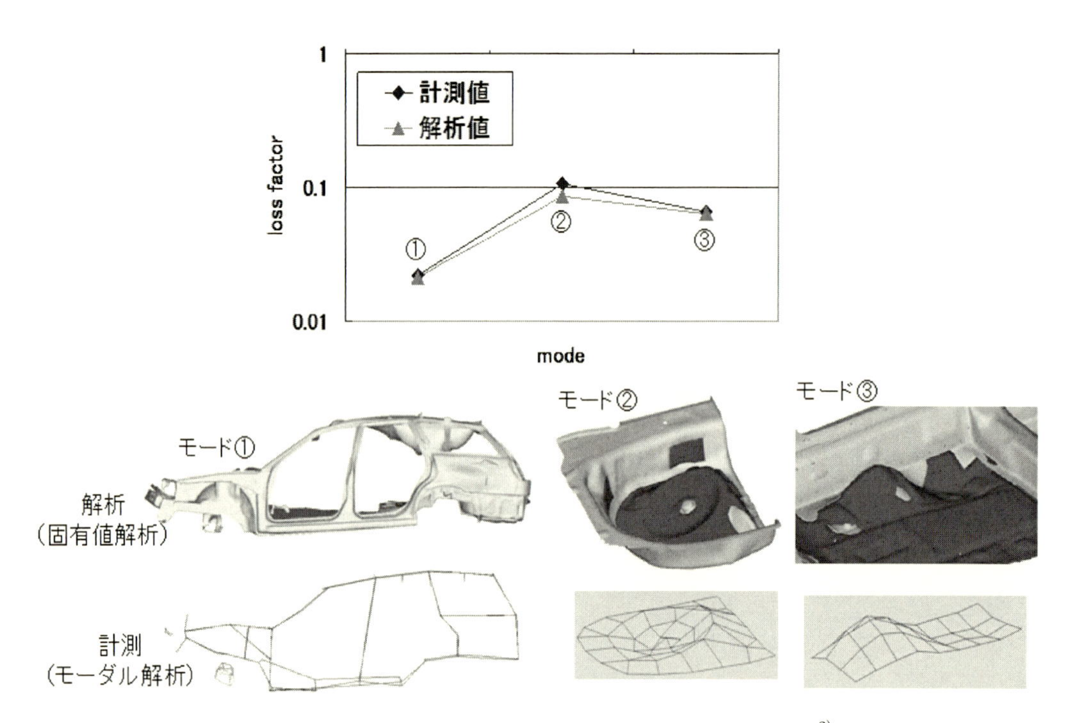

図6　粘弾性制振材を有する車体構造のモード減衰の計算例[2]

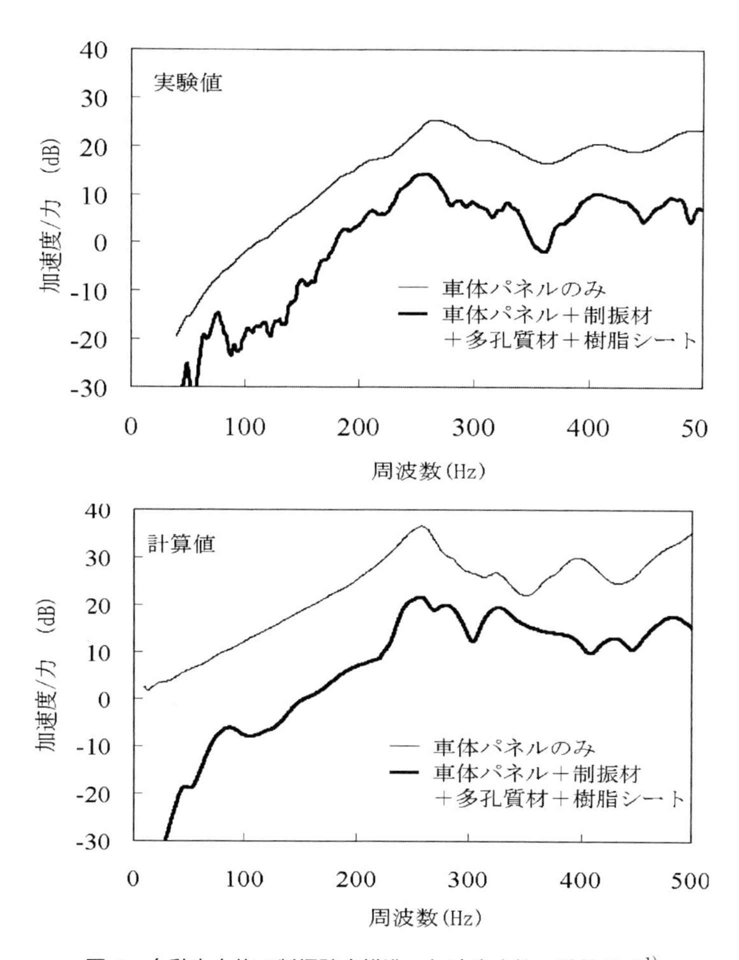

図7　自動車車体の制振防音構造の加速度応答の計算結果[1)]

文　　献

1) 黒沢良夫，山口誉夫，松村修二，日本機械学会論文集，**77** (776C)，1191 (2011)
2) 黒沢良夫，山口誉夫，榎本秀喜，日本機械学会論文集，**69** (687C)，2983 (2003)
3) 山口久弥，自動車技術，**57** (7)，88 (2003)
4) 桃沢正幸，日本ゴム協会誌，**64** (5)，326 (1991)
5) H. Oberst, *Akustische Beihefte*, Heft **4**, 181 (1952)
6) D. I. G. Jones, *Journal of Sound and Vibration*, **33** (4)，451 (1974)
7) 寺師茂樹，浅井真，内藤滋郎，自動車技術，**43** (12)，66 (1989)
8) 山口誉夫，黒沢良夫，松村修二，野村章，日本機械学会論文集，**69** (678C)，297 (2003)
9) 山口誉夫，黒沢良夫，松村修二ほか，日本機械学会論文集，**69** (678C)，304 (2003)
10) 山口誉夫，竹前康徳，黒沢良夫ほか，日本機械学会論文集，**70** (699C)，3062 (2004)

11) 大窪毅ほか, HONDA R&D TECHNICAL REVIEW, **21** (1), 73 (2009)
12) 太田光雄, 岩重博文, 日本音響学会誌, **34** (1), 3 (1978)
13) J. F. Allard, "Propagation of Sound in Porous Media", Elsevier Applied Science, London and New York, (1993)
14) 山口誉夫, スバル技報, **25**, 135 (1998)
15) 黒沢良夫, 中泉直之, 高橋学, 山口誉夫, 制振工学研究会2014技術交流会, SDT14015 (2014)
16) 野口好洋ほか, HONDA R&D TECHNICAL REVIEW, **16** (1), 149 (2006)
17) C. D. Johnson and D. A. Kienholz, *AIAA Journal*, **20** (9), 1284 (1982)
18) B. A. MA and J. F. HE, *Journal of Sound and Vibration*, **152** (1), 107 (1992)
19) T. Yamaguchi, Y, Kurosawa and S. Matsumura, *Mechanical Systems and Signal Processing*, **21**, 535 (2007)
20) T, Yamaguchi, Y. Kurosawa and H. Enomoto, *Journal of Sound and Vibration*, **325**, 436 (2009)
21) T. Yamaguchi, H. Hozumi, Y. Hirano, K. Tobita and Y. Kurosawa, *Mechanical Systems and Signal Processing*, **42**, 115 (2014)
22) 宇都宮昭則, 中川興也, 村瀬健二, 小平剛央, 加村孝信, マツダ技報, **25**, 161 (2007)

〈第Ⅱ編〉
騒音に関する環境規制と制振特性の評価試験法

第３章　制振特性の評価試験法

渡辺茂幸*

1　はじめに

制振とは，構造物表面の振動エネルギーを熱エネルギーに変換して振動を制御することであり，構造物の共振点近傍での振動を制御するばかりでなく，構造物表面からの放射音も低減することができる。この制振特性（振動の減衰特性）を表す指標には，表1[1)]に示すように減衰係数比や対数減衰率などが用いられるが，その中の一つとして損失係数がある。損失係数は，高分子材料関係および機械振動関係の分野でよく用いられる指標であり，本章では，この損失係数の評価試験法について述べる。

表１　振動減衰特性を表す指標間の関係[1)]

	減衰係数比	損失係数	減衰率	対数減衰率	減衰度	半値幅	キュー値	減衰能力
	ζ	η	σ	δ	D	Δf	Q	φ
ζ	−	2ζ	$\omega_R \zeta$	$2\pi\zeta$	$\alpha\omega_R\zeta$	$\omega_R\zeta/\pi$	$1/2\zeta$	$4\pi\zeta$
η	$\eta/2$	−	$\omega_R\eta/2$	$\pi\eta$	$\alpha\omega_R\eta/2$	$\omega_R\eta/2\pi$	$1/\eta$	$2\pi\eta$
σ	σ/ω_R	$2\sigma/\omega_R$	−	$2\pi\sigma/\omega_R$	$\alpha\sigma$	σ/π	$\omega_R/2\sigma$	$4\pi\sigma/\omega_R$
δ	$\delta/2\pi$	δ/π	$\omega_N\delta/2\pi$	−	$\alpha\omega_N\delta/2\pi$	$\omega_N\delta/2\pi$	$\pi(\delta-\delta^2)$	$2/(\delta-\delta^2)$
D	$D/\alpha\omega_R$	$2D/\alpha\omega_R$	D/α	$2\pi D/\alpha\omega_N$	−	$D/\alpha\pi$	$\alpha\omega_R/D$	$4\pi D/\alpha\omega_R$
Δf	$\pi\Delta f/\omega_R$	$2\pi\Delta f/\omega_R$	$\pi\Delta f$	$2\pi^2\Delta f/\omega_R$	$2\pi\Delta f$	−	$\omega_R 2\pi\Delta f$	$4\pi^2\Delta f/\omega_R$
Q	$1/2Q$	$1/Q$	$\omega_R/2Q$	π/Q	$\alpha\omega_R/2Q$	$\alpha\omega_R/2\pi Q$	−	$2\pi/Q$
φ	$\varphi/4\pi$	$\varphi/2\pi$	$\omega_R\varphi/4\pi$	$\varphi/2$	$\alpha\omega_R\varphi/4\pi$	$\omega_R\varphi/4\pi^2$	$2\pi\varphi$	−

α ：係数，$20\log 10\, e=8.68$
ω_R：不減衰固有角周波数（rad/s），$\omega_R=2\pi f$
ω_N：角周波数（rad/s），$\omega_N^2=\omega_R^2-\sigma^2$
ζ ：減衰係数比，粘性減衰係数 c と臨界粘性減衰係数 $2(km)^{1/2}$ との比
η ：損失係数，ばね k と粘性抵抗を含めて弾性項を $k(1-j\eta)$ と複素表示した場合の損失
σ ：減衰率（rad/s），振動減衰特性で１秒間に $e^{-\sigma}$ だけ減衰すること
δ ：対数減衰率，振動減衰特性で隣り合う振幅の比の自然対数
D：減衰度（dB/s），減衰振動特性で単位時間当たりの減衰量
Δf：半値幅（Hz），共振周波数付近で周波数を変化させたときに，最大値の $1/2^{1/2}$ を示す周波数帯域幅
Q：キュー値，定常に達した共振ピークの大きさと静負荷時応答の大きさとの比
φ ：減衰能力，１サイクル振動する間に散逸されるエネルギーの全エネルギーに対する比

* Shigeyuki Watanabe　(地独)東京都立産業技術研究センター　開発本部　開発第一部　光音技術グループ　副主任研究員

2　はり試験

はり試験は，短冊形の試験片（主に金属材料の基材と制振材料を組み合わせた複合材）に振動を加えて周波数応答関数を測定し，その共振または反共振ピークより損失係数を算出する試験法である。制振材料の実際の使用状況を考えてみると材料単体（弾性率が金属の1/100程度）で構造部材として使用されることはほとんどなく，多くの場合には金属材料と組み合わせて使用されるため，はり試験で求められる損失係数は，制振材料の実際の使用状況に整合する。

2008年に制定されたJIS K 7391[1]では，片持ちはり法と中央加振法による非拘束形制振複合はりの損失係数の測定方法および制振材料単体の制振特性を算出する換算周波数ノモグラムについて規定されている。

2.1　片持ちはり法[1]

片持ちはり法は，試験片の一端を固定し，もう一端が自由になっているはりを用いて，はりを曲げ振動させて周波数応答関数（モビリティ：振動速度 V／加振力 F）を計測し，損失係数を算出する方法である。

試験片は，幅が10 mm，有効長220 mmに20 mm以上の冶具への固定部を加えた長さの短冊形である（図1）。厚さは6 mm以下で，基材に対する制振材料の厚さの比は3以下とすることが規定されている。また，ねじれ振動などによる不要共振が現れないように，形状として滑らかな切断面をもち，かつ，平面を保ち，材どうしの剥がれや反りがないように作成する必要がある。さらに，規格では基材の加工精度を以下のように規定している。

- 切断は，切削加工またはレーザーカットによる
- 寸法精度はJIS B 0405の面取り部分を除く長さ寸法に対する許容差はf等級（制級）による
- 真直度および平面度は，JIS B 0419の普通公差のH等級による

図2に測定装置の一例を示す。測定装置は，非接触電磁加振器，非接触速度検出器，増幅器および周波数応答関数解析装置からなる。また，試験片の温度依存特性を把握する場合には，恒温槽などを用いて温度管理を行う。

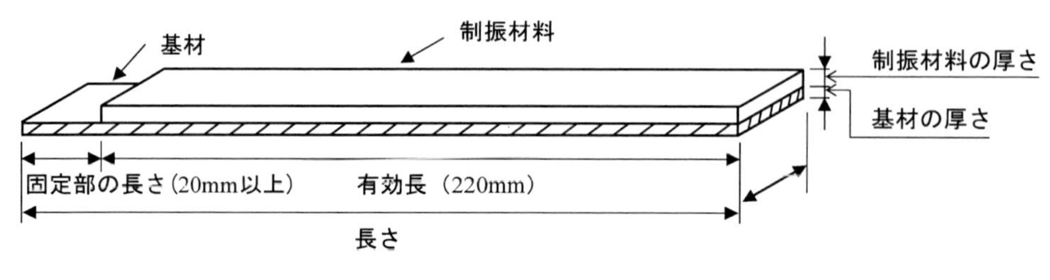

図1　片持ちはり法用の試験片

測定は，図2のように試験片を取り付け，試験片の自由端側に設置された非接触電磁加振器にて正弦掃引信号またはランダム信号を発生させて，固定端から試験片有効長の10%〜40%離れた位置に設置された非接触速度検出器で振動速度を計測する。計測した振動速度と加えた加振力より周波数応答関数（図3）を求める。損失係数は，得られた周波数応答関数のn次の共振周波数において半値幅法により算出する。半値幅法は，共振周波数f_{n0}ならびに共振のピークからs dB低減した左右2点の周波数f_{n1}とf_{n2}より次式より算出する（図4）。

$$\eta = \frac{f_{n2} - f_{n1}}{f_{n0}} \times k$$

ここで，η：試験片の損失係数，f_{n0}：試験片のn次の共振または反共振周波数［Hz］，
k：補正係数

半値幅法では一般的に$s = 3$ dBを使用し，0.1〜0.001程度の損失係数の算出に適している。し

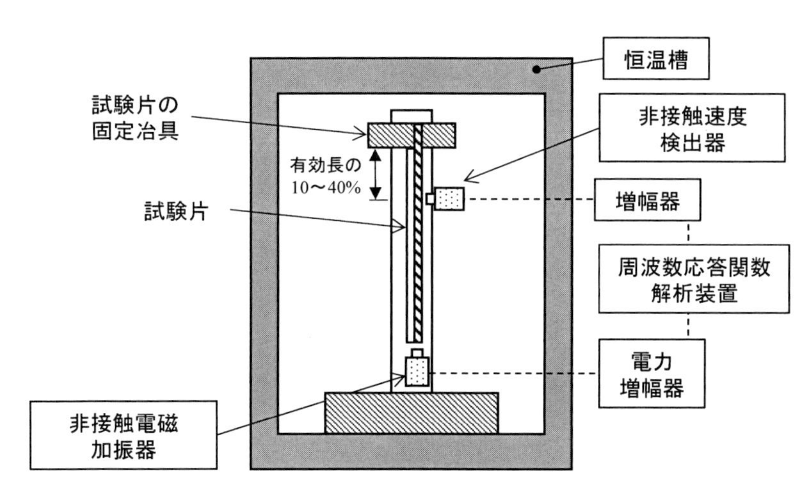

図2　片持ちはり法の装置例

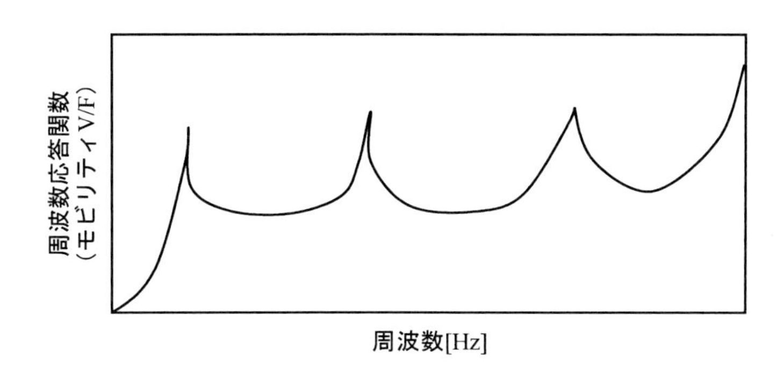

図3　周波数応答関数の例（片持ちはり法）

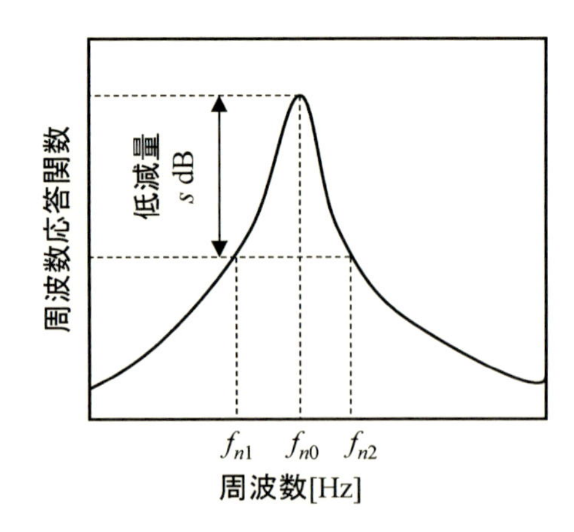

図4　周波数応答関数のピークの半値幅

表2　低減量と補正係数との関係[1)]

低減量 s[dB]	補正係数 k
6	0.579180
3	1
2	1.307564
1	1.965247

かし，共振付近での損失係数が大きい，もしくは，小さすぎて半値幅が明確でない場合は，表2に示す，他の低減量および補正係数を用いて損失係数を算出する。また，半値幅内には最低10個の測定点が得られなければならないため，損失係数が小さい場合には解析装置のズーム分析機能などを用いて共振ピーク付近を解析することが望ましく，ノイズの影響を極力避けるために十分な平均化処理を行う必要がある。

片持ちはり法の注意点を以下にまとめる。

① 試験片に働く電磁力を大きくするために，加振器と試験片は2 mm程度の間隔をあけ，試験片は加振器中心より振動方向に1 mm～2 mmずらして設置することが望ましい。

② 恒温槽を使用して温度依存特性を調べる際には，試験片の内部まで温度を一定にする。規格では放置時間を最低60分以上と規定している。

③ 1次共振の損失係数は，固定部の影響により高次共振の損失係数のバラツキに比べてやや大きくなる傾向があるため，参考値とする。

④ 0.005程度以下の損失係数の場合には，固定部などからのエネルギーロスのため，損失係数が大きめに測定されてしまうことに注意が必要である。

2.2　中央加振法[1)]

中央加振法は，試験片の中央をコンタクトチップなどを使用して支持し，はりを曲げ振動させて周波数応答関数（機械インピーダンス：加振力 F／振動速度 V）を計測し，損失係数を算出する方法である。

試験片は図5に示すように，幅が10 mm，長さ250 mmの短冊形であり，厚さおよび形状は，片持ちはり法と同様である。

図6に測定装置の一例を，図7にコンタクトチップの例を示す。装置は，動電形加振器，インピーダンスヘッド，増幅器，および周波数応答関数解析装置からなる。また，試験片の温度依存特性を把握する場合には，恒温槽などを用いて温度管理を行う。

コンタクトチップの先端はナイフエッジ形とし，その長さは試験片の長さの1/200以下とする。また，ナイフエッジの幅は試験片の幅以上とする。試験片とコンタクトチップとは加圧しながら接着し，接着剤のはみ出しは片側で5 mm以内とする。

測定は，動電形加振器にて定常加振を行い，インピーダンスヘッドにより計測される振動速度との周波数応答関数（図8）を求め，損失係数は得られた周波数応答関数の n 次の反共振周波数において半値幅法により算出する。ただし，中央加振法では，試験片のほかコンタクトチップおよびインピーダンスヘッド自体の質量も付加されているため，これらの影響をデジタルマスキャンセル機能やマスキャンセルアンプで取り除く必要がある。

中央加振法は，高い周波数まで測定可能であり，片持ちはり法に比べて試験片の自由度が高いことが利点であるが，以下の点に注意が必要である。

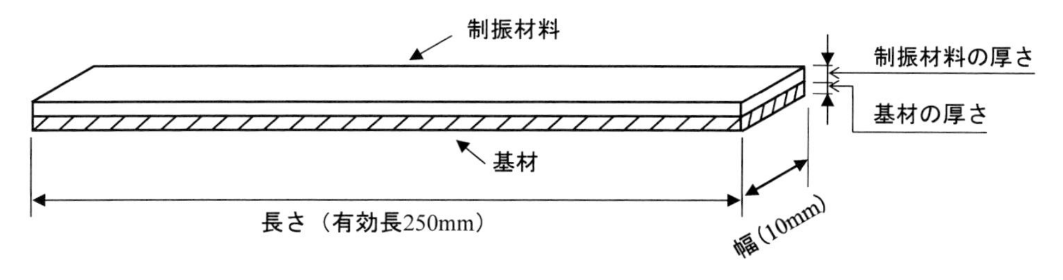

図5　中央加振法用の試験片

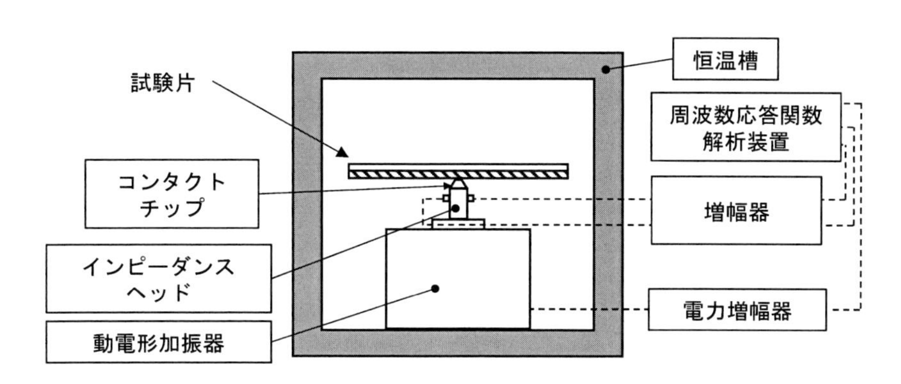

図6　中央加振法の装置例

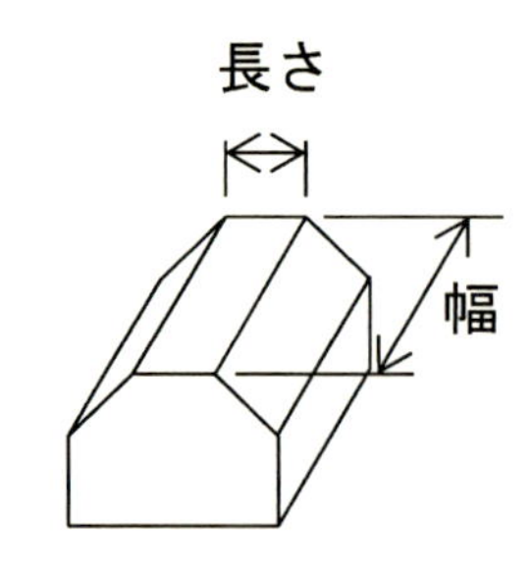

図7　コンタクトチップの例

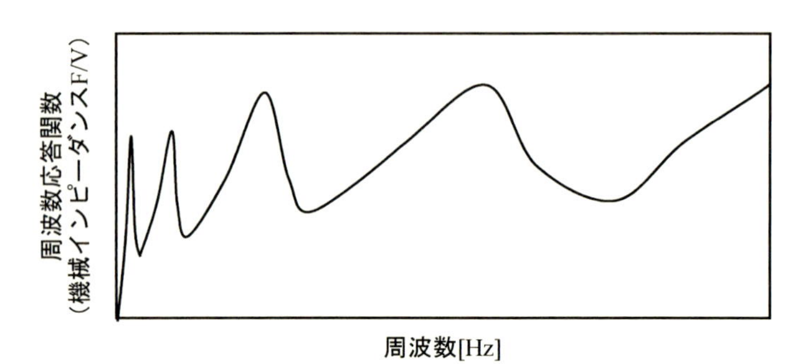

図8　周波数応答関数の例（中央加振法）

① コンタクトチップは，試験片の中央部に直角に取り付け，左右でアンバランスとならないようにする。また接着剤のつけすぎには注意が必要である。

② 試験片とコンタクトチップは，線接触とするのが理想であるため，試験片の長さはコンタクトチップの長さの200倍以上であることが望ましい。

③ 均一に見える材料でも材料内部の不均一さにより不要共振が現れる場合がある。特に質量が小さい，または，薄い材料では注意が必要である。

2.3　換算周波数ノモグラム[1)]

基材を使用した試験片を用いてはり試験を行った場合には，基材と制振材料との複合材料の損失係数が得られるが，基材の影響を取り除いた制振材料単体の損失係数を，様々な温度によって測定した損失係数から温度－周波数換算則を用いて算出できる。算出した損失係数，縦弾性係数を温度と周波数軸上に表示したものを換算周波数ノモグラムという。換算周波数ノモグラムを用いると任意の温度と周波数における損失係数と縦弾性係数を求めることができる。換算周波数ノモグラムの作成方法については，JIS K 7391[1)]を参照されたい。

図9に，換算周波数ノモグラムの一例を示す。換算周波数ノモグラムの左側の軸は縦弾性係数と損失係数を，右側の縦軸は周波数を表す。また，上側の横軸は温度を，下側の横軸は換算周波数を表す。換算周波数は物理的には意味がなく，温度条件を周波数に換算したものである。また，実線はカーブフィットの線である。この見方として，周波数が1000 Hzで温度が40度の損失係

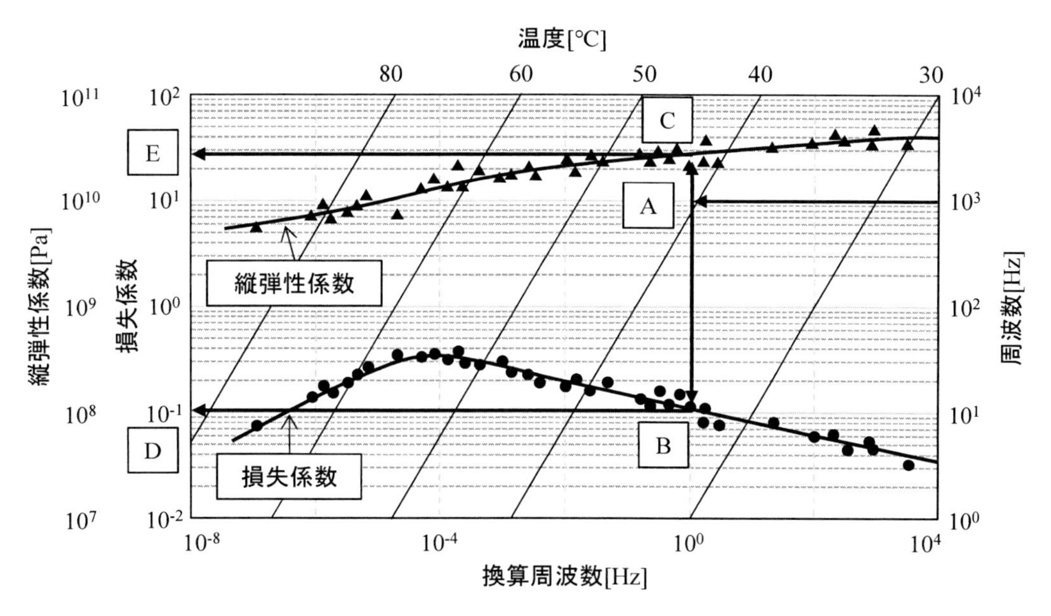

図9　換算周波数ノモグラムの例

数と縦弾性係数の決定手順を例にとる。まず，右側縦軸の周波数 1000 Hz の線を左方向に見ていき，上側横軸から斜めに引かれている温度 40 度の斜線との交点 A をとる。次に，交点 A より垂線を引き，損失係数のカーブフィットの線との交点を交点 B とする。同様に縦弾性係数のカーブフィットの線との交点を交点 C とする。最後に，交点 B と交点 C より横軸に平行な線を引き，左側縦軸との交点 D と交点 E をとる。交点 D は周波数 1000 Hz，温度 40℃における損失係数（0.1）であり，交点 E は縦弾性係数（3×10^{10}）である。

3　動的粘弾性試験

動的とは，試験片に正弦波的なひずみを加える方法で，動的粘弾性試験では，樹脂やゴムなどの特性である粘性と弾性を測定し，損失係数（tan δ）を求めることができる。測定される損失弾性率（E''）が粘性部分に，また，貯蔵弾性率（E'）が弾性部分に相当し，この損失弾性率と貯蔵弾性率の比より損失係数を算出する。

$$損失係数(\tan\delta)=\frac{損失弾性率\ E''}{貯蔵弾性率\ E'}$$

図 10 に測定装置（引張り試験）の構成例を示す。試験片を保持するためのクランプが恒温槽内にあり，一方に加振器と変位変換器が，もう一方に力変換器が連結されている装置である。測定は，試験片の一端に引張振動を加えて，一端に伝わる動的応力および動的ひずみを検出し，そ

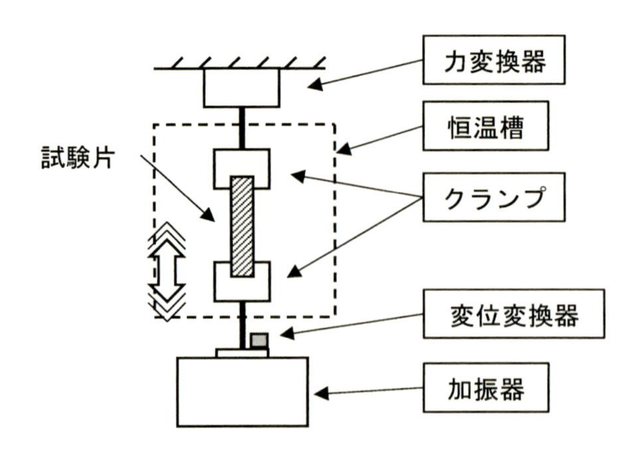

図10　測定装置（引張り試験）の構成例

れらの位相差 δ を測定する。動的応力と動的ひずみの比を $|E^*|$ とすると，$E'=|E^*|\cos\delta$，$E''=|E^*|\sin\delta$ となり，これより損失弾性率と貯蔵弾性率を算出する。この他に，圧縮試験，曲げ試験，せん断試験／ずり試験，捻り試験などの様々な方法がある。現在の装置では，試験片を固定する冶具を交換することで，圧縮・せん断・曲げ振動などの振動条件を変更できる装置がある。軟質材料は引張り試験・圧縮試験，せん断試験で，硬質材料であれば曲げ試験で測定されることが多い。参照規格として，JIS K 7244[2~8]，JIS K 6394[9]がある。

動的粘弾性試験は，連続した温度で測定が可能なため，損失係数のピークや効果範囲を把握することが可能である。様々な温度による温度-周波数換算則を適用して，複数の温度データを連続した一本のマスターカーブに合成できる。上述した換算周波数ノモグラムは，こうして得られた損失係数と縦弾性係数を周波数換算軸上に図示したものである。測定時の注意点としては，試験片が小さく結果に影響を与えるため，極力均一寸法に調整した試験片を使用する必要がある。また，軟質材料の試験片をクランプなどに取り付ける場合に固定点の影響を受けやすく，トルクレンチなどで常に一定の力で取り付けることが望ましい。

文　　献

1）JIS K 7391: 2008　非拘束形制振複合はりの振動減衰特性試験方法，財団法人日本規格協会（2008）
2）JIS K 7244-1　プラスチック-動的機械特性の試験方法-第1部：通則，財団法人日本規格協会（1998）
3）JIS K 7244-2　プラスチック-動的機械特性の試験方法-第2部：ねじり振り子法，財団法人日本規格協会（1998）
4）JIS K 7244-3　プラスチック-動的機械特性の試験方法-第3部：曲げ振動-共振曲線法，財

団法人日本規格協会（1999）
5) JIS K 7244-4　プラスチック-動的機械特性の試験方法-第4部：引張振動-非共振法，財団法人日本規格協会（1999）
6) JIS K 7244-5　プラスチック-動的機械特性の試験方法-第5部：曲げ振動-日共振法，財団法人日本規格協会（1999）
7) JIS K 7244-6　プラスチック-動的機械特性の試験方法-第6部：せん断振動-日共振法，財団法人日本規格協会（1999）
8) JIS K 7244-7　プラスチック-動的機械特性の試験方法-第7部：ねじり振動-非共振法，財団法人日本規格協会（2007）
9) JIS 加硫ゴム及び熱可塑性ゴム-動的性質の求め方- 一般指針，財団法人日本規格協会，2007
10) 制振工学研究会　計測・評価技術分科会　規格調査サブワーキンググループ，損失係数測定解説書，制振工学研究会（1997）
11) 制振工学ハンドブック編集委員会，制振工学ハンドブック，株式会社コロナ社（2008）

〈第Ⅲ編〉
高分子制振材料の応用展開

第4章　自動車用制振材料

板野直文*

1　はじめに

自動車には車室内騒音レベルの低減を目的に各種の防音材料（遮音材料，吸音材料，防振材料，制振材料）が採用されている。図1に示すように吸音材料や遮音材料はエンジンルーム内や車室内表面に施工され，中高周波帯域の騒音低減に寄与し，制振材料は，フロアーパネル，ダッシュパネル，ホイルハウス部の鋼板パネルに施工され低・中周波数領域で主に問題となる固体伝播音を低減している。

自動車用防音材料のうち，制振材料は1954年に上市[1)]されたアスファルト（瀝青質）系の制振シートタイプが長い間ほぼ独占的に使用されていたが，2000年頃より，車両の軽量化ニーズに対応するため，また制振材料施工プロセスの自動化を目的として制振塗料の採用が増大し，現在（2019年）では自動車用制振材料の半分以上が制振塗料（塗布型制振材料）となっている。

ここでは自動車に採用されている制振材料，特に最近採用が増加している制振塗料について紹介する。

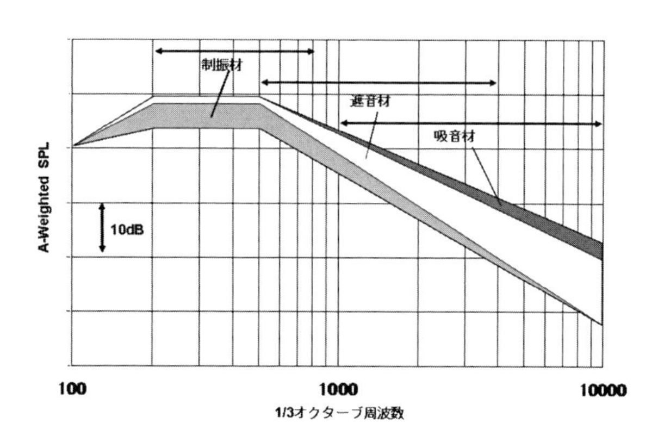

図1　防音材料の車室内音低減効果

＊　Naofumi Itano　日本特殊塗料㈱　開発本部　第2技術部　技術2課

2 制振の位置付け

本編に入る前に「制振」という概念について触れる。「制振」は，図2に示すように「防音」と総称される音の制御機能に含まれる「遮音」「吸音」及び「防振」と並ぶ4つの基本カテゴリーの一つである。

不要，不快な音（これを騒音という）を低減する手法を前述の4つのカテゴリーにあてはめ，「音」という現象とその原因である「振動」との関係について考える。音は，何かが例えば薄板が振動し，その結果として振動源または伝達系から空気中に音が放射される。従って，振動を低減・減衰すれば放射される音の低減につながる。

実際に騒音対策を行う手法として，これらの音や振動のエネルギーを伝搬しないように反射または遮蔽してしまうか，何らかの方法でそのエネルギーを吸収（音や振動以外のエネルギーに変換，例えば熱）すれば，受音点，受振点での音や振動のレベルは低減する。

音響機能別に対策手法の概要を述べると以下のようになる。音のエネルギーを反射，遮蔽させる技術を「遮音」，吸収する技術を「吸音」という。振動エネルギーを反射，遮蔽させる技術が「防振」，振動エネルギーを吸収する技術が「制振」である。

一般的な騒音対策は，上記4種類の機能を持つ材料・構造を組み合わせ，効率的に騒音の低減を実現している。

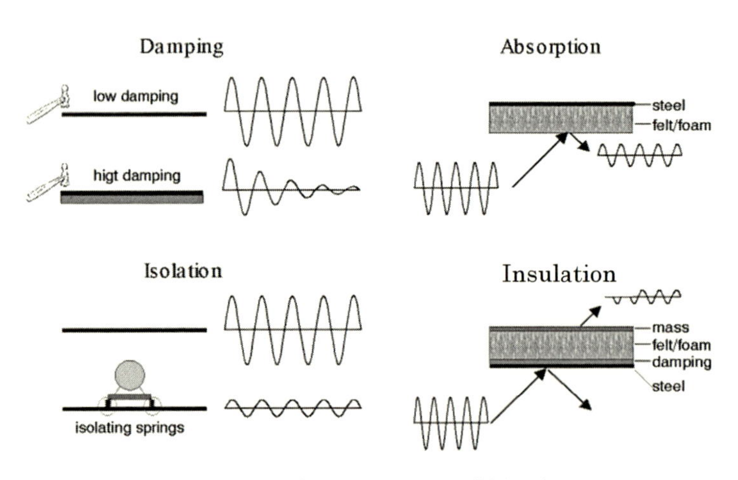

図2 防音対策のカテゴリー（機能別）

3　高分子系制振材料の基礎特性[2)]

3.1　エネルギー散逸機構

自動車用制振材料のベース樹脂としては高分子系粘弾性物質（シートタイプではアスファルト系，制振塗料ではアクリル樹脂エマルジョン系が主流）が使用されている。これら制振に活用できる高分子系粘弾性物質のエネルギーの散逸機構としては，接触界面での摩擦，粘性物質の流動，繊維質材料の格子間摩擦，高分子系粘弾性物質の歪み等がある。その中でも特に高分子系粘弾性物質の歪みによるエネルギー散逸機構に関しては，これまで多くの研究者によってその制振機構の解析と最適化に関する研究が行われてきた。

図3にイラストしたように，粘弾性物質に外部からエネルギーが加えられると，分子側鎖のチェンセグメントの"からみ合い"が伸ばされ，その後応力が取り去られると緩和現象によりもとの位置にもどるまでに分子間の摩擦により振動エネルギーが熱エネルギーとして散逸する。散逸エネルギーの大きさは繰り返し応力周波数と温度に依存し一般に大変形時を除いて変形の大きさには依存しない。

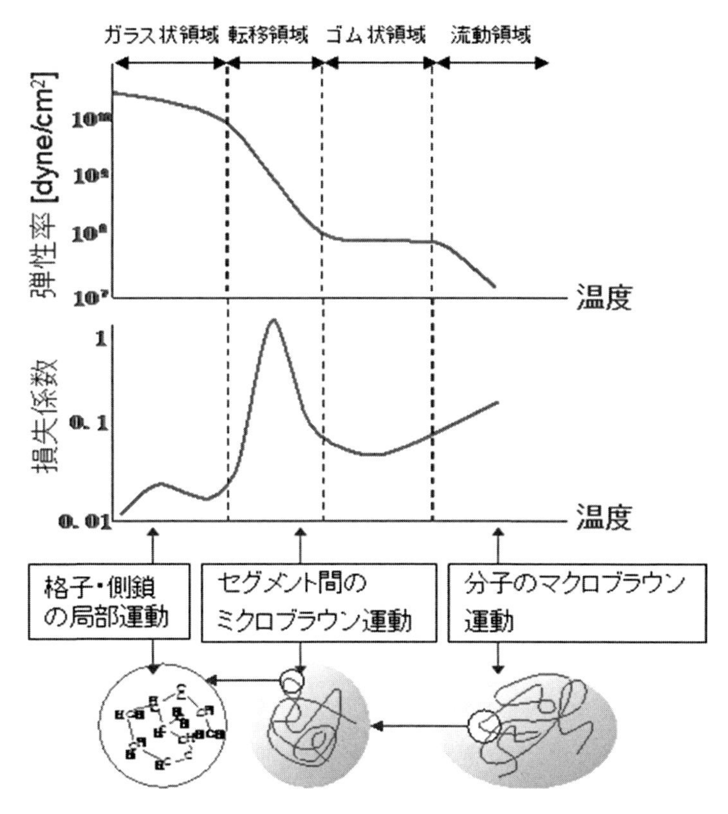

図3　粘弾性物質の力学的分散と分子運動の関係

粘弾性物質は高温領域とか低周波領域では柔らかくて散逸エネルギーは小さく，温度が下がるかまたは周波数が増加するにつれて硬くなり散逸エネルギーが増大する。さらに温度が下がるかまたは周波数が高くなると再び散逸エネルギーは減少する傾向を示す。

粘弾性物質の散逸エネルギーは弾性率が急激に変化する温度，周波数領域で最大値を取る。散逸エネルギーが最大となる温度，周波数は粘弾性物質固有の特性であることから，制振材料の選定に当たってはまず制振材料自身の粘弾性データーの完備が望まれる。

図4に自動車用制振材料によく使用される高分子系材料の制振性（tan δ）と弾性率特性を示す。

一般に粘弾性体の温度と周波数の間にはWLF式[13]が成立することから，制振材料の粘弾性特性を温度・周波数ノモグラムとして与えて置けば後述するように複合系の制振効果を推定するうえで好都合である[3~5]。図5に自動車の床に使用されているアスファルト系制振シートの温度・周波数ノモグラムの一例を示す。

3.2　制振構造

一般に粘弾性物質を活用した構造体は粘弾性物質の歪みの形態に基づき次の2種類に分類される。

(1) 2層構造体

最も単純な制振構造体は金属板表面に粘弾性物質を塗布，もしくは接着した二層型構造体に代表される。H. Oberst, Schwarzl, F. らの研究により2層構造体の制振性能は粘弾性物質の曲げ剛性，損失係数と厚みに依存することが解析されている[8~11]。

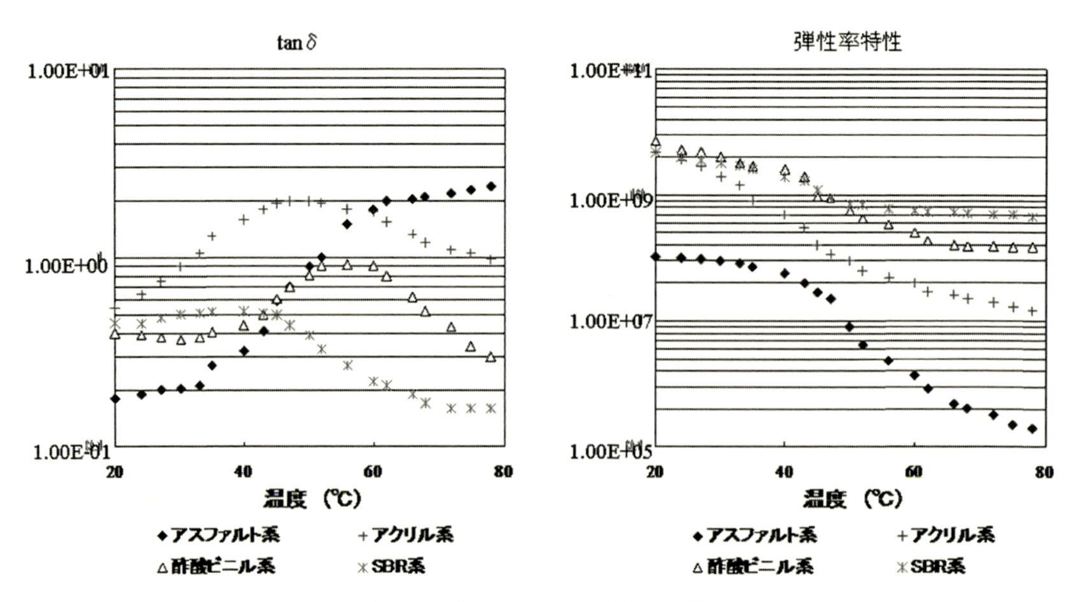

図4　各種樹脂の tan δ，弾性率特性

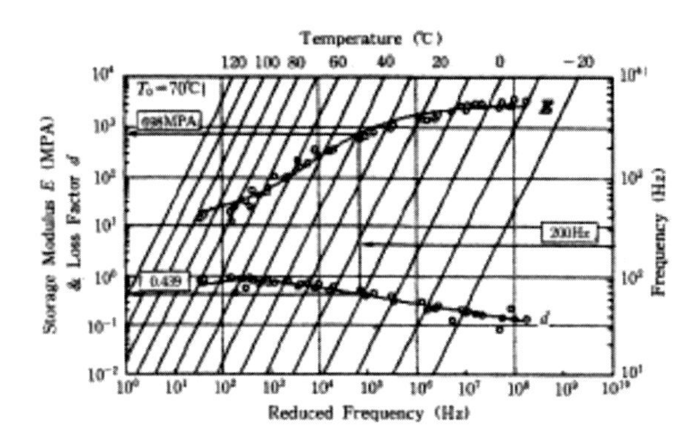

図5　自動車用アスファルト系制振シートの温度・周波数ノモグラム

2層型制振構造体の制振性能の評価式[12)]

$$\frac{\eta}{\eta_2}=\frac{AX}{1+AX}\times\frac{3+6X+4X^2+2AX^3+A^2X^4}{1+2AX(2+3X+2X^2)+A^2X^4} \tag{1}$$

$$\frac{B}{B_1}=\frac{1+2AX(2+3X+2X^2)+A^2X^4}{1+AX} \tag{2}$$

ここで，X，A，η，η_2，B，B_1は次のように定義する。

$X=\dfrac{H_2}{H_1}$：制振材料と金属板の厚み比

$A=\dfrac{E_2}{E_1}$：制振材料と金属板の弾性率の比

η_2：制振材料の損失係数

B_1：金属板の曲げ剛性

η：複合構造体の損失係数

B：複合構造体の曲げ剛性

この種の構造体の制振性能は，外部から供給される振動エネルギーが金属板と制振層に配分される割合に支配されることから，制振材料の材質選定後においては，性能向上を図る手段としては制振材料の厚みを増加するしかない。そのため2層型制振構造体は薄板鋼鈑に対しては簡便かつ効率的な制振処理・方法といえるが，反面高制振性能を達成するには重量面からの制約を受ける。

(2) 3層構造体

このグループの最も単純な構造体は金属板と拘束層の間に粘弾性物質を挿入したサンドイッチ構造に代表される。制振性能の理論解析はE. M Kerwinに始まり，その後数多くの研究者によって研究が行われてきた[3,6~8)]。

3層型制振構造体の制振性能の評価式[8)]

$$\eta = \frac{\beta Yg(1+k_3)}{1+(2+Y)(1+k_3)g+(1+Y)(1+\beta^2)(1+k^3)^2g^2} \tag{3}$$

$$Y \equiv \frac{12k_3h_{31}^2}{(1+k_3)+(1+k_2h_2^2+12k_2h_{21}^2+k_3h_3^2)} \tag{4}$$

$$g = \frac{G_2}{K_3H_2\omega}\sqrt{\frac{\beta_1}{m_1}}\sqrt{\frac{(1+e_3h_3^3)(1+\alpha \mathrm{Y})}{1+d_2h_2+d_3h_3}} \tag{5}$$

$$\alpha = \frac{g(1+g(1+\beta^2))}{1+2g+g^2(1+\beta^2)} \tag{6}$$

ここで，η，Y，g，β，k_i，e_i，h_i，h_{21}，h_{31}，K_i，E_i，H_i，G_2，B_1，m_1，d_iは次のように定義する。

η：構造体の損失係数

Y：形状パラメーター

g：せん断パラメーター

E_i：弾性率，H_i：厚み

β：制振層の損失係数

$$k_i = e_ih_i,\ \ e_i = \frac{E_1}{E_2},\ \ h_i = \frac{H_1}{H_1},\ \ K_i = E_i \times H_i$$

G_2：基板のせん断弾性率，$B_1 \fallingdotseq E_1\dfrac{H_1^3}{12}$

m_1：基板の面重量，d_i：i番目の層の密度

これらの式を用いて図5に示した自動車の床に使用される瀝青質系制振シートの温度・周波数ノモグラムから2層型制振構造体の制振効果計算結果を図6に示す。

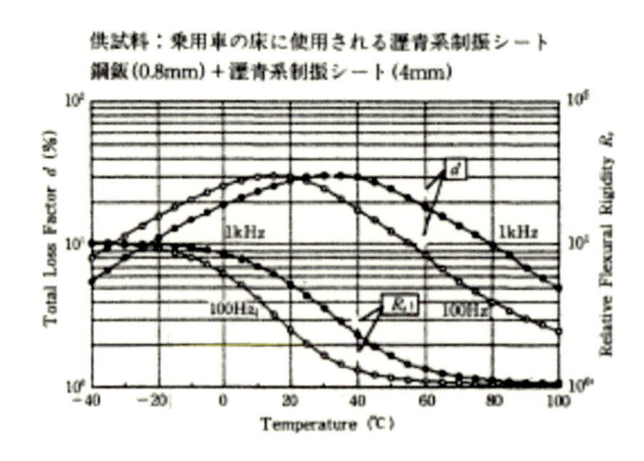

図6　2層型制振材料の温度・周波数特性

4　実際の自動車用制振材料について

4. 1　シート型制振材料

自動車用の制振材料は 1954 年に上市されたシートタイプのアスファルト系制振材料が約 40 年間という長い間ほぼ独占的に使用されていた。アスファルト系制振シートは，ベース樹脂のアスファルトが安価で，さらに粘着材 / 接着剤を使用せず，自動車の塗装ラインの熱でアスファルトが溶融してボディー鋼板さらにそのプレス形状に沿って変形し密着するという優れた特性を示す。当初の製品はアスファルト樹脂にバインダーを添付した構成の比較的簡単な構造であったが，40 年間に高性能化，軽量化が進んで多くの品種が生み出されてきた。自動車の部位中で異なる温度域での使用を考慮し，最適な温度特性を持つように改良されたもの，さらに軽量で高性能を示すように，低比重品，発泡タイプが出現しさらには拘束型制振材の粘弾層用に利用できるものが開発されて使用されてきている。また，垂直面への施工を考慮し粘着層を有する製品もある。製品の写真と弊社を例にとった品種の一覧表を写真 1 および図 7 に示す。

4. 2　制振塗料について

現在（2019 年）では自動車製造市場での制振材料の半分以上が塗料型の制振材料になっている。この制振塗料の採用増加の理由としては制振塗料の高性能化による材料重量の低減，コンピュータシミュレーション技術による施工場所の最適化と同時に塗布工程の大幅な簡略化が大きい。表 1 に制振塗料とシート型制振材の比較を示す。

シート型制振材は多くの施工場所，形状を持つため，多品種になる。そのため，自動化が難しく，車両への施工は手で行なわれているのが実情であった。

それに対し，制振塗料はロボットによる塗布施工が可能で塗布工程の自動化ができる。シート型制振材はハレット搭載での納入であり，制振材が施工されるラインサイドにパレット置き場を確保し空パレットとの入れ替え作業が必要になるのに対し，制振塗料の場合は材料貯蔵タンクの設置が必要となるがラインサイドでの人手作業は無くなる。

他に制振塗料の特徴として，塗装ロボットを使用することで垂直面，背面，形状が複雑な場所やごく小面積の施工部署への連続施工等が容易になり，車のモデルチェンジなどで施工部位，形状の変更が生じた場合でもロボットのティーチングの変更で対応できるなどの利点がある。自動車製造工場における制振塗料の一般的な輸送システムとしては制振塗料は塗料生産工場から専用コンテナで出荷され自動車製造会社の工場に納入される，納入された制振塗料は専用コンテナからモーノポンプで中継タンクに輸送され保管される，中継タンクからエアレスポンプで自動車製造現場近くまで送られ，塗装用のスリットノズル直前においてブースタポンプで押し出し量 / 圧力を調整し，最終的にロボットに取り付けられたスリットノズルを利用して車体に塗布される，その後，車体の加熱工程で制振塗料を硬化させている。

この工程は，制振塗料の最適化に重要で，塗料輸送システムに加えスリットノズルの最適化，

写真１　自動車用アスファルト系制振材料

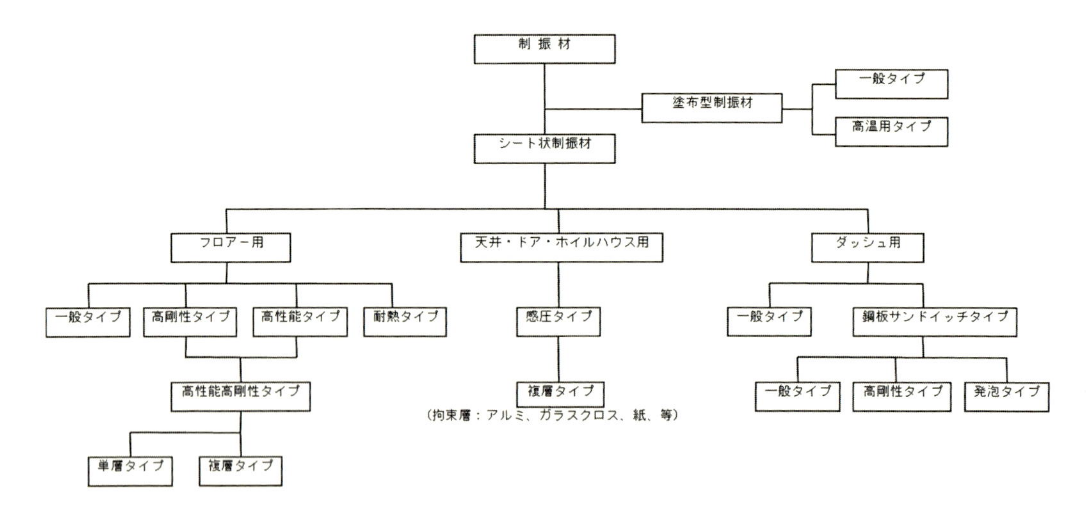

図７　自動車用制振シートの商品体系

表１　制振塗料のシート型制振材の比較

比較項目	制振塗料	シート型制振材
材料コスト	材料の単位重量当たりのコストはシート型より高い	主にアスファルトを主成分としており，非常に安価
施工作業の自動化	塗装ロボットの導入により可能	困難（作業者による手作業）
製品置き場	ラインサイドに不用，ライン外に貯蔵タンクを設置	ラインサイドにパレット置き場必要
品種対応	塗装設備により限定される	多品種の使い分けが容易
形状変更への対応	ロボットのティーチングによる対応可能	抜き型の形状変更などが必要
ほこり	ほこりは少ない	ブロッキング防止剤が遊離しほこりが発生する
その他	新規導入には設備投資が必要	—

塗装ロボット制御の最適化で制振性能と軽量化・コストを両立する塗布工法を実現したとの報告がある[16]。

半面，制振塗料は設備の問題から多くの品種を適応することは難しい，シート型制振材は材料コストが安く多くの品種があるため，車体の部位毎にあった特性の材料を選定できるメリットがある。

制振塗料の開発においては，制振性能を大きく左右する高分子系制振樹脂の選定が重要である。材料選定にあたって制振性はもとよりコスト，作業性，貯蔵安定性なども重要な要素となり，環境への負荷を減らすためエマルジョン樹脂を中心に検討されている。材料の選定は，各樹脂が持っている粘弾性特性に着目して行なう。材料自身の損失係数とヤング率の値が大きい樹脂を選択する。アクリル系，酢ビ系，SBR系などがその例としてあげられる。

現在の自動車用制振材料の主流であるアクリルエマルジョン系樹脂はシート型制振材に採用されているアスファルト系樹脂と比較し制振特性が優れているので，制振材の使用量を抑えることができる。

配合される充填材は，炭酸カルシウムなどの体質顔料や，制振効果向上に寄与するフィラーなどで構成される。軽量化という点で中空フィラーの添加も有効である。添加剤としては，消泡剤，造膜補助剤，発泡剤，増粘剤などがある。

制振材の特徴の一つとして，制振特性の温度依存性があげられる。理想的な制振塗料は温度依存性が少なくかつ幅広い温度域で高い制振特性を示すことが求められるが現実的には限界があり，車両の適応部位の温度分布を考慮した樹脂設計を行なっている。

高分子材料はガラス遷移領域でその散逸エネルギーが最大となることから，ガラス遷移点の調整がポイントとなる，アクリルエマルジョンは，強重合成分の比率変更などで比較的容易にガラス遷移点の調整が可能である。アクリルエマルジョンのガラス遷移点の変更によりフロアー用制振材，高温度部分（エンジン周辺部等）用の制振材量などの温度特性の違った材料を設計することができる。図8にアクリルエマルジョンの特性と制振塗料の特性を示す。

また制振特性の温度依存性を少なくする手法としては，異なる制振性の温度特性を持つ複数のアクリルエマルジョンをブレンドする方法もある。

制振塗料は塗装工程のシーラー炉前か中塗り炉前で塗装され，シーラー炉，中塗り炉及び上塗り炉で過熱硬化される。そのため焼き付け時，材料中の水分蒸発によるフクレを防止することが重要である。防止剤として，保水性顔料，発泡剤，高沸点溶剤の添付などの手法が有効である。

フロアー用制振材の制振特性の一例を図9に示す。

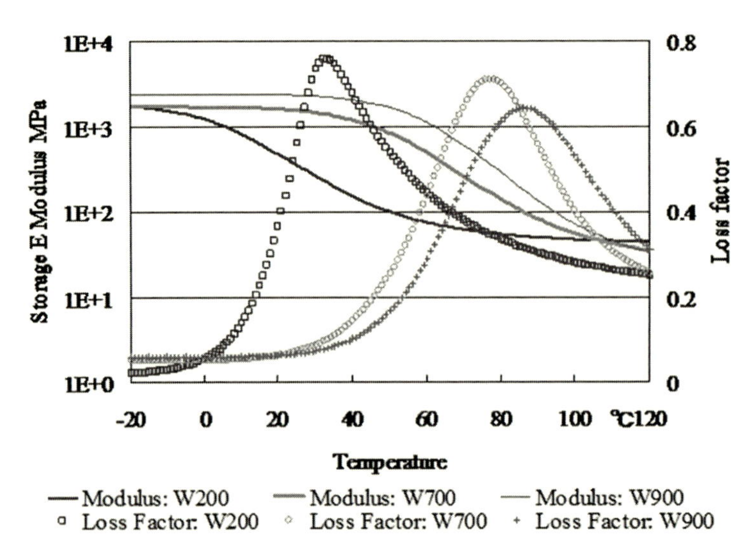

図8　アクリルエマルジョンの特性と制振塗料の制振性能

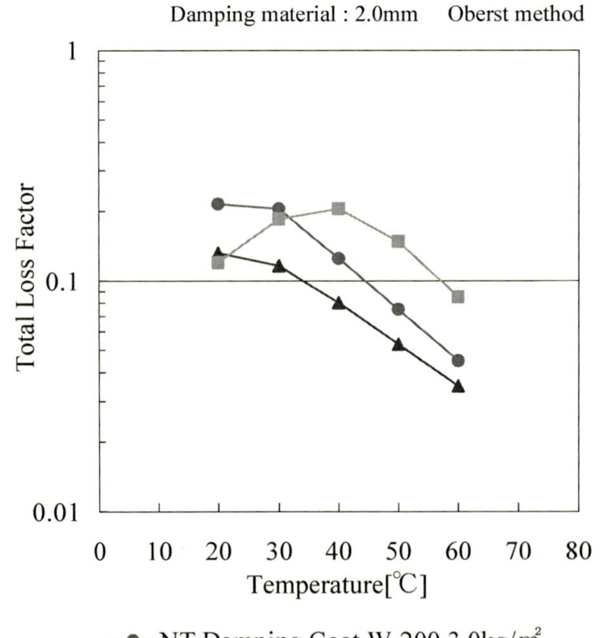

図9　フロアー用制振塗料の制振特性

5　制振材の制振性評価方法と音響技術の重要性

制振性能の評価は，一般的には短冊状パネルによる片支持梁法や中点加振法で求められる損失係数（η）で評価される。これらの評価により制振材料／鋼板複合構造の基本的な材料特性を評価することができる。

しかしこの短冊形試験片から得られる損失係数からは，直接実車に施工した場合の損失係数を推定することはできない。自動車のフロアーパネルに使用される鋼板厚みは通常0.8 mm程度であるが，制振材の観点から見るとフロアーパネルは補強のために加工され，ビードや曲率を持つ立体構造物であり，パネル剛性は大きくなり実際のパネルの厚さより厚くなったように映る。そのために，通常実車で得られる損失係数は短冊形試験片での測定値より小さくなる。

より高い品質を持った製品を短期間には効率的に設計することが必要であり，そのためには開発の初期段階から振動・騒音設計が織り込むこまれるケースが多い。図10のような実車を模した評価装置が利用される。

この評価装置は，外周部を評価装置のフレームに固定した縦横の寸法が580 mm×460 mmの鋼板（実車から切り抜いたパネルでも可能）を上下方向で加振することにより対象のパネル（実車の一部）の制振効果を評価する。ここで評価された値を用いて制振材料の実車での値としてい

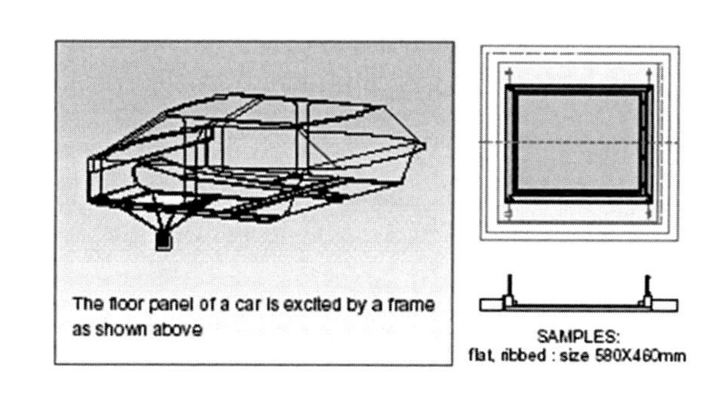

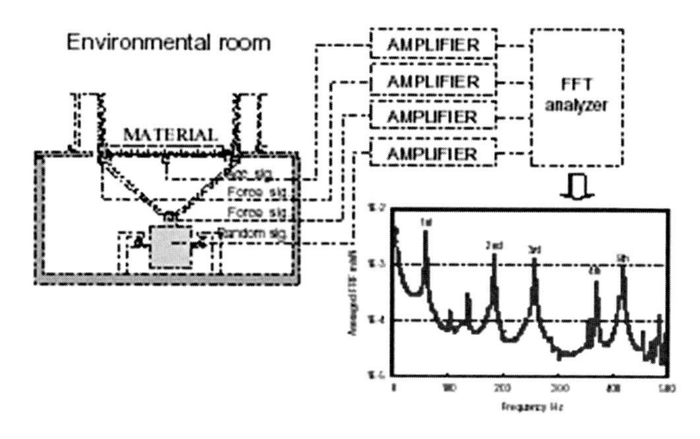

図10　乗用車パネルを模擬した制振効果の評価装置

る。

シート型制振材はアスファルトをベースにしたものが大部分で非常に安価である。これに対し制振塗料は，アクリルエマルジョン等をベース樹脂と構成されており単位重量当たりのコスト比較では必然的に高くなる。シート型から塗料型への代替によるコストアップを最小限にするため，実車での室内音の伝播音の寄与度の評価，各種防音材の防音性能のデータベースをつくり，その後音響効果と防音材料重量，価格の関係を示すグラフを作成し最適化を実施している。

最近ではこれらの車両構造と制振材料の基礎情報を用い制振材施工場所を最適化するシミュレーションソフトが多く使用され実験を行なわず制振材施工部位が決定されるケースが増加している。記述したような過程を経て決定された制振塗料の塗布場所の写真を示す（写真2）。

この状態での騒音値を図12に示す。

その結果，騒音値はほぼ同等で，シート仕様で9.6 kg/台の制振材が制振塗料では8.8 kg/台と約9%の軽量化に成功している。

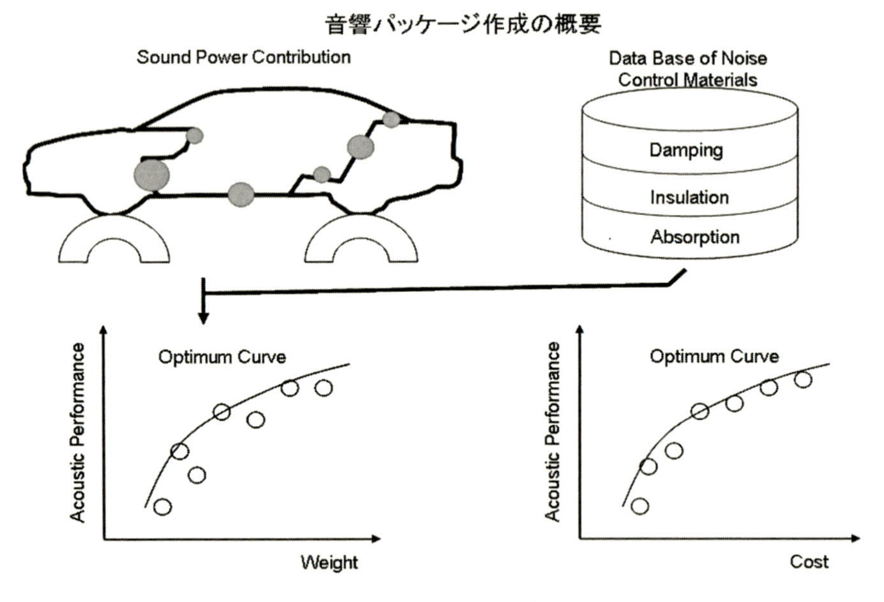

図11　防音パッケージ作成の流れ

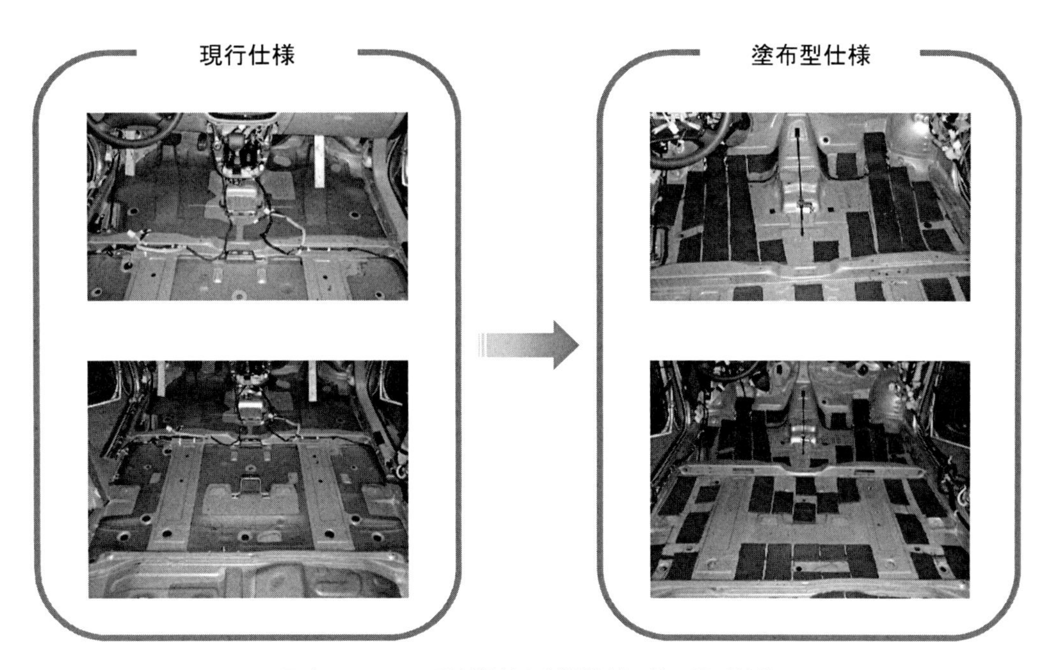

写真２　シート型制振材と制振塗料の施工場所比較

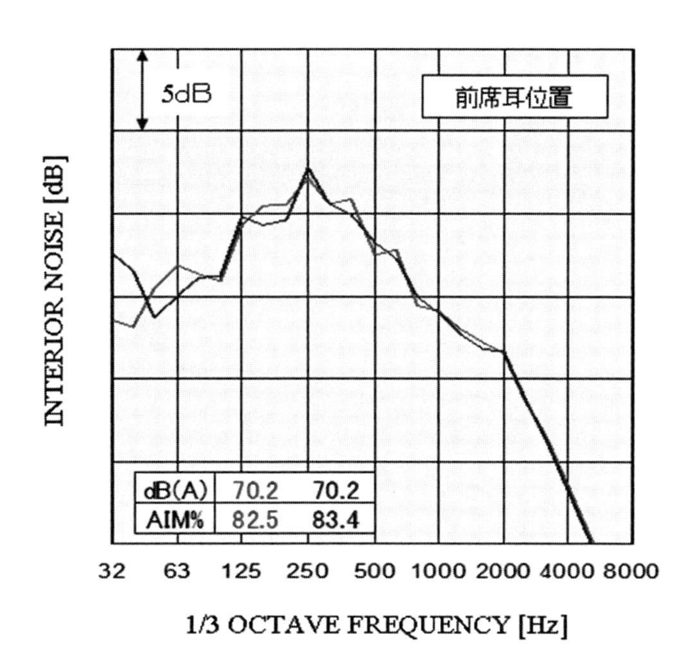

図 12　制振塗料施工時の室内騒音値

6 おわりに

ここでは，1954年の開発以来，自動車に採用されてきた制振材料について，制振材料用の高分子系制振材量の基礎特性，制振構造と評価式について述べ，その後，多く使用されている制振材料（アスファルト系制振シートと塗料系制振材量）について示した。

自動車用制振材料に要望される特性は，時代によって変化しているが，現在さらには将来的にも，自動車用制振材料の採用は継続すると判断している。

将来的には，さらに自動車用制振材料は進化を継続し，環境により易しい材料で自動車室内空間の快適化，車両重量軽量化による自動車燃費の改善に大いに寄与することと思う。

文　　献

1) 日本特殊塗料㈱ HP
2) 新田隆行，桃沢雅幸　高分子系制振材料，騒音制御，Vol.15，No.1 (1991)，解説（p18～21）
3) 岩元貞雄，井上茂：制振材料の動特性試験法，評価法及び推定，自動車技術，Vol.43，No.12，pp.72-79 (1989)
4) Lynn Rogers, James Eichenlaub : Standard Graphical Presentation of Complex Modulus and Data Processing Methology, Damping Pro-ceeding (1987)
5) William J. H., Gary A. H. : A Performance Comparison of Vibration Damping Materials, *Sound and Vibration*, pp.22-34, July (1984)
6) Jerome E., Ruzicka, Thomas F. Derby, Dale W. Schubert, Jerome S. Pepi: Damping of Structural Composites with Viscoelastic Shear-Damping Mechanisms, *NASA, CR-742.*
7) Ross, D., E. E. Ungar and E. M. Kerwin Jr.: Damping of plate flexural vibrations by means of viscoelastic laminae, in: Structural Damping. Ed. by J. E. RUzicka (Colloquium of the ASME). Section 3. pp.49-87 Oxford/London/New York/Paris: Pergamon Press (1959)
8) Kerwin. E. M., Jr. : Damping of Flexural Waves by a Constrained Visco-Elastic Layer, *Journal of the Acoust. Soc. of Amerpp.* 952 962. . Vol.31, July (1959)
9) Schwarzl, F.: Forced Bending and Extensional Vibrations of a Two-Layer, Compound Linear-Elastic *Acustica*, Vol.8, , pp.164-172 (1958)
10) Oberst, H.: Werkstoffe mit extrem hoher innerer Dampfung, *Acustica*, Vol.6, pp .144-153 (1956)
11) Oberst, H., and Becker, G, W.: Ueber die D ampfung der Biege schwingungen dnner Bleche durch fest haftende Belage, 2, *Acustica*, Vol.4, 433-444 (1954)
12) Oberst. H.: Ueber die Dampfung der Biege　schwingungen dunner Bleche durch fest

haftende Belage, Acustica, *Akustische Beihefte*, Vol.2, No.4, 181-194 (1952)
13) Ferry, J. D., Fitzgerald, E. R., Grandine, L. D., and Williams, M. L. : Temperature Dependence of Dynamic Properties of Blastomers; Relaxation Distributions, *Industrial and Engineering Chemistry*, Vol. 44, 703-6 (1992)
14) 中里，福留　自動車技術，VOL.51，No.5 (1997)
15) 出口，川瀬，廣瀬　VOL.57，No.5 (2003)
16) 高崎，河瀬，高場，マツダ技報，No.30 (2012)

第5章　建築免震用積層ゴム，制振ダンパー

三須基規*

1　免震構造と制振構造の概要

図1に例示する免震構造は建物の一層に積層ゴムを，制振構造は柱と梁の間にダンパーを設置して地震動による建物の被害を低減させるよう設計された建物である[1)]。建築免震用積層ゴムは前者，制振ダンパーは後者に適用されている。

1.1　免震構造

ゴムを用いた免震構造は海外で開発され，国内ではまず橋梁分野で実用化された。国内の地震観測結果等から建築分野では水平方向の剛性をより低くして大変形できる積層ゴムが必要と判断され，1983年の国内初の免震建物「八千代台住宅」[2)]を経て，1986年に現在と同様の積層ゴムを用いた免震建物が相次いで竣工している[3,4)]。積層ゴムは図2に例示するとおり殆ど減衰性能を持たないため水平方向の荷重と変位の履歴曲線が直線状になる天然ゴム系積層ゴム，減衰性能を有する高減衰ゴム系積層ゴムと鉛（または錫）プラグ入り積層ゴムに分類される[5)]。

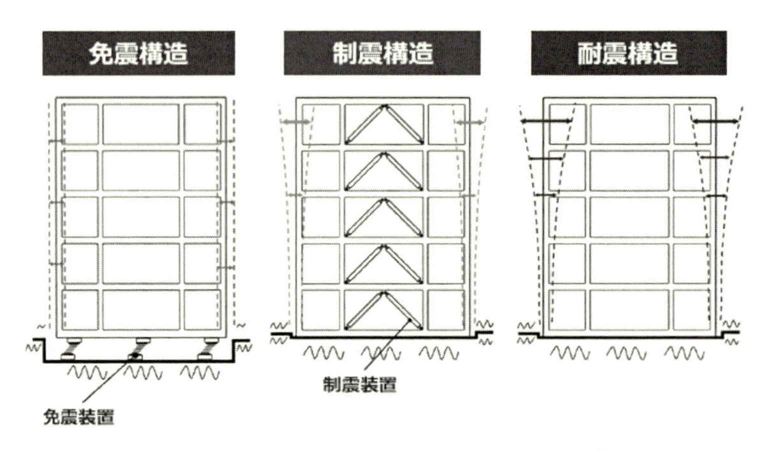

図1　免震構造・制振構造・耐震構造の比較[1)]

＊　Motoki Misu　昭和電線ケーブルシステム㈱　デバイスユニット　免制震部
技術・品質保証課

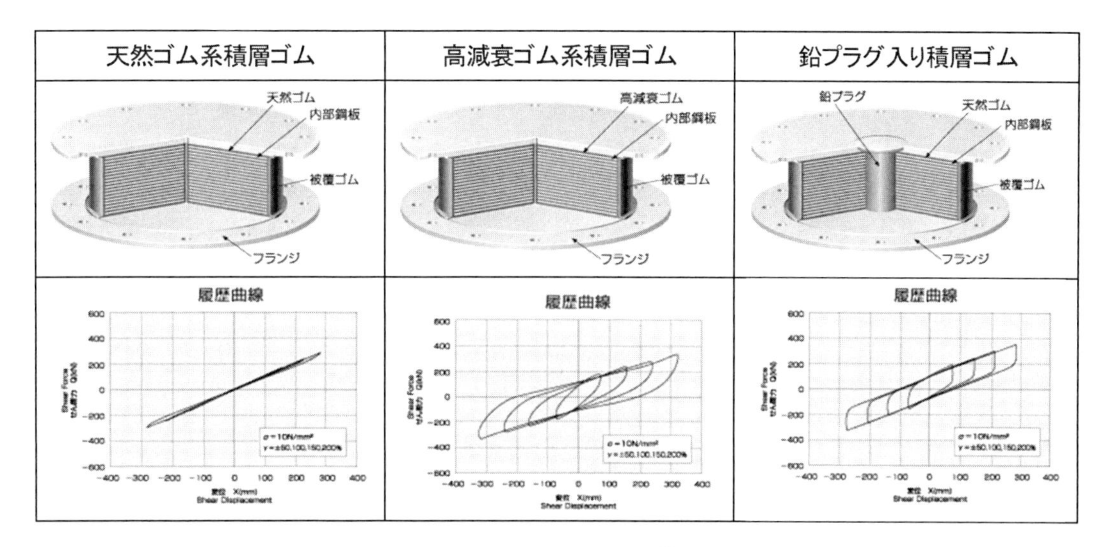

図2　積層ゴムの分類[5)]

1.2　制振構造

建物を構成する部材にエネルギーを吸収させる取り組みは1960～70年代から始まっていたが，耐震構造に対する制振構造として区別されるようになったのは1980年代以降とされている[6)]。現在は図3に例示するとおり，与えられた変形に応じた減衰力を発生させる鋼材ダンパーや摩擦ダンパー，与えられた速度に応じた減衰力を発生させるオイルダンパーや粘性ダンパー，変形と速度に応じた減衰力を発生させる粘弾性ダンパーに分類される場合が多い。

なお建築免震用積層ゴムは2011年にJIS規格（JIS K 6410-1，-2）が制定され，2015年以降も改訂されている。制振ダンパーは一般に「静的荷重を長期支持せず動的荷重を減衰させる部材」とされているが，免震のような明文化された規定や定義は無い。上記分類以外にも高減衰ゴムの制振ダンパー[8, 9)]や，両面テープ状の粘弾性体を木造住宅に分散配置する方法[10)]，後述の回転運動を利用したダンパーもあり，数が多い木造住宅等の小規模建物に普及が進んでいることを考えると，今後の技術開発の余地が残されているとも言える。

1.3　市場規模

（一社）日本免震構造協会が集計した免震・制振建築物計画推移（住宅等の小規模建物を除く）を図4，免震建築物の年度毎推移を図5に示す。地震によって免震建物はその性能が評価[11)]され，制振建物とともに堅調に増加したと言える。一方で地震動の研究が進み，改めて評価が必要になった部分もある。次項ではこれらの経緯を踏まえて最近の動向を列記する。

種　別	鋼材ダンパー	摩擦ダンパー	オイルダンパー	粘性ダンパー	粘弾性ダンパー
写　真					
履歴曲線					
動的特性	$F_d=K_d f(u_d)$	$F_d=K_d f(u_d)$	$F_d=C_d \dot{u}_d$ リリーフ付き	$F_d=C_d \dot{u}_d^{\alpha}$	$F_d=C_d(\omega)\dot{u}_d$ $+K_d(\omega)u_d$
材　料	鋼材	複合摩擦材, PTFE, 焼結金属, 金属系	作動油	高分子化合物	ｱｸﾘﾙ系, ｼﾞｴﾝ系, ｱｽﾌｧﾙﾄ系, ｽﾁﾚﾝ系
基本原理	塑性変形	摩擦滑り	管路絞り抵抗	せん断抵抗, 流動抵抗	せん断抵抗
形　状	筒型, 面型	筒型	筒型	面型, 多層型, 筒型	筒型, 面型
依存性	―	―	―	速度, 温度	振動数, 変位, 温度
損傷限界	累積塑性変形	累積摺動距離	速度, 作動油温度	速度	変形, 疲労
安全限界	破断歪 累積塑性変形	変形ストローク 累積摺動距離	変形ストローク	変形ストローク	変形ストローク 終局疲労限界
耐久性	塑性部の塗装剥離 主要構造体材料と同等	主要構造体材料と同等			

F：減衰抵抗力　　$K, K(\omega)$：剛性　　$f(u)$：変位に依存した関数
$\dot{u}$：速度　　$C, C(\omega)$：減衰係数　　ω：円振動数
u：変位

図３　ダンパーの分類[7)]

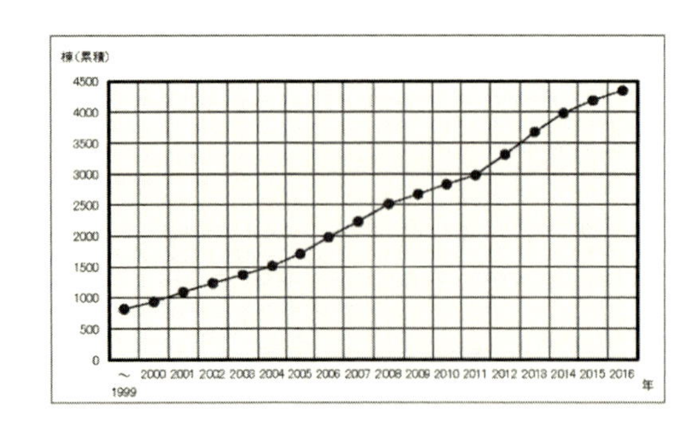

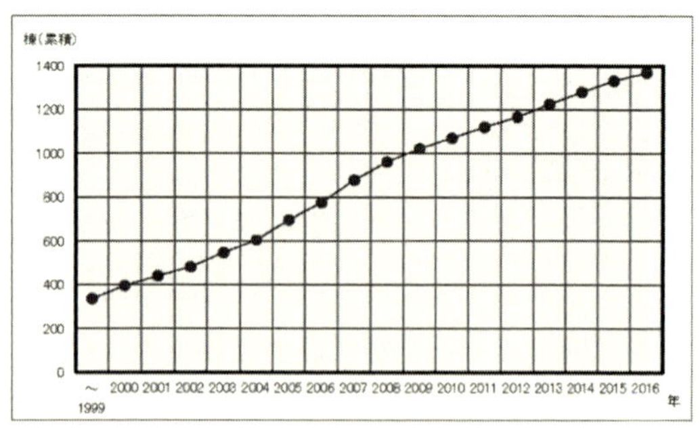

図４　免震建築物（左）と制振建築物（右）の計画推移棟数：いずれも累積推移[12)]

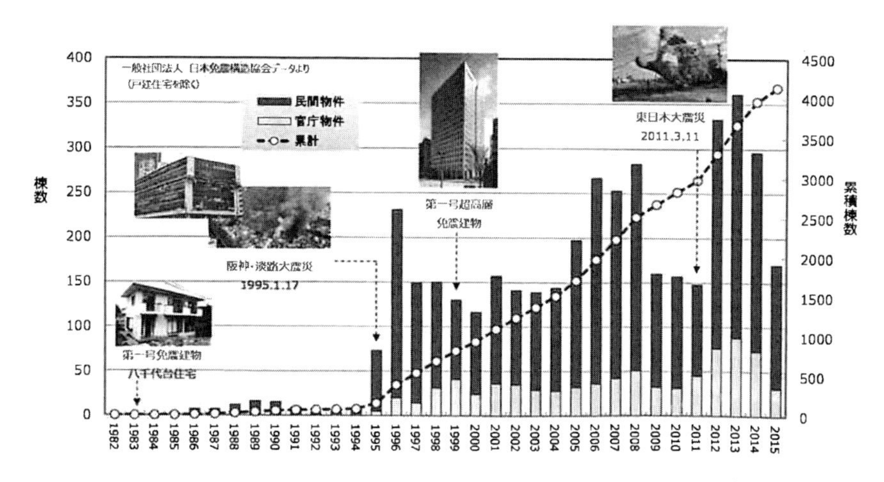

図5　免震建築物の年度毎実績推移（戸建免震住宅を除く）[13]

2　最近の動向

2.1　建築免震用積層ゴム

2.1.1　経年変化の実証的な研究

前項に示した経緯のため，現時点の国内における建築免震用積層ゴムの使用期間は最長30年である。最近はこれらの建物から抜き取った積層ゴムの水平剛性等を測定して経年変化が小さいことや，図6に示すように水平剛性の変化率が新築時に予測したゴム材料の活性化エネルギーに基づくアレニウスプロットの範囲内であったことを示す研究が発表されている[3,4,14]。積層ゴムの使用期間は60年とされているので経年変化の実証的な研究は今後も継続されると考えられる。

2.1.2　長周期長時間地震動への対策

長周期地震動は，1964年新潟地震や2003年十勝沖地震では石油タンクの損傷等で，2011年東北地方太平洋沖地震では震源から離れた地域の超高層ビルが大きく揺れる現象で注目された。2015～2016年に内閣府は南海トラフと呼ばれる地域で発生する地震動に関する報告[15]を，国土交通省は図7に示す対象地域における超高層建物や免震建物等への対策[16]を発表した。

高減衰ゴム系積層ゴム，鉛または錫プラグ入り積層ゴム，高摩擦または中摩擦弾性すべり支承等は，与えられた運動エネルギーを熱エネルギーに変換して周囲の空気等に放熱しながら減衰力を発揮するものが多く，長周期長時間地震を想定した繰返し加振を受けると減衰力が一時的に低下する。2017年4月から対象地域で超高層建物や免震建物等の新築または既存建物を改修する時の建物設計には，この挙動を考慮した安全性の検証が求められることになった[17]。

そこで，減衰性能を有する積層ゴムや弾性すべり支承等は図8に例示するように，繰返し加振試験結果に基づく温度と製品性能の関係を定量的に提示されるようになった。免震用ダンパーや超高層ビルに多用される制振ダンパーでも同様の取り組みがされており，また減衰性能が小さい

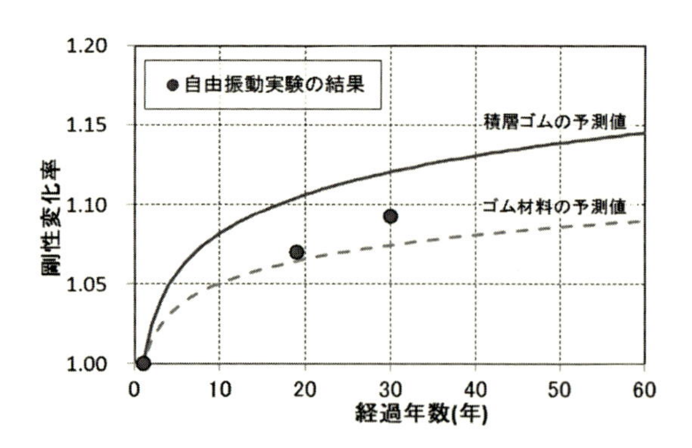

図６　積層ゴムの水平剛性変化率の予測値と測定値[14)]

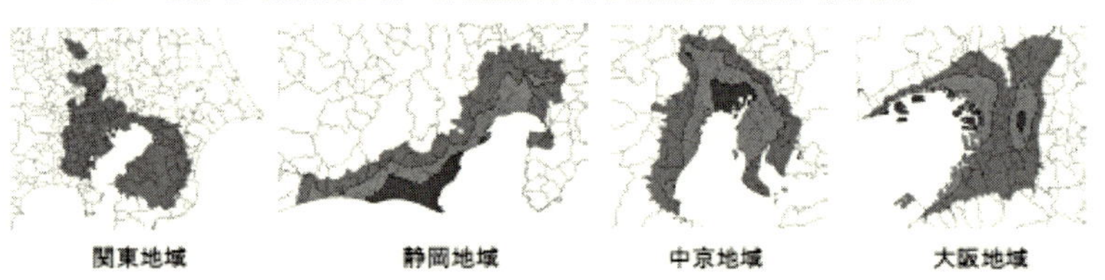

図７　南海トラフ沿いの巨大地震が設計時の地震動の大きさを上回る可能性がある地域[16)]

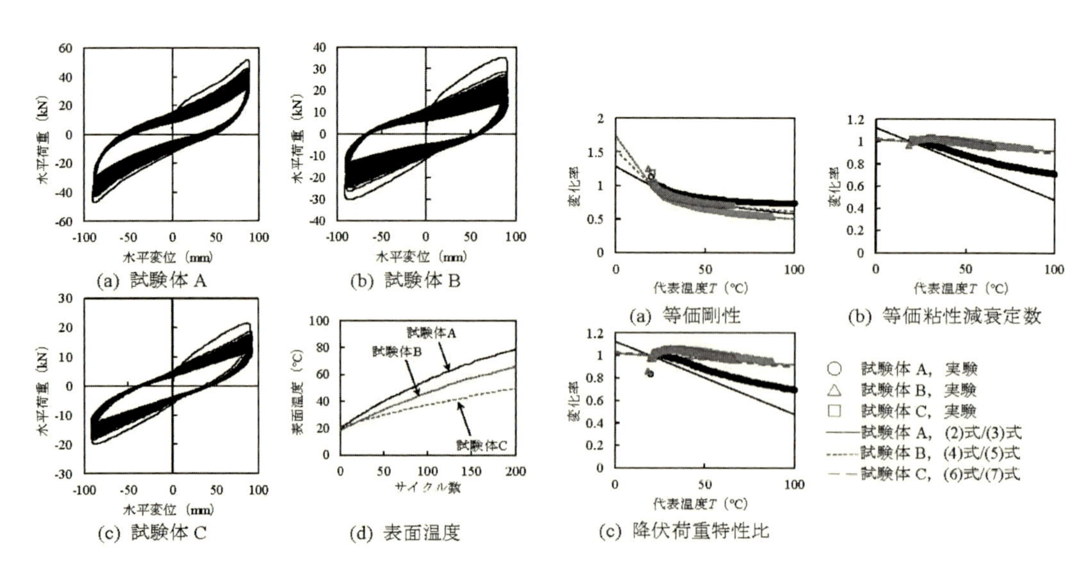

図８　高減衰ゴム系積層ゴムの繰返し加振測定値（左）及びその挙動の定量化（右）[18)]

天然ゴム系積層ゴムや低摩擦すべり支承でも繰返し加振試験をして製品性能の変化が小さいことを実証する動きもある[19]。免震構造も制振構造も自然現象が相手なので，地震動の研究が進むと今後も更に過酷な使用条件における製品性能の検証を求められる可能性がある。

2.1.3　その他

同様に地震動の研究が進んだ結果，最近は瞬間的に大きな加速度が発生する地震（パルス波）への対策も検討されるようになった。但し積層ゴムの底面をすべり支承として機能させる[20]等，成熟技術を複合させたものが多い。現時点では既存の免震構造が相応の効果を示しており，費用対効果を考えると，従来の概念を根幹から揺るがす新技術は出現しにくいのかもしれない。

一方で文化財保護や防災の観点から，歴史的建造物や古い庁舎を免震構造に改修（免震レトロフィット）する取り組み[21,22]は継続されている。地域医療の拠点になる大規模病院は免震構造がスタンダードになっており，他に物流倉庫や生産施設等の「事業継続」を実現できる有効な手段として免震構造の普及が進んでいる[23]。

2.2　制振ダンパー

2.2.1　回転運動を利用したダンパー

図３で示した既存の分類に含まれないものとして，産業機械用に普及したボールねじを用いたダンパーが挙げられる。振動で与えられる軸方向の往復運動が回転運動に変換・増幅されて粘性流体の抵抗でエネルギーを吸収するダンパーを図9，その回転慣性質量を大きくしたダンパーを図10に示す。特に後者は，ダンパーの質量効果とその支持部材の剛性による付加振動系が建物全体に与える影響を考慮するため，TMD（チューンド・マス・ダンパー）の要素が強いダンパーとも言える。

2.2.2　木造建物の状況

木造建物は木材の接合方法，含水率，めり込み等も考慮して設計される。小規模な場合では柱や梁や壁以外の，一般に非構造材と呼ばれる要素の影響が相対的に大きくなる。またダンパーと木材を接合する部分の剛性及びガタの評価・管理等も考慮した検証が求められる。そのためか，木造建物の振動を低減させる取り組みや様々な制振構造の提案は従来から現在に至るまで続いて

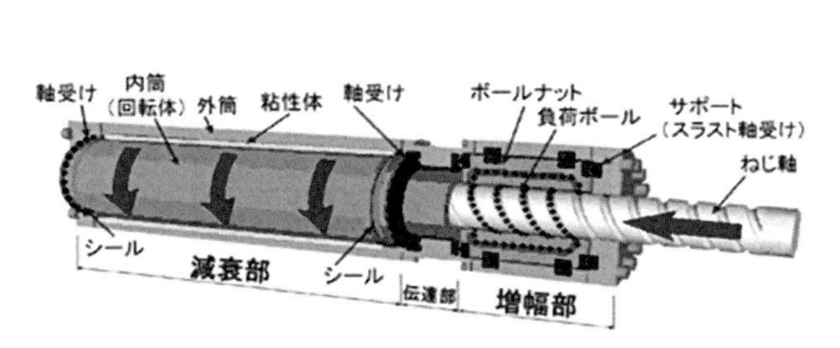

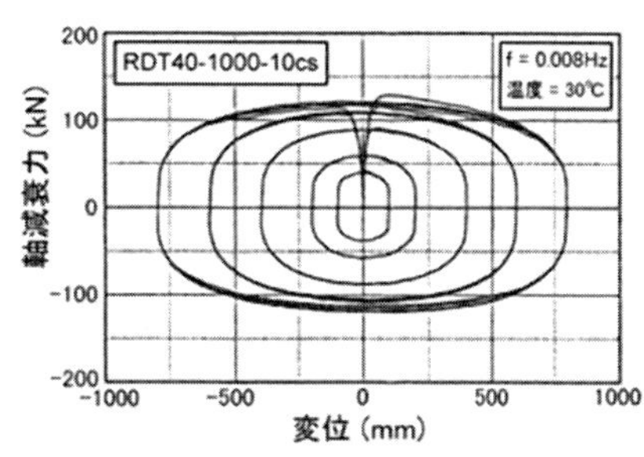

図９　増幅機構付き減衰装置－減衰こまの機構（左）と水平方向履歴曲線例（右）[24]

いる[26~29]。最近では木造住宅の地震時挙動をシミュレートするソフトが開発され[30]，また図11のように伝統構法で新築された木造五重塔の心柱に粘弾性ダンパーを設置して損傷を防ぐ事例[31]もあり，様々な分野や手法による振動対策が検討されている。

なお，木材を用いた建物構造そのものの全く新しい概念として，図12に示すCLT（クロス・ラミネイテッド・ティンバー）を用いた壁式の木造建物が注目されている。海外では中高層建物への適用が進んでおり[32]，今後も木材の特性を活かした制振構造の検討が進むと予想される。

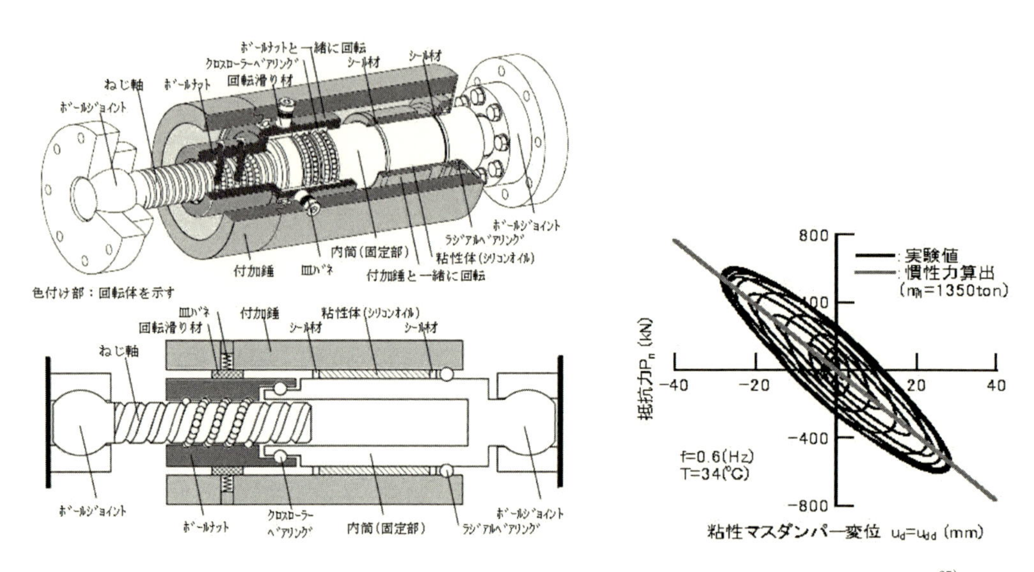

図10　軸力制限機構付き同調粘性マスダンパーの機構（左）と水平方向履歴曲線例（右）[25]

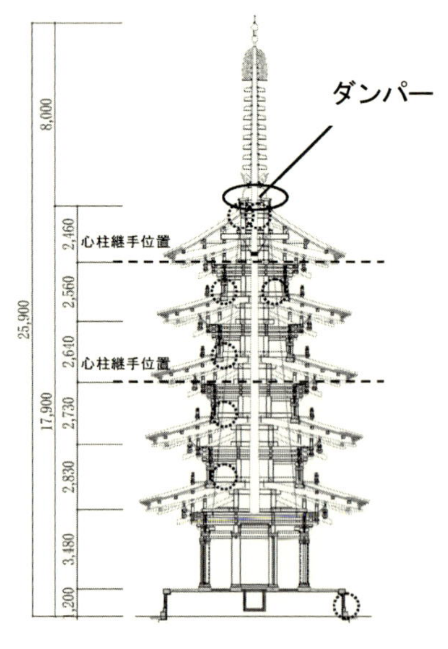

図11　木造五重塔への適用[30]

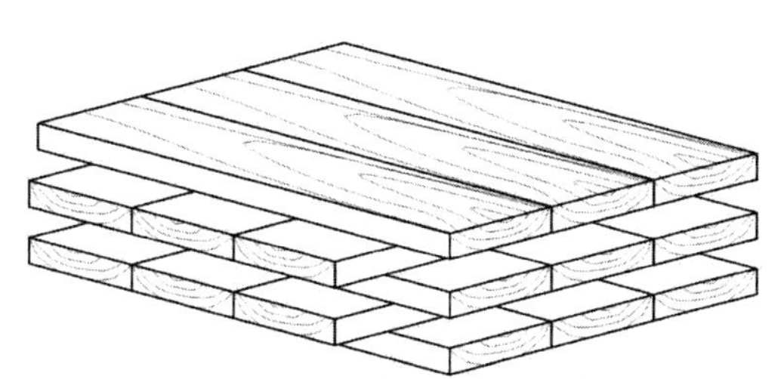

3、5、7層がCLTの基本構成です。図のようにひき板（ラミナ）を直交方向に積層した材料で、JAS（日本農林規格）での名称は「直交集成板」です。

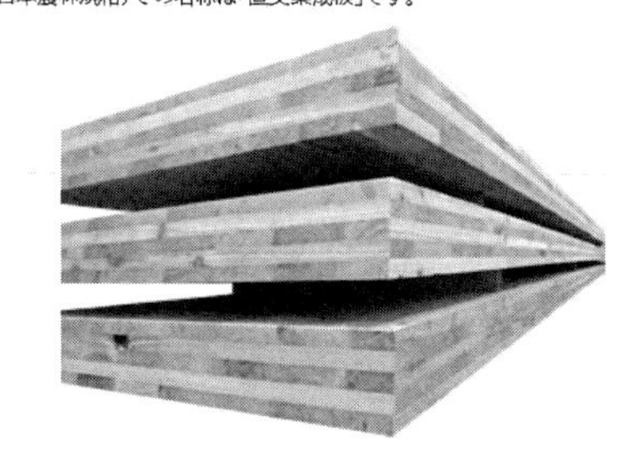

図12　CLTの構造（上）と外観（下）[31]

文　　献

1）昭和電線ケーブルシステム㈱ HP；http://www.swcc.co.jp/dt/menshin_sp/about/04.html

2）（一社）日本ゴム協会及び（一社）日本免震構造協会共編，改訂版 設計者のための建築免震用積層ゴム支承ハンドブック，p16 (2017)

3）谷佑馬ほか，約30年間使用した積層ゴムの経年変化（その1～その2），日本建築学会大会学術講演梗概集，pp.943～946 (2017)

4）長弘健太ほか，竣工後30年を経過したLRBの経年変化，日本建築学会大会学術講演梗概集，pp.1001～1002 (2018)

5）㈱ブリヂストン HP；
https://www.bridgestone.co.jp/products/dp/antiseismic_rubber/product/index.html

6）（一社）日本免震構造協会編，設計者のための免震・制震構造ハンドブック，p198 (2014)

7）（一社）日本免震構造協会編，パッシブ制振構造設計・施工マニュアル　第3版，p2 (2013)

8）古田智基ほか，高減衰ゴムデバイスを筋かい部材として用いた木造住宅の地震応答正常の評価，日本建築学会大会学術講演梗概集，pp.429～430 (2014)

9）金城陽介ほか，高減衰ゴムを用いた間柱型粘弾性ダンパー（その1～その3），日本建築学会大会学術講演梗概集，pp.595～600 (2017)

10）アイディールブレーン㈱ HP；https://www.ibrain.jp/tape_main.html

11）（一社）日本免震構造協会 HP；
http://www.jssi.or.jp/menshin/m_info.html,
http://www.jssi.or.jp/menshin/doc/2012_IshinomakiSekijyuji.pdf

12) (一社)日本免震構造協会 HP；
http://www.jssi.or.jp/menshin/m_info.html,
http://www.jssi.or.jp/menshin/doc/ms_ss_data.pdf
13) (一社)日本ゴム協会及び一般社団法人日本免震構造協会共編，改訂版 設計者のための建築免震用積層ゴム支承ハンドブック，p20 (2017)
14) 山上聡ほか，竣工後 30 年経過した免震建物に設置された天然ゴム系積層ゴムの経年変化，日本建築学会大会学術講演梗概集，pp.937～938 (2017)
15) 南海トラフの巨大地震モデル検討会・首都直下地震モデル検討会，南海トラフ沿いの巨大地震による長周期地震動に関する報告　平成 27 年 12 月 17 日，内閣府 (2015)；
http://www.bousai.go.jp/jishin/nankai/nankaitrough_report.html
16) 住宅局建築指導課，超高層建物等における南海トラフ沿いの巨大地震による長周期地震動への対策について　平成 28 年 6 月 24 日，国土交通省 (2016)；
http://www.mlit.go.jp/jutakukentiku/build/jutakukentiku_house_fr_000080.html
17) (一社)日本免震構造協会，MENSHIN No.98，p44～52 (2017)
18) 加藤秀章ほか，長周期地震動に対する免震材料の性能評価 (その 1～その 2)，日本建築学会大会学術講演梗概集，pp.1005～1008 (2018)
19) 足立拓朗ほか，ゴムリングを用いた天然ゴム系積層ゴムの長周期繰返し加振試験，日本建築学会大会学術講演梗概集，pp.1057～1058 (2018)
20) 赤澤資貴ほか，想定を上回る地震に対して安全性の高い免震構造の提案 (その 18) 実建物への適用例，日本建築学会大会学術講演梗概集，pp.967～968 (2018)
21) 藤森智ほか，重要文化財の免震化―日本銀行本店本館免震レトロフィット― (その 1～その 4)，日本建築学会大会学術講演梗概集，pp.849～856 (2018)
22) 天野修ほか，市庁舎建物の中間層免震レトロフィット工事に関する事例報告 (その 1～その 3)，日本建築学会大会学術講演梗概集，pp.335～340 (2018)
23) (一社)日本免震構造協会 HP；http://www.jssi.or.jp/menshin/socialeconomy.html,
http://www.jssi.or.jp/menshin/doc/keizoku2.pdf
24) ㈱免制震ディバイス HP；
http://www.adc21.com/301_nensei.html　http://www.adc21.com/302_kansei.html
25) 渡邉義仁ほか，軸力制限機構付き同調粘性マスダンパーの実大加振実験とその解析的検証 (その 1～その 2)，日本建築学会大会学術講演梗概集，pp.703～706 (2011)
26) 坂田弘安ほか，粘弾性ダンパーを組み込んだ木質架構の動的挙動および制振性能に関する研究 (その 1～その 2)，日本建築学会大会学術講演梗概集，pp.833～836 (2002)
27) 平田俊次ほか，木質接着パネル構法住宅における制振構造に関する研究 (その 1～その 8)，日本建築学会大会学術講演梗概集，pp.61～76 (2005)
28) 木村聡志ほか，圧効きオイルダンパを用いる木造住宅の耐震性能と耐震設計 (その 1～その 5)，日本建築学会大会学術講演梗概集，pp.539～548 (2011)
29) 篠原昌寿ほか，オイルダンパーを用いた木造住宅用制震壁の開発 (その 1)，日本建築学会大会学術講演梗概集，pp.207～208 (2013)
30) 国土技術政策総合研究所，インターネットで公開中の木造住宅の倒壊解析ソフトウェア，最新版を提供開始！～木造住宅CAD と連携した sallstat ver.3 の公開～　平成 27 年 6 月

10日，国土交通省，(2015)；
http://www.nilim.go.jp/lab/bcg/kisya/journal/kisya20150610.pdf
31)　佐藤信夫ほか，木造五重塔の心柱の応答制御技術，日本建築学会技術報告集 第24巻 第57号，pp.619～624 (2018)
32)　(一社)日本CLT協会HP；http://clta.jp/

第6章　船舶用制振材

高山桂一*1，花田光弘*2，岩本康人*3

1　制振材の船種別利用目的

船舶の主機（メインエンジン）や発電用補機，その他回転機器などから発生する振動が船殻を構成する鋼板を振動させ，水中放射音として海洋中に放射されるのを低減する目的で使用するケースと船内の居住区や病室に伝播した振動が騒音となることを防ぐ目的で使用するケースまたその双方を目的として使用する場合がある。また，上記に加え商船の航行によりプロペラ・キャビテーションを主因とする水中音が海洋性哺乳類の生息に影響を及ぼしている点を踏まえてボランタリー・ベースのガイドラインが発行されている[1]。

①水中放射音の低減：商船，海洋調査船，漁業調査船，漁業取締船，艦船，艦艇等

②船内居住区の固体伝播音（騒音）の低減：客船，フェリー，商船，航海練習船等

2　改正SOLAS条約（海上人命安全条約）の概要

船内騒音コードが2014年7月1日に改正・発効し，国際航海に従事する総トン数1,600トン以上の新造船が該当し，総トン数10,000トンを境に基準が定められており，主にその他の作業場所および総トン数10,000トン以上の船舶の居住区域に対して，旧コードの基準値に比べ5 dB (A) 強化されることとなった。また，日本船籍の場合，内航船にも適用となる。JGトン数1,600トン以上が対象となり，適用時期は，国際航海に従事する船舶と変わらないものの，評価基準（最大許容音圧レベル）への適合のみ3年間の猶予が認められている[2]。

3　制振材の種類と用途[3]

3.1　ショウダンプ® NHシリーズ

①塗布型制振材　ショウダンプ® NH-1概要と特長

ショウダンプ® NH-1は，特殊エポキシ樹脂を使用した主剤・硬化剤の2液性の制振材である。本製品は，古くから艦船・特殊船に多く採用されている材料で，船体や主機廻りの比較的基板

＊1　Keiichi Takayama　㈱昭和サイエンス　代表取締役　社長

＊2　Mitsuhiro Hanada　㈱昭和サイエンス　大阪営業所　システムサービスグループ　副部長

＊3　Yasuto Iwamoto　昭和電線ケーブルシステム㈱　デバイスユニット　制振制音部　部長

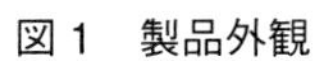

図1　製品外観

図2　混合撹拌作業

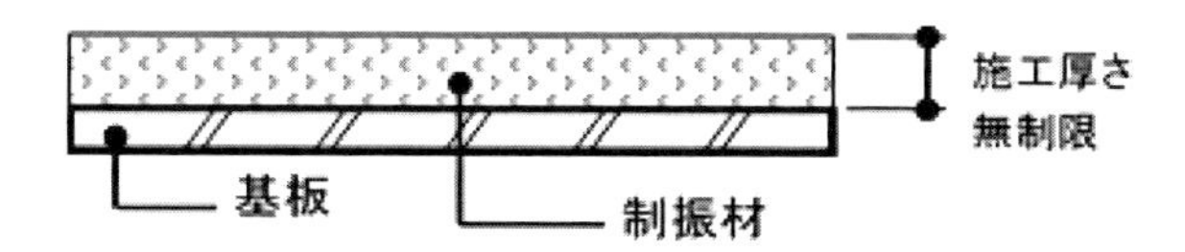

図3　NH-1 基本構成

図4　NH-1 施工状況

厚の厚い場所に適用されている。また，塗布型の利点を生かし，目標性能に合せた施工厚さの調整が可能であり，局面施工にも対応できる特長がある。さらに海水や各種油にも耐性がある。

②ショウダンプ® NH-5

本製品は，FTP コードに対応した製品で制振材 NH-1 に防火層を付与し，NK および JG 認定を取得した制振材である。

図５　NH-5 製品外観

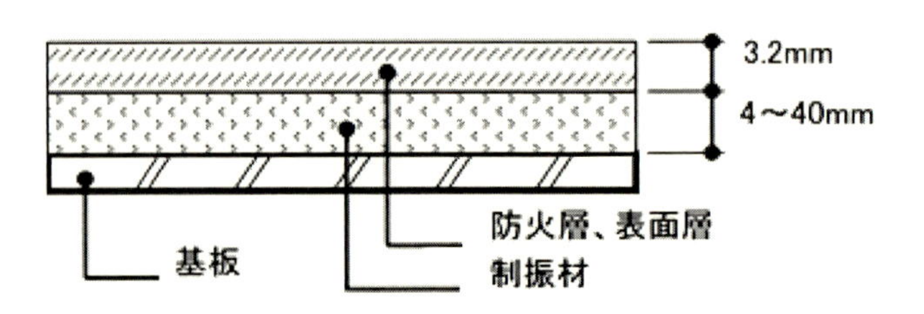

図６　NH-5 基本構成

船級	名称		用途	型式	認定番号
NK	一次甲板床貼り材		床	NH-5	15FPA12DC
	難燃性上張り材		壁		15FPA11CV
JG	表面仕上材	一次甲板床貼り材	床	NH-5(F)	第F-605号
		上張り材	壁	NH-5(W)	第F-606号

図７　NH-5 認定番号一覧

③シート型制振材　ショウダンプ® NH-S1

本製品は，一般商船向けに開発した製品で，拘束板付シート型制振材である。

本製品は，前述の塗布型制振材ショウダンプ® NH-1のノウハウを基に，制振性能・施工性を考慮し開発された製品で，比較的薄い基板，特に居住区内の床面・壁面への適用に優れており，多少の基板の歪にも対応できる製品である。

図8　NH-S1 表面（拘束板面）

図9　裏面（粘着面）

数社の造船所様のご協力をいただき実践施工テストが実施され，騒音低減量として約8～10 dB 程度の効果が確認されており，採用実績が増加中である。

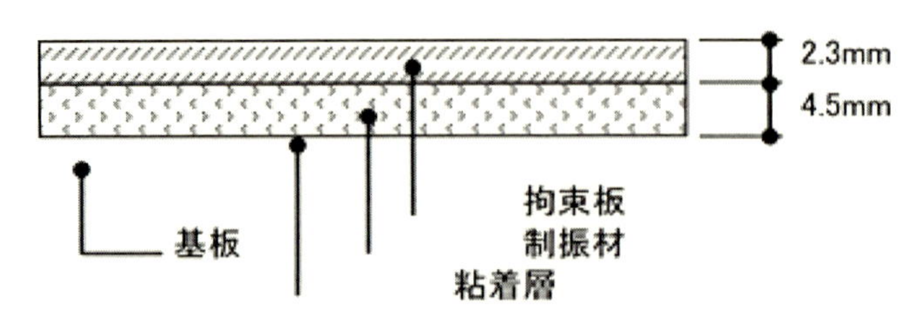

図10　NH-S1 基本構成

船級	名称	用途	型式	認定番号
NK	一次甲板床貼り材	床	NH-S1	17FPA21DC
	難燃性上張り材	壁		17FPA22CV

図11　NH-S1 認定番号

図12　NH-S1 施工および騒音検証測定

4　さらなる取組

制振材に加えて昭和電線が保有する吸音デバイス「低周波吸音材」の船舶分野への適用に向けて様々な取組を実施している。

4. 1　低周波吸音材（特許製品）

本製品は，多孔質体と特殊な吸音被膜を積層した膜状吸音材である。膜状吸音材は，共鳴原理を応用したもので，音のエネルギーを膜の振動に変換することで，特定の周波数で高い吸音率を実現する。本製品は，①特定の周波数を効果的に除去する「低周波帯域型」，②低周波から高周波まで幅広い帯域の周波数を除去する「広帯域型」がある。

図13　低周波吸音材（低周波帯域型，広帯域型）

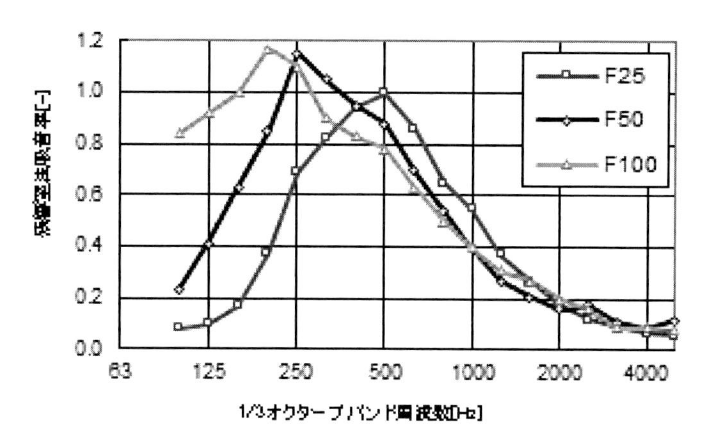

図14　低周波帯域型　吸音率特性

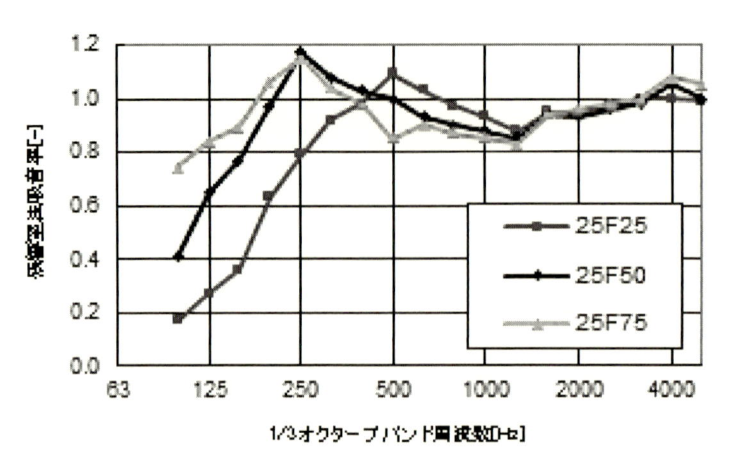

図15　広帯域型　吸音率特性

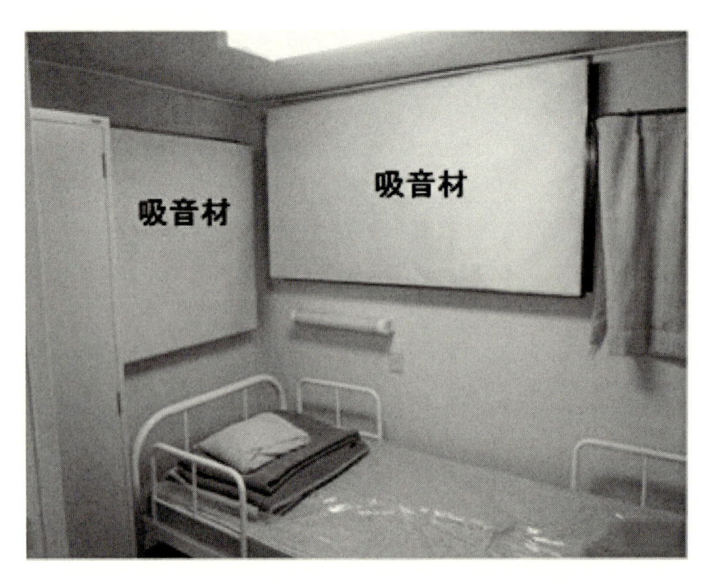

図16　実船居室での吸音材施工・効果測定例

4. 2　実船による検証結果

本製品についても実船でのトライアルを積み重ね様々な適用例におけるデータの収集を行っている。これまで居室の空きスペース壁面に低周波吸音材を施工し，約3～5 dB程度の騒音低減効果が確認されており，今後さらに実用性の高い製品の開発を進める予定である。

参考文献

1)　松本知哉，日本マリンエンジニアリング学会誌，第 50 巻，第 6 号，98 (2015)
2)　吉田公一，日本マリンエンジニアリング学会誌，第 51 巻，第 4 号，107 (2014)

転載文献

3)　本文および図表の多くは，筆者らが中小型造船工業会会誌に投稿した内容を再掲したものである。
花田光弘，岩本康人，一般社団法人　日本中小型造船工業会　会報，No.418 (2019)

第7章　鉄道用防振・制振材料

伊藤幹彌*

1　はじめに

公共交通機関である鉄道において安全・安定輸送の確実な遂行は重要事項である。そのため，使用する製品や部材においても安全性，信頼性は高い水準で要求される。一方，鉄道は運行に伴う振動・騒音の発生が避けられないため，これらの制御・抑制を目的として使用される製品や部材が多くある。ここでは，鉄道における振動・騒音対策の中で，高分子材料を用いた製品の概要を紹介する。

2　鉄道用材料に要求される特性[1)]

鉄道に使用される材料は必要な強度物性を有することはもちろんのこと，安全性や使用期間を通じた信頼性が求められる。以下に概要を記載する。

2.1　安全性

安全性は公共交通機関である鉄道にとって極めて重要である。安全性の側面から高分子材料を考える場合，使用箇所に要求される物性を有することは不可欠である。また，鉄道車両用材料として用いる場合，一つの基準として，難燃基準を満足しなければならない。鉄道における難燃基準は平成14年3月に施行された国土交通省令第151号「鉄道に関する技術上の基準を定める省令」の第8章第5節第83条の解釈基準に定められている。試験方法を図1に示す。

この基準では，難燃性試験による結果から表1に示すような5つの燃焼性区分に材料を分類し，対象部材にもよるが，難燃性以上を満足する材料であれば鉄道車両で使用が可能となる。一方，難燃性を満足できない材料は，鉄道車両で使用することはできない。また，ここで分類された区分に応じて使用車両（一般旅客車，地下鉄，新幹線，特殊鉄道），使用部位（例：壁，天井材，座席モケット，床材等）が定められる。この難燃基準は鉄道車両用材料に対して規定されるものであるが，他の用途に使用される材料であっても鉄道分野では参照される場合がある。

本省令の解釈基準は平成16年12月に改正され，一部の部材で上記試験に加えて，図2に示すコーンカロリーメータによる評価を行い，表2に示す基準を満足することが必要となった。

*　Mikiya Ito　(公財)鉄道総合技術研究所　材料技術研究部　防振材料　研究室長

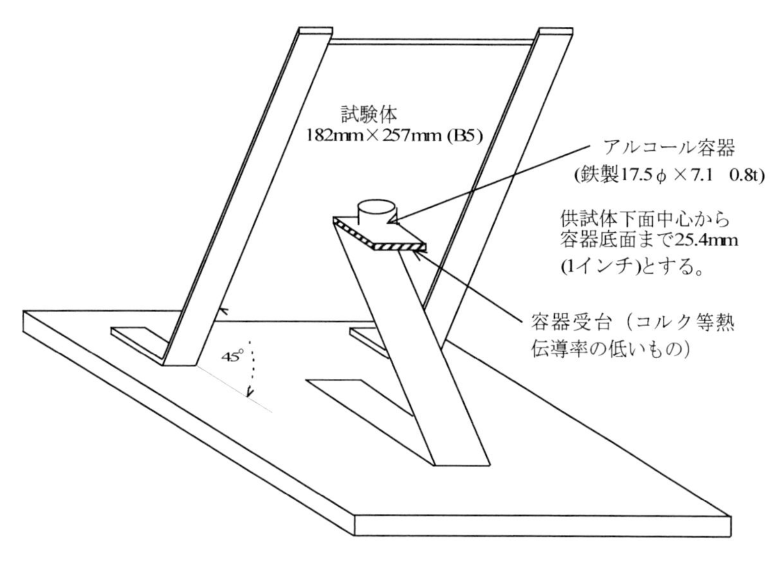

図１　鉄道車両用非金属材料の燃焼試験法Ｉ

表１　試験方法Ｉの判定基準

燃焼性区分	対象部材の例	アルコール燃焼中				アルコール燃焼後			
		着火	着炎	煙	火勢	残炎	残じん	炭化	変形
不燃性	天井材，内張材，外板，防熱板，床下関連など	なし	なし	僅小	−	−	−	100 mm 以下の変色	100 mm 以下の表面的変形
極難燃性	電線の一部	なし	なし	少ない	−	−	−	試験片上端に達しない	150 mm 以下の変形
	床敷物の詰め物	あり	あり	少ない	弱い	なし	なし	30 mm 以下	150 mm 以下の変形
難燃性	床敷物，ほろ，日よけ，座席表地，座席詰め物，屋根上絶縁材，電線など	あり	あり	普通	炎が試験片の上端を越えない	なし	なし	試験片上端に達する	縁に達する変形，局部的貫通孔
緩燃性	−	あり	あり	多い	炎が試験片の上端を越える	30 秒未満	60 秒未満	試験片の1/2を超す面積	試験片の1/2を超す面積の変形焼失
可燃性	−	あり	あり	多い	炎が試験片の上端を越える	30 秒以上	60 秒以上	放置すればほぼ焼失	

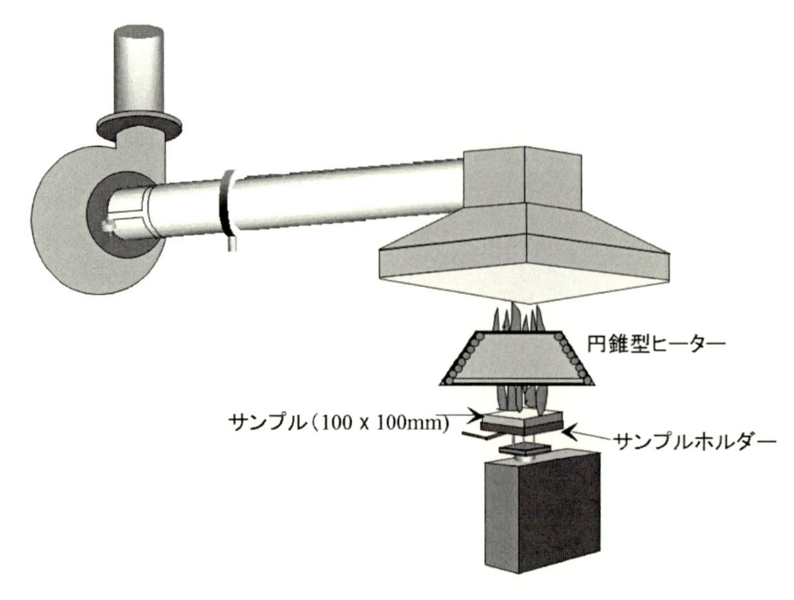

図２　鉄道車両用非金属材料の燃焼試験法Ⅱ略図（コーンカロリーメータ）

表２　試験方法Ⅱの判定基準

総発熱量（MJ/m²）	着火時間（秒）	最大発熱速度（kW/m²）
8 以下	–	300 以下
8 を超え 30 以下	60 以上	

2. 2　信頼性

信頼性は定時運行や利用者の利便性を確保する上で安全性同様に重要な事項である。材料における信頼性は，初期特性を満足することと共にその特性が長期間（使用期間）問題なく発揮される必要がある。材料の信頼性を把握するため，鉄道では図３に示したフローなどにより各種の試験と評価を行い，材料の使用環境や劣化特性を十分に考慮した上で，適正な材料が選択される。

なお，鉄道車両の耐用年数はおよそ 10～20 年と考えられている。したがって取替や補修の困難な部材については，車両と同等以上の耐久性が要求される。

2. 3　高強度・低比重

高速化は鉄道が他の交通機関に対して競争力を持つために重要な課題である。速度向上において，車両の軽量化は高速運行時に影響の大きい，振動，騒音，運行エネルギー等の抑制にも有利である。そのため，比強度の高い高分子材料は台車から外部構体に至るまで多くの部分に導入される。

図４は新幹線車両を例とした車両の営業最高速度と車両重量の関係である。この図からも走行速度と共に車両重量の軽量化が進んでおり，高速化と軽量化の関係が強いことが分かる。

車両の軽量化に対する要求は現在も強く，高分子材料に対する期待は大きい。

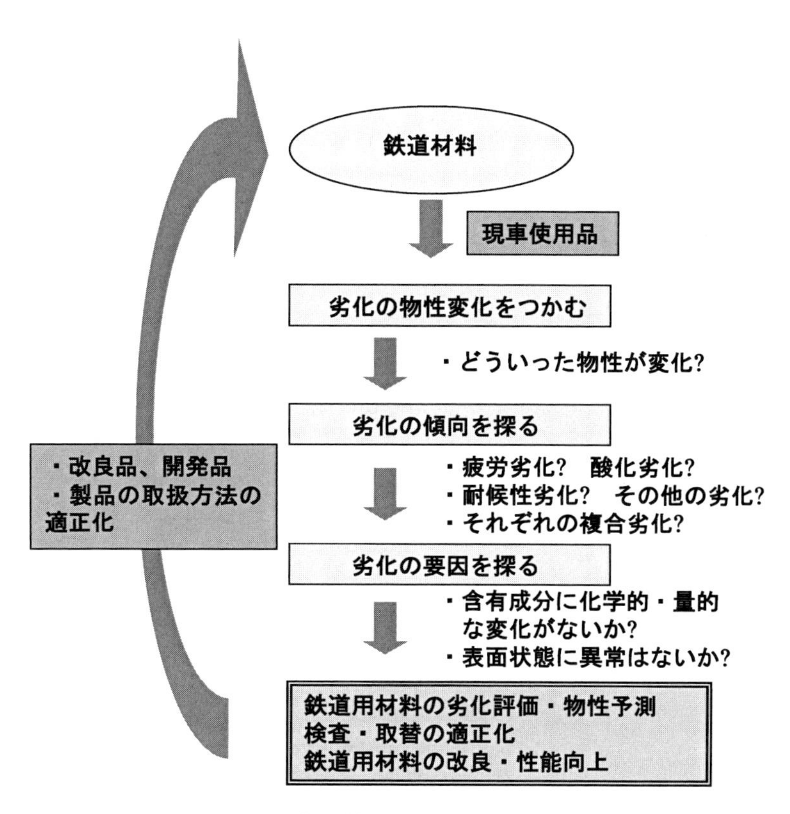

図３　鉄道使用材料の評価フロー

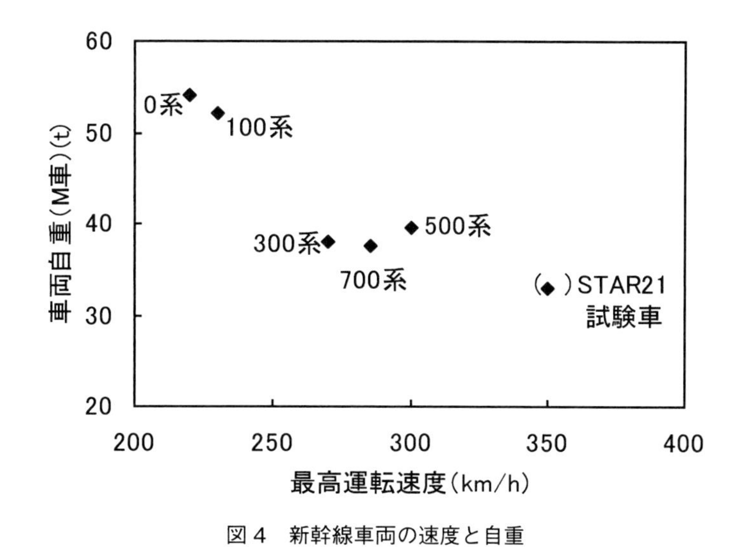

図４　新幹線車両の速度と自重

3　鉄道における振動・騒音の影響と環境基準

振動は鉄道車両の走行に起因して発生するものである。発生する振動は空気の振動を引き起こして騒音の発生につながる。さらに振動は車両や軌道，電気設備等の疲労，摩耗，劣化などを引き起こし，定期的なメンテナンスを必要とする。そのため，振動・騒音の対策は環境基準の確保だけでなく，乗り心地や構造物の寿命においても影響が大きい。鉄道における振動・騒音の影響についてその事例を表3に示す。また，在来鉄道の騒音対策指針および新幹線鉄道騒音に関わる環境基準を表4，5に示す。

表3　鉄道における振動・騒音の影響

影響の及ぶ範囲	影響事例
沿線住民，環境への影響	静寂破壊 家屋，構造物の変状（亀裂，変形等）
車内乗客，物品等への影響	乗り物酔い，不快感，会話困難 疲労，損傷
線路，構造物への影響	軌道，構造物，路盤，橋梁等の変状促進 異常摩耗（レール，トロリ線等）
車両への影響	構体の損傷，緩み，ずれ等の損傷促進 異常摩耗（接触，摺動部材等）

表4　在来線の騒音対策指針

新線	等価騒音レベル（L_{Aeq}）として，昼間（7～22時）については60 dB（A）以下，夜間（22時～翌日7時）については55 dB（A）以下とする。なお，住居専用地域等住居環境を保護すべき地域にあっては一層の低減に努めること。
大規模改良線	騒音レベルの状況を改良前より改善すること。

表5　新幹線騒音に係る環境基準

地域類型	あてはめる地域	基準値
I	住居の用に供される地域 第1種低層住居専用地域 第2種低層住居専用地域 第1種中高層住居専用地域 第2種中高層住居専用地域 第1種住居地域 第2種住居地域 準住居地域	70 dB 以下
II	商工業の用に供される地域 近隣商業地域 商業地域 準工業地域 工業地域	75 dB 以下

基本的に振動は発生源の近傍から対策を行うことが有利である。鉄道では振動源近傍での対策だけでなく，その伝達経路においても低減対策を行っている。

4　鉄道の構成要素

これまで述べたように，高分子材料の使用は鉄道分野においてもメリットがあり，利用拡大への期待は大きい。図５に鉄道車両を主体としたゴム，プラスチック製品の主な使用例を示す。使用される材料の特徴として，内装材料のうち火災の影響が大きい壁・天井材には熱硬化性プラスチックの使用が多く，また，外装に使用される材料には耐候性に優れた素材の使用が多い。

材料の進歩は目覚しいものがあり，高性能，多機能な新材料が次々と開発されている。鉄道においても，これら新材料を積極的に適用することは有用である。しかし，一方で新材料の安易な適用は，思わぬ事故の原因にもなりかねない。そこで，新材料の適用においては材料の使用環境を考慮した様々な評価を実施し，十分に性能を確認する必要がある。

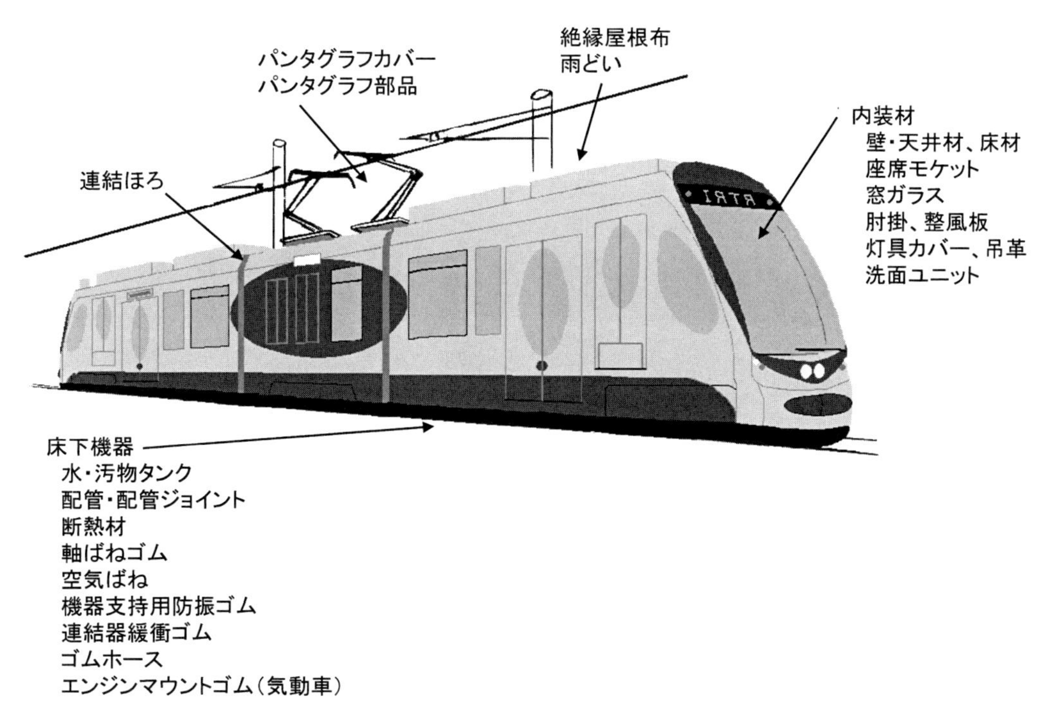

図５　鉄道車両に使用される高分子材料

5　各分野における制振材料の利用・検討例

5.1　軌道

有道床軌道のレールおよびその周辺における振動・騒音対策の概要を図6に示す。軌道における振動対策は軌道全体のばね定数を下げる「低ばね定数化」が基本的な考え方である[2,3]。同対策を軌道全線に適用するには非常に多くの材料を必要とし，性能・安全面に優れた対策だけでなく，容易な施工や信頼性，省メンテナンスや低コストなどの要求にも応えなければならない。

5.1.1　軌道パッド

軌道パッドはレールとまくらぎの間に挿入され，列車走行に伴う衝撃力のまくらぎへの伝達を緩和させることを目的とした製品である。従来，スチレンブタジエンゴム（SBR）製の製品が多かったが，長寿命化や低ばね定数化を目的として，ウレタン系や新素材の導入が検討されている。

ゴム材料は金属材料などと異なり，温度や荷重速度によって弾性率などの変化が大きい材料である。このため，低ばね定数軌道パッドを適用した防振対策においても温度が低下する冬季や，高速列車の動的荷重に対し，期待した効果が得られないことも懸念される[4]。そこで，図7に示すように発泡エチレンプロピレンゴム（EPDM）および発泡SBRを素材として用いた低ばね定数軌道パッドを用いて，動特性や温度特性を検討した。その結果，発泡品は低温域でも静的ばね定数や動的ばね定数を低く維持できるほか，衝撃応答試験でも優れた緩衝性能を維持できることを確認した。また，これらの開発品では軌道パッドに要求されるその他の材料特性も実用性能を満たすことを確認している[5]。

5.1.2　弾性まくらぎ[6]

有道床軌道における保守の軽減と騒音振動の低減を目的として，図8に示すようなコンクリートまくらぎの底部および側面を弾性材で被覆することにより軌道ばね係数の低減を図った有道床

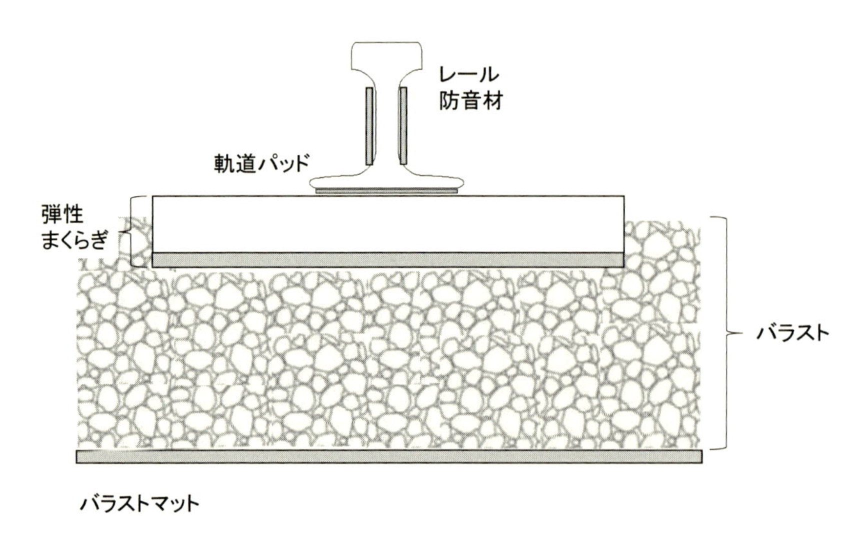

図6　有道床軌道のレール近傍における主な振動・騒音低減材料（レール断面）

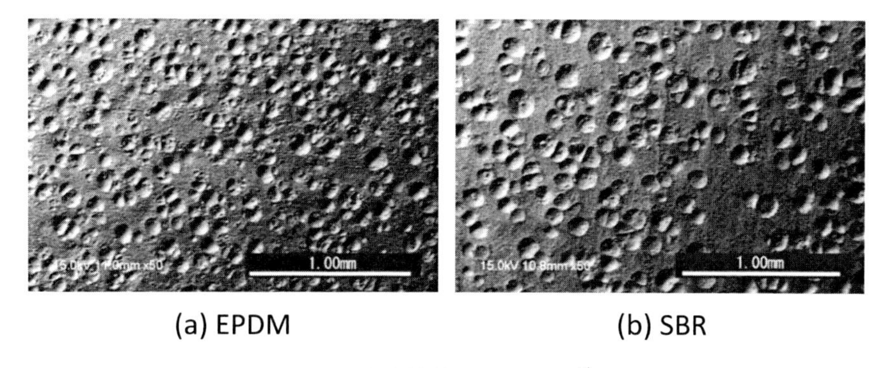

図7　発泡軌道パッドの断面[5)]

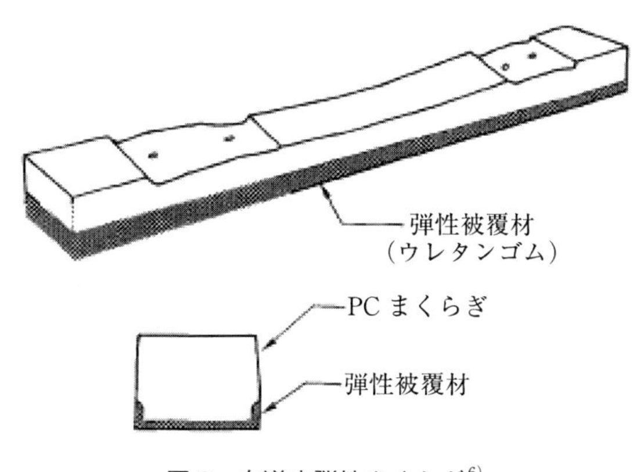

図8　有道床弾性まくらぎ[6)]

弾性まくらぎが開発され，営業線に敷設されている。保守量の低減効果とともに構造物騒音の低減についても良好な結果が得られている。その後，低廉化[7)]，着脱式[8)]の開発なども行われており，近年では弾性材料に発泡ゴムを使用した製品などが開発されている[9)]。

5. 1. 3　バラストマット，スラブマット[10)]

バラスト軌道における振動・騒音低減を目的として開発されたのがゴムを使用したバラストマットである。また，スラブ軌道はバラスト軌道と比較して騒音が大きく，その対策が課題であった。この低減策としてコンクリート製の軌道スラブと路盤コンクリートとの間にゴムを使用したスラブマットが挿入されている。

開発当初は再生ゴムチップを再成形した製品が多く見られたが，現在は遮水性確保などを目的としてバージン品を用いた製品も販売されている。

5. 1. 4　レール防音材[11)]

近年，鉄道において車両が高速化，ダイヤが過密化する一方で，沿線騒音の問題が顕在化しつつある。従来の鉄道騒音対策は主に高速鉄道が対象であったが，近年では平成7年に「在来鉄道

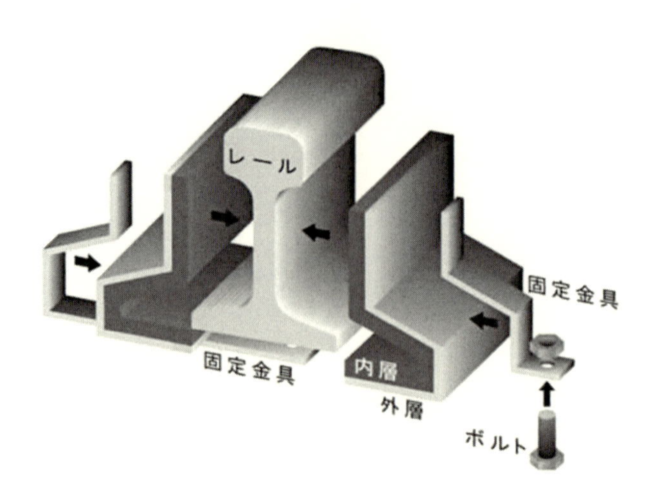

図９　レール防音材の構造[11]

の新設又は大規模改良に際しての騒音対策の指針」が制定されるなど，在来線においても騒音に対する対策の必要性が高まっている。

沿線騒音の中でも車両走行時のレール／車輪間で発生する転動騒音は新幹線，在来線共に大きく，その対策が求められている。従来の転動騒音に対する対策としては防音壁の設置や軌道面内への吸音材があるが，施工性の面で課題を有している。

そこで，施工性に優れることを目的として，新たな転動騒音対策材としてレール防音材を開発した。レール防音材は図９に示すようにこれまでの対策材とは異なり，レールに直接取付けてレール踏頂面を除くウェブおよびフランジを全面的に被覆することにより，レールからの転勤音の伝播を防ぐ構造を有し，脱着も容易である。

5. 2　車両

5. 2. 1　軸ばね[12]

円錐積層ゴム式の軸ばねは1980年代よりボルスタレス台車用のウィングばね式の軸箱支持装置として採用されたゴム製の軸ばねである（図10)。１つの部品にばねと減衰機能を持たせるとともに上下・前後・左右の３方向のばねを支持できる構造となっている。このためコイルばねと減衰装置を組み合わせて使用する一般的な軸ばね支持装置に比べて部品点数を減らせることができ，メンテナンスや重量低減にもメリットを有している。

近年，安全性に対する要求は高まりを見せており，軸ばねゴムなどの主要な部品の管理としては製品の寸法変化，亀裂，硬さなどの変化だけでなく，性能評価を含めた的確な管理が求められている。鉄道総研では動的な性能評価を取り入れた劣化特性の解析を行うとともに，ゴムのクリープによる寸法変化を低減した材料の開発などを実施している[13]。

5. 2. 2　空気ばね

空気ばねは軸ばねとともに鉄道車両用防振の１次ばね（軸ばね)，２次ばね（空気ばね）とし

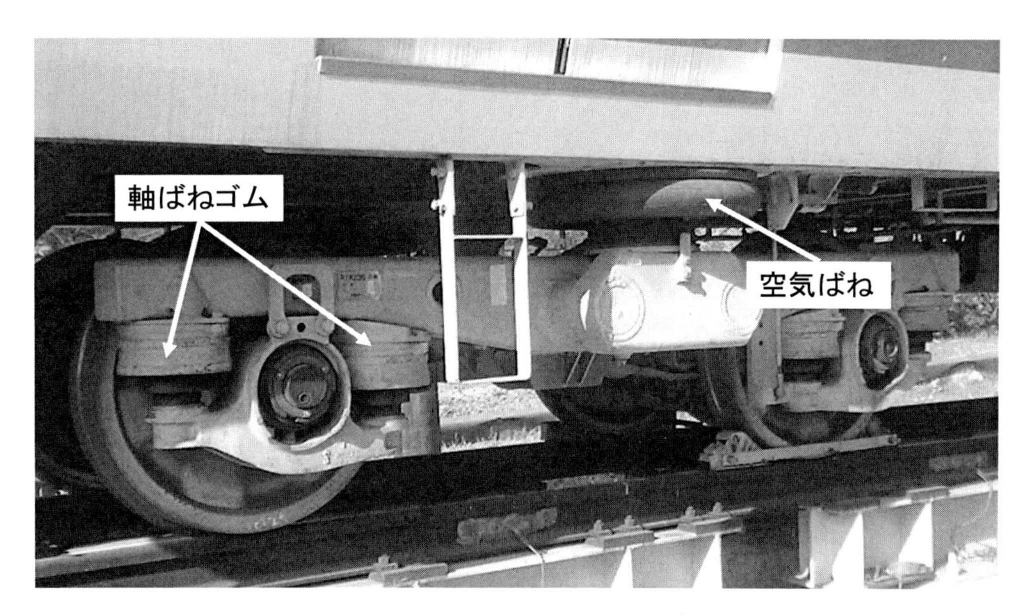

図10　軸ばねゴム搭載台車外観[12)]

て車両振動制御の中核的な製品である。空気ばねは台車上部にあって車体を支持し，振動吸収の機能を有している（図10）。

空気ばね表面のゴムシートをベローズというが，このベローズは走行中，大きくかつ複雑な振動の影響を受けるため，その位置や方向によって劣化状況が大きく異なることが推測される。一部が太陽光にさらされる不均一な劣化条件のもとで使用されており，劣化評価においては，ベローズの上部・中部・下部の位置や，上下・水平の方向に配慮して，評価を行うことが求められる[14)]。

5. 2. 3　弾性車輪[15, 16)]

鉄道車両の車輪踏面やレールの頭頂面のわずかな凹凸は高速走行時に車輪／レール間騒音（転動騒音），構造物音や輪重変動等の発生原因となる。これらの発生を抑えるためには車輪やレールを削正して凹凸を減少させる必要がある。しかし，削正により凹凸が一旦減少しても走行を重ねるうちにその凹凸は改めて増加する。そのため車輪，レールの凹凸は定期的な削正により管理される。しかし，車輪，レールの凹凸が多少増加したとしても振動や騒音を抑制できれば，両者の削正周期は延長することができる。

車輪，レールの凹凸による振動・騒音の抑制対策として，新幹線に弾性車輪を用いた研究が行われている。

弾性車輪は図11のように車輪と軸芯の間にゴムをはさんだ特殊な構造を有しており，これには車輪の制振以外にもいくつかのメリットがある。弾性車輪は車輪にゴムをはさむことにより衝撃吸収の効果を持たせることで軌道に与える垂直の荷重変動を減少させ，軌道に対する疲労の影響を低減できる効果があるほか，構造物の振動と騒音の低減にも効果があることが分かっている。

5. 2. 4　一本リンクゴムの衝撃加振試験による損傷評価[17]

台車と車体を連結する一本リンクは台車の加減速時の力を車体に伝達する重要部品である。図12に示すように，一本リンクには台車の加減速力や微振動を直接車体に伝達させないようにゴム部品（以下，一本リンクゴムとする）が使用されている。一般にゴム部品は長期間の使用に伴う劣化で硬化または軟化することが知られている。顕著に劣化して一本リンクゴムに損傷が生じた場合には振動伝達だけでなく車両走行にも影響することが懸念される。

しかし，一本リンクゴムはブッシュゴムとして押込んで使用されており，その損傷は外観調査で把握することは困難である。そのため，外観調査に替わる一本リンクゴムの評価手法が求められている。

一本リンクは30 kg程度の重量物であり，人手による取扱いは困難がある。そこで，取り付け状態のままでインパルスハンマによる衝撃力を加え，その応答性からばね定数を算出し，ばね定数の変化から損傷の有無を判定した。

一定期間使用して一本リンクゴムに亀裂が発生した使用品を用いて本手法により評価を実施し

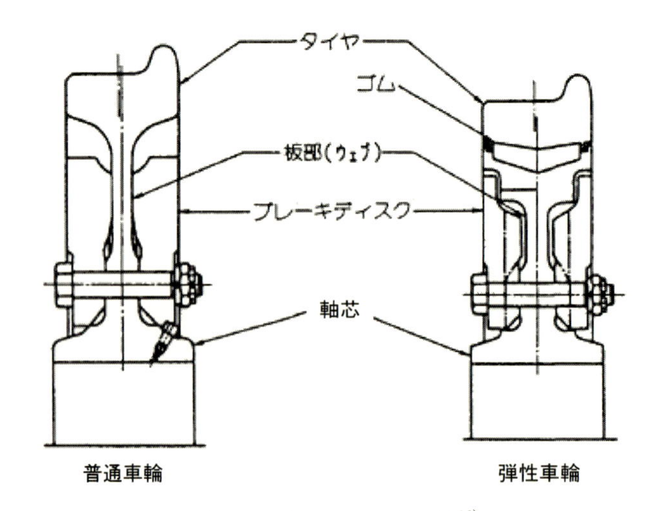

図11　普通車輪と弾性車輪[16]

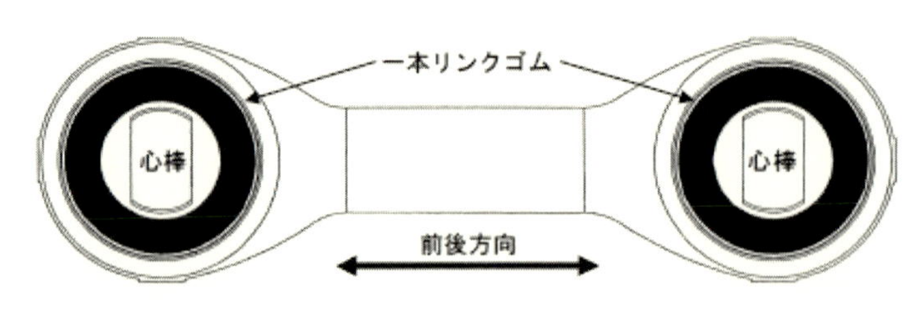

図12　一本リンクの側面図[17]

たところ，新品と比較してばね定数の低下が確認された。このことから，在姿による衝撃加振試験によっても一本リンクゴムの損傷が検出できる可能性が見出せた。今後さらに試験精度の向上を行い，検修現場で有効な劣化判定法の構築を目指す。

5.2.5　圧電ゴムによる側引き戸異物検知[18)]

圧電材料は材料に加えられた振動や衝撃などの機械エネルギーの一部を電圧や電流などの電気エネルギーに，またその逆に加えられた電気エネルギーの一部を機械エネルギーへと変換できる材料である。現在，最も一般的な圧電材料は圧電セラミックスであるが，圧電セラミックスは陶器などと同様に硬くて脆く，衝撃力が加わる箇所では使用が困難であるほか，大面積化や複雑な形状の成形も困難である。圧電ゴムは，ゴム材中に圧電セラミックスの粒子を混合して成形した後に高電場を印加して圧電性能を付加させた材料である。圧電ゴムは圧電セラミックスと異なり，図13に示すように柔軟性を有し，大きな面積や複雑な形状の製品にも対応できる。

こうして作成した圧電ゴムを鉄道車両用の挟み込みセンサとして応用できるか検討を行った。鉄道車両の側引戸では乗客の乗降時に荷物などの異物が戸先に挟み込まれることがある。その際，通常であれば車両に搭載される既存の異物検知システムが異物の挟み込みを検知するが，異物が小さい場合（直径15 mm以下）には検知することが困難な場合がある。そのため，指先や杖などの細いものを挟み込んだ際には，そのまま車両が走行してしまう恐れがある。そこで図14に示すように圧電ゴムを戸先ゴムの内部に設置して異物の挟み込みを検知する手法を検討した。

試験車両にて実際の動作状況を確認した結果，既存の異物検知システムでは検知が困難であった10 mmの異物を挟み込んだ場合に10 V以上の電圧が発生し，制御装置により側引戸が自動的に再開できた。本用途では繰り返しの耐久試験なども行っており，実用可能な製品開発に向けて対応を行っている。

図13　圧電ゴムの外観[18)]

図14　戸先ゴムへの圧電ゴムの設置状況[18]

5.3　土木・橋梁

5.3.1　振動遮断工[19]

都市部の鉄道近傍ではホテルや集合住宅，ホールなど振動・騒音を極力避けるべき建物が計画されることがある。列車走行に伴い，地盤を介した振動は建物基礎から構造体に伝搬し，床・天井などを振動させ，それらの振動により騒音を発生させる。建物側の対策として建物の基礎周囲に振動遮断材を挿入して振動を低減させる手法がある。この振動遮断材の材料としては発泡ウレタン，発泡スチロール，鋼矢板，コンクリート壁等が用いられており，いずれもある程度の振動低減効果が確認されている。しかし，材料が高価であったり，浮力対策を要したり，腐食が問題となるなどそれぞれに課題も有していた。そこで，鉄道から排出されるゴム材をリサイクル利用して鉄道沿線における列車振動低減工法を検討した。

図15は鉄道から発生した軌道パッド，車両のゴムホースなどを粉砕したものをウレタン樹脂で固着させて縦100 cm ×横50 cm ×厚さ10 cmに成形したもので，鉄道ゴムブロックと呼ぶ。成形した鉄道ゴムブロックは図16に示すようなイメージで設置され，鉄道からの発生振動が近傍の住宅等へ伝搬するのを遮断するのに使用される。

振動低減効果を確認する実験では鉄道ゴムブロックは最大で6 dB程度の振動低減効果を有していることが分かった。同形式のゴムブロック（十分な量を確保するため原料はタイヤゴム）は鉄道沿線施設で試験施工が実施されており，良好な振動低減効果を示している。

図15　鉄道ゴムブロック[19]

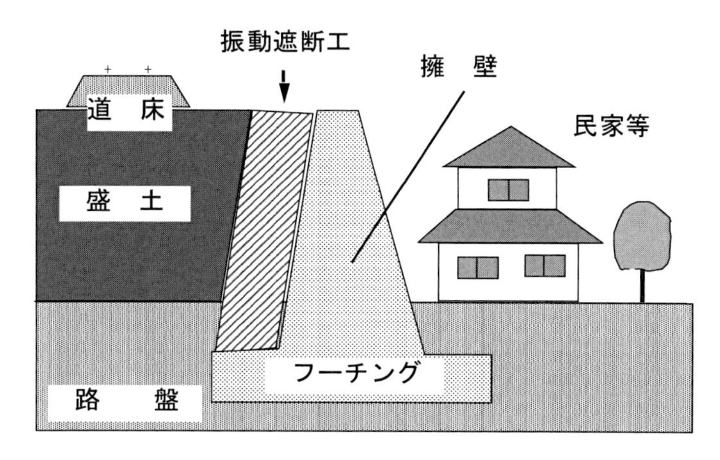

図 16　振動遮断工の施工イメージ

5. 3. 2　風荷重低減型防音板[20]

コンクリート高架橋などの鉄道の構造物では多くの区間で防音壁が設置されているが，さらなる沿線騒音低減への対応や沿線の建築物の高階における騒音低減への要求から，防音壁高さを上げる工法がある（この工法を「嵩上げ」という）。騒音低減のためには防音壁高さを積み増していくことで効果が上がるが，防音壁に対する風圧も増加するため，構造強度の制限から嵩上げ高さにも制限が生じる。

既存の構造物では少なくとも 3 kPa（風速約 49 m/s 相当）の風圧（風荷重ともいう）に耐えるように強度設計されているが，それは防音壁高さが大幅に変わらないことを前提としたものである。防音壁を嵩上げして高くするに伴い，風圧によるモーメントは増加し，既設の防音壁と構造物を補強せずに防音壁を嵩上げした場合，構造物の設計強度を上回る可能性がある。

この課題に対し，通常時には高い騒音低減性能を有し，構造物の設計強度を上回るような強風を受けた際には構造物に対する負荷を大幅に低減する防音工（以下，風荷重低減型防音工という）を開発した。

開発した風荷重低減型防音工は図 17 に示すように幅 3 m，高さ 1 m，奥行き 90 mm のパネル形状で，既設防音壁の支柱間に設置する。遮音板は厚さ 8 mm のポリカーボネート板と周囲および中央の補強金属枠で構成され，防音板の上辺は回転軸で支持している。補強金属枠下部とそれに相対する外枠に磁石を止め具として設けている。これらの磁石は非接触で吸引し，両者の磁力で 1.5 kN/m^2 の風荷重（風速約 35 m/s に相当）が作用するまで遮音板を閉じた状態に保持し，1.5 kN/m^2 を超える風荷重が作用すると遮音板が風下方向へ開き，受風面積を減らすことで構造物への荷重負荷を低減させる機構を持ったものである。

本防音工は鉄道沿線での施工試験および列車走行試験を行い，実用上，十分な遮音性能が確認されたほか，屋外暴露試験により自然風での開閉動作を検証して経年劣化の影響についても確認した。結果として台風通過時に自然風での開閉動作を確認できたほか，2 年 4ヶ月の暴露試験では各部材に顕著な劣化は確認されず，磁力の低下もほとんど見られないことが分かった。

5. 3. 3　拘束型磁性防振材[21]

鉄道において鋼鉄道橋などの鋼製構造物では一般に大きな騒音が発生し，その対策が課題であった。鋼製構造物では部材に対する制振工法が有力な対策のひとつであるが，従来の制振材では多くが接着剤または粘着剤を用いて振動体（被接着面）に施工する一方，接着・粘着での施工は被接着面の下地処理などの工程を要し，施工性に優れた制振材の開発が求められていた。

そこで図18に示すような拘束型磁性防振材の開発を行った。拘束型磁性防振材はフェライト粉体を配合して着磁した磁性ゴム層に鋼製の拘束層を積層したもので，磁性ゴム層の磁力吸着力により鋼製の振動体に対して簡易な施工を可能としたものである。拘束型磁性防振材を貼付した

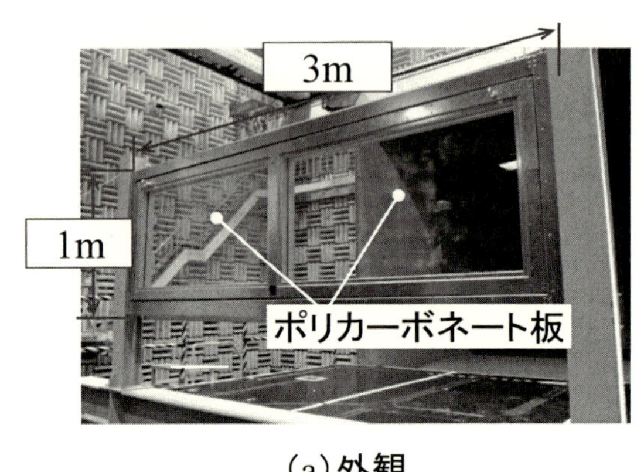

(a)外観

(b)側面
*風圧により遮音板が開いた状況

図17　風荷重低減型防音工[20]

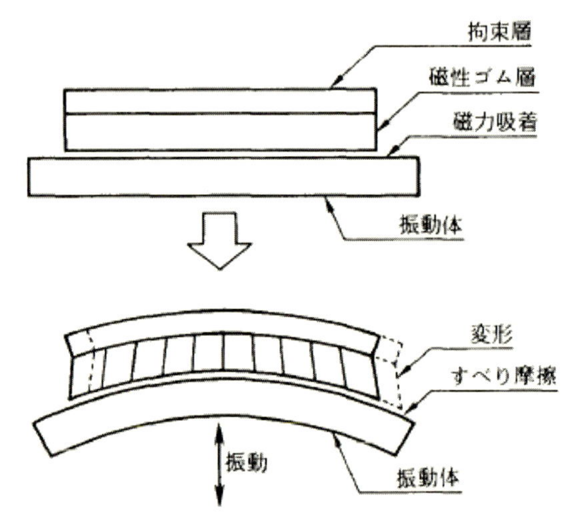

図18　拘束型磁性防振材[21]

図19　防振ハンガ[24)]

前後の実際の鋼鉄道橋の騒音を実測した結果，既定の測定箇所で約4 dB（A）の低下が認められた[22)]。

5.4　電車線路

5.4.1　防振ハンガ[23,24)]

電気鉄道の架空電車線においては，パンタグラフ走行によって励起された波動が伝播する。この波動伝播はパンタグラフの接触力変動などへの影響があげられ，その影響を低減できるような対策が求められている。対策のひとつとしてトロリ線をちょう架線に吊り下げる際に用いるハンガがある。ハンガには先に示した波動の減衰を目的に防振ゴムを配置した防振ハンガがあり，図19に示すような防振ハンガを用いることにより，ハンガ箇所におけるトロリ線波動の反射係数を低減することが可能である。

近年ではパンタグラフの接触力変動をさらに低減できるハンガとしてダンパハンガの開発も進められており，ダンパハンガ適用によりトロリ線に生じる残留振動が抑制されることが明らかとなっている[25)]。

6　まとめ

本章のはじめにも書いたように鉄道用材料は安全性や信頼性といった性能が優先される材料である。しかし，鉄道は走行時に振動・騒音を発生する多くの要素があり，乗り心地や周辺環境に与える影響は大きいため，その制御は重要な課題である。今回の記述では，鉄道における振動・騒音に関わる製品・材料を中心としつつ，その周辺技術についても紹介した。

しかし，本文で取り上げた技術は鉄道事業者の取組み事例から考えれば，ごく一部であり，本文を契機として鉄道用の防振・制振材料に対する関心をお持ち頂ける方が増えれば幸いである。

文　　献

1) 伊藤幹彌，御船直人：未来材料，**6** (3): 22-27 (2006)
2) 三浦重：日本鉄道施設協会誌，**28** (6): 21-24 (1990)
3) 横山秀史，岩田直泰，芦谷公稔：鉄道総研報告，**22** (5): 29-34 (2008)
4) Fenander Å.: *Journal of Rail and Rapid Transit*, **211** (1), 51-62 (1997)
5) 鈴木実，佐藤大悟，間々田祥吾，玉川新悟，弟子丸将：鉄道総研報告，**28** (2): 17-22 (2014)
6) 三浦重，大石不二夫，横田敦，堀池高広：鉄道総研報告，**4** (5): 9-17 (1990)
7) 堀池高広，半坂征則，柳川秀明，安藤勝敏，伊達和寛：鉄道総研報告，**12** (3): 35-40 (1998)
8) 安藤勝敏，堀池高広，須永陽一，半坂征則：*RRR*, **59** (1): 10-13 (2002)
9) 高橋貴蔵，桃谷尚嗣，伊藤壱記，長沼光，及川祐也，鈴木実，鈴木浩明：鉄道総研報告，**28** (6): 11-16 (2014)
10) Sato Y., Usami T., Satoh Y.: *Quarterly Reports*, **15** (3): 125-130 (1974)
11) 間々田祥吾，半坂征則，佐藤潔，鈴木実：鉄道総研報告，**21** (2): 27-30 (2007)
12) 鈴木実，浜田晃，下村隆行，伊藤幹彌，半坂征則：鉄道総研報告，**18** (10): 9-14 (2004)
13) 鈴木実，間々田祥吾，半坂征則，下村隆行，伊藤幹彌：鉄道総研報告，**19** (11): 17-22 (2005)
14) 畦地利夫，鈴木実，半坂征則：鉄道総研報告，**15** (3): 47-52 (2001)
15) 佐藤潔，佐川明朗：*RRR*, **52** (8): 17-20 (1995)
16) 佐藤潔，佐川明朗，松井雄二，佐藤寿一：鉄道総研報告，**9** (8): 7-12 (1995)
17) 間々田祥吾，鈴木実，佐藤大悟，枡田吉弘，渡辺信行，朝比奈峰之：鉄道総研報告，**26** (10): 41-46 (2012)
18) 間々田祥吾，野木村龍，矢口直幸，朝比奈峰之，岡村吉晃：鉄道総研報告，**32** (10): 11-16 (2018)
19) 羽矢洋，長縄卓夫，西村昭彦，御船直人：*RRR*, **55** (9): 30-33 (1998)
20) 佐藤大悟，半坂征則，木山雅和，小笹武史：鉄道総研報告，**31** (9): 47-52 (2017)
21) 半坂征則，御船直人：鉄道総研報告，**7** (6): 41-48 (1993)
22) 半坂征則，中西臣悟，山田功司，鈴木実：鉄道総研報告，**16** (12): 29-34 (2002)
23) 真鍋克士，網干光雄：鉄道総研報告，**11** (5): 25-30 (1997)
24) 網干光雄：鉄道総研報告，**16** (6): 39-44 (2002)
25) 佐藤宏紀，清水政利，早坂高雅，常本瑞樹：鉄道総研報告，**32** (4): 29-34 (2018)

第8章　高分子制振材料の応用分野と制振材料の適用状況
—電気電子機器，OA 機器，その他機器—

西澤　仁*

1　はじめに

我々が生活環境の中で経験する振動は，自動車，鉄道をはじめとする各種交通網からオフィス，家庭内での電気電子機器，OA 機器，その他機器から多種類にのぼり，各種騒音環境の中で生活している。最近のこの分野の機器は，次第に性能が向上し，騒音レベルも上がる傾向があるためメーカーでは高性能な制振材料が要求されるようになってきている。

制振技術には大きく分けて次の3つの方法があり，制振材料はその中のパッシブ制振，セミパッシブ制振と呼ばれる振動減技術の中では主要な役割を担っている。

(1)　アクティブ制制振

機械に振動が発生したら早い段階でその運動の特徴（周波数，振幅，継続時間）を PC で予測してその振動を抑制するようにその振動と逆向きの減衰力を与える方法である。

(2)　セミアクティブ制振

振動現象の発生に応じてセンサーが作動してあるレベルを超える振動に対して機械に取り付けた制振機能が働くようにする方法である。一般的には電磁力の作用によるダンパー，摩擦ダンパーによる方法がある。

(3)　パッシブ性振

粘弾性材料を使用し，その動的損失係数を利用して発生した振動エネルギーを吸収して減衰する方法である。価格が安く製造しやすいため広範囲の用途に使用されいる。パッシブ制振とセミアクテイブ制振を合わせてダンピング技術と呼ぶこともある。

これら振動減衰目標とする騒音レベルを理解するために現在の生活環境の中での好ましい騒音レベルを理解しておきたい。

実際にオフィスの騒音環境の騒音レベルと人が感ずる感覚の関係を調査した結果を図1に示すが，騒音レベルとしては 30 から 70 dBA（デシベル）の世界である[1]。騒音が気になるかならないかの境目は，55～60 dBA であり，建築学会が目標としいるオフィスの騒音レベルは表1に示すように 50 dBA 位である。ここで議論する電気電子機器，OA 機器，音響機器の目標とする望ましい制振材料の性能レベルはこれらの値を考慮した制御レベルであることを認識しておきたい。

---

*　Hitoshi Nishizawa　西澤技術研究所　代表

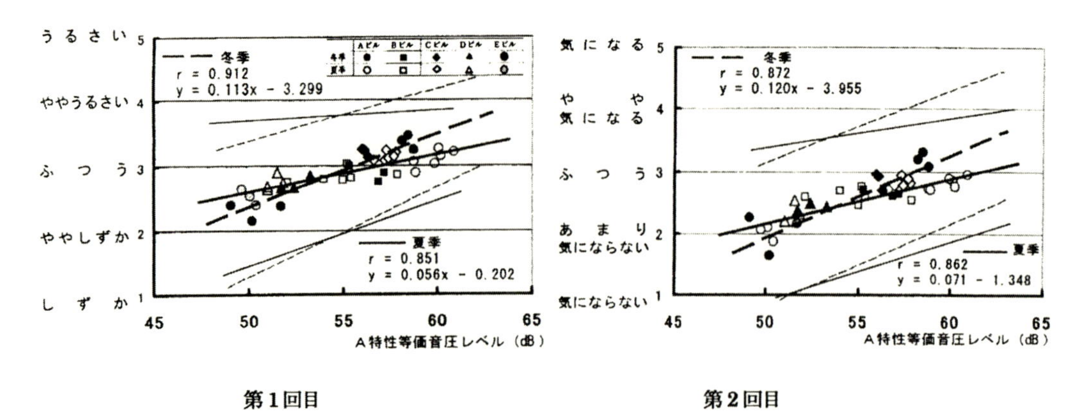

第1回目　　**第2回目**

図1　騒音レベルと騒音感覚との関係
冬季，夏季2回の測定

表1　建築学会の屋内騒音設計目標値

室用途	騒音レベル（dBA）	NC値※
大，小会議室	35～40	25～30
役員室	30～40	20～30
応接室	35～40	25～30
大事務室	40～50	30～40
小事務室	40～45	30～35

※ NC曲線の値

2　電気電子機器，OA機器，その他機器の制振材料開発のための制振技術

2.1　制振材料開発のための基本技術

制振材料開発のための基本技術は，既に，第1章において詳細に説明しているので参照されたいが，基本的なポイントを表2，表3，図2に示し，更に少し補足説明を加えてまとめると次のようになろう。

① 高分子材料の粘弾性特性の解明とTg，のシフトと分子構造の関係との構築。

② ポリマーアロイ基本技術の究明とtan δ温度特性，周波数特性ブロード化の理論体系の確立。

③ 極性基含化合物のグラフト化，ポリマーアロイゾーンサイズ粒子系のナノサイズ化。

④ IPNポリマー構造と損失係数温度特性，周波数特性のブロード化との関係究明，シリコーン-Si-O-結合導入反応，ナノフィラー表面処理によるポリマー中の分散性の改良によるブロード化。

表2　電気電子機器，OA 機器，音響機器用制振材料開発の基本技術（1）

設計の課題	材料開発のテーマ	具体的な施策
1　実用条件で減衰性能の優れた材料の開発	(1)　高分子材料の粘弾性挙動の評価と改良	1)　共重合体の開発 2)　ポリマーアロイ-ナノ分散技術の研究 3)　グラフト化 4)　IPN 化 5)　架橋構造の改良－架橋点間の長さの調整
	(2)　添加剤の研究	1)　充填剤（粒子径，形状，表面処理） ナノサイズ粒子，モンモリロナイト グラファイト 2)　可塑剤，軟化剤（分子構造，極性，親和性，粘性） 3)　制振性付与剤（分子構造，極性，誘電性） 4)　環境対応型難燃剤 水和金属化合物（粒子径，粒度分布，表面処理，形状） リン系難燃剤
2　温度特性，周波数特性の平坦化	(1)　高分子材料自身の改良	1)　共重合（成分と Tg の関係） 2)　ポリマーブレンド（極性，親和性と tanδ の最大値，モルフォロジーと粘弾性） 3)　グラフト化（成分の選択とグラフト化率，グラフト成分の分布） 4)　IPN 化（モルフォロジーの疑均一性成分比，架橋密度と分布）
	(2)　架橋構造の研究	1)　共有結合と物理的架橋（TPE）の粘弾性 2)　架橋の種類，架橋点間の長さと粘弾性 硫黄架橋，過酸化物架橋，アミン架橋 ウレタン架橋 3)　充填剤表面処理の架橋への影響
	(3)　制振性付与剤の研究	1)　有機極性誘電性化合物の効果 ヒンダートフェノール化合物 各種リン酸エステル化合物 スルフェンアミド化合物等 2)　ハイブリッド構造の減衰効果 誘電性，導電性付与剤による効果

表3　電気電子機器，OA 機器，音響機器用制振材料開発の基本技術（2）

分子構造	ガラス転移点（Tg）
1　主鎖の可撓性	二重結合，環状構造の導入により上昇，-Si-O- 結合のような回転し易い構造は，低下する
2　側鎖の大きさ	側鎖の分子が大きくなると（メチールからフェニールへ）分子が動き難くなり上昇
3　立体障害	分子の回転を阻害する大きな分子（フェニール等）は上昇させる
4　側鎖の可撓性	側鎖の分子構造が可撓性が高いと低下
5　対称性	対称的に側鎖が入ると分子が動き難くなり上昇
6　極性	極性基が側鎖に導入されると，分子牽引力が上昇して分子の回転が阻害され上昇

注）分子構造と Tg との関係は明確であり，分子運動が阻害され，動き難くなると Tg が高温側にシフトする。

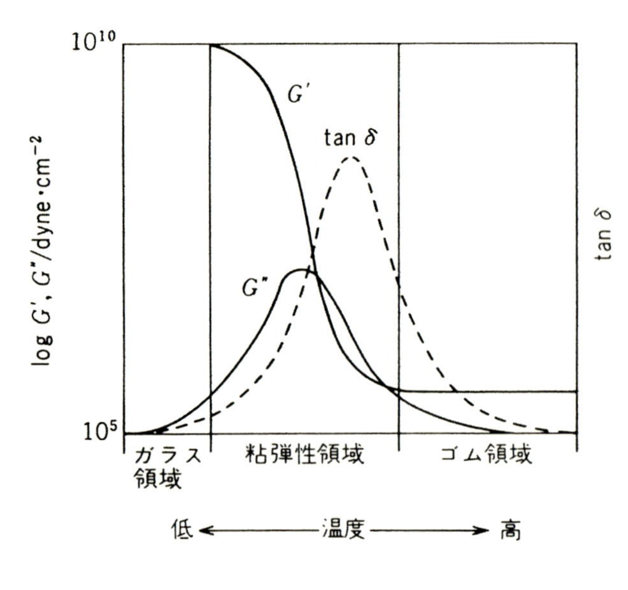

粘弾性体である高分子材料は、温度が上昇するにつれ、弾性率が減少し、ガラス状態からゴム状態に変化する。

この弾性率が変化する過渡領域は粘弾性領域といわれ、この時力学的なエネルギー吸収が最も大きくなり、そのエネルギー吸収率は、ｔａｎδ（力学的損失率）で表される。

概念的には、シャーベット状の溶液を想像して見ると良い。分子運動がギクシャクし、分子間の機械的な摩擦損失が大きい領域と考えられる。この領域の近くに、Ｔｇ（ガラス移転点）が存在する。

サンドイッチ型積層構造の制振体は、このｔａｎδでエネルギー吸収率が支配される。

図２　粘弾性力学的特性を利用した制振材料開発の基本特性

⑤　セミアクティブ制振技術による損失係数ピーク値の増大（粘断制特性機構＋ハイブリッド制振機構）とブロード化。

⑥　IPN 系ポリマー＋ハイブリッド系制振機構系との併用系。

⑦　ポリマーアロイゾーンサイズ（島成分），ポリマー架橋度の調整，架橋系の変更による粘弾性特性の制御。

⑧　官能基含有表面処理剤処理ナノフィラーによるナノコンポジット化による粘弾性特性の調整による損失係数の調整。

⑨　シリコーン系ポリマーとの IPN 化による分子運動の活発なポリマーの開発。

現在，この分野で使用できる制振材料の市販品の代表例を示したのが表４である。これらは，ほとんどが低振幅（<1 mm）高周波数領域（数十～数千 Hz）の振動条件で使用される制振材料と呼ばれる材料である。

この制振材料を使用する場合に，選択のために評価データの整理が使用者にとって便利になってきていることを指摘しておきたい。それは制振材料の制振特性で重要な周波数，温度特性が成立する材料についてのノモグラフが提供されるようになってきていることである。代用的なモノグラフを二つ紹介するので参照されたい（図 3）[2,3]。各制振材料の粘弾性特性（貯蔵弾性率，損失帰依数）の温度特性，周波数特性が極めて解りやすく把握することが出来る。

表4　電気電子機器，OA機器，音響機器分野で使用される制振材料

応用分野	適用機器と適用箇所	代表的な制振材料
電気機器，製品	家電製品 洗濯機，食洗機，冷蔵庫，掃除機，ミシン，自動販売機，スピーカーフレーム，VTR，DVD，CD，エアコン，TV	合成ゴム（IIR，ACR，PU），TPE系，EVA系，エポキシ樹脂系，シリコーンゲル系，PVC系，制振塗料 市販品
電子機器，製品	パソコン HDD，ファン，回転機構（ステッピングモーター），HDDスピンドルモーター，HDDフロッピーディスクドライブ 携帯電話 イヤフォンジャック，デジカメグリップハウジング板 半導体製造装置 精密除振台（空気バネ＋ダンピング機構）	TPE系，シリコーンゲル系，PU系，PVC系，制振塗料，PVC系 市販品 メークリンゲル（共同技研化学），ムンクス（BS），シリコーンゲル（シェルテック他），2000 DO材，2002 IR（BS），KG-GEL（北川工業），ショウダンプ（昭和電線DT），イーデク（PU），ハマダンパー（横浜ゴム），エクセリン（JSR），制振鋼板（CALMA）（NKK），制振鋼板（バイプレス）（新日鐵），制振鋼板（C20，C60）（神戸製鋼），ABS，PPCALP材（カルプ工業），ネオフェード（三菱ガス化学），オロテクスNA200（住友軽金属），VEM（住友3M），マグダンパー（ニチアス），レジェトレックス（日東電工），イーデケル（日本特殊塗料），ベクトラン（クラレ）
音響機器，事務機器，光学機器，製品	複写機，プリンター，カメラ 駆動部，紙送り部，ロール部，デジカメグリップ，ビデオカメラレンズ，磁気デスク装置，光ディスク装置，電子写真カラープリンター 電子顕微鏡（3次元電顕微） 防振材，精密除振台	合成ゴム系，シリコーンゲル系，PU系，TPE系，制振塗料，PVC系 市販品

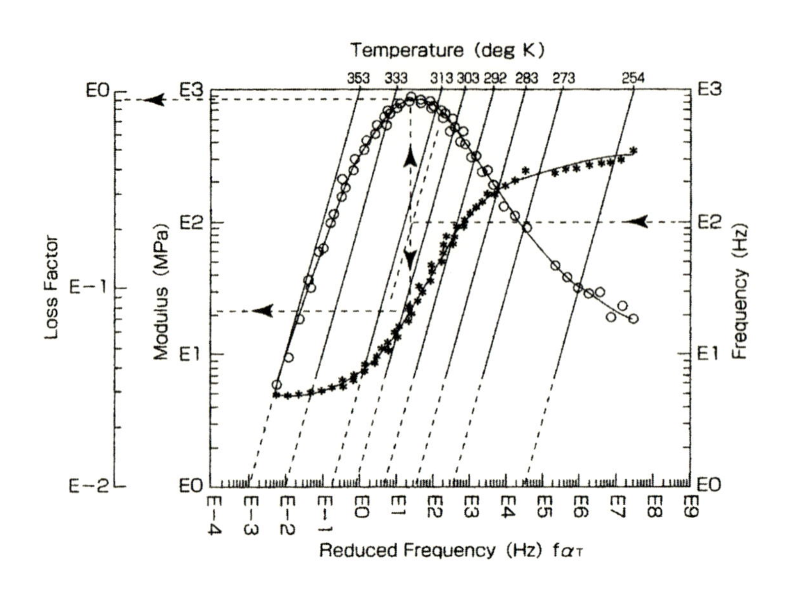

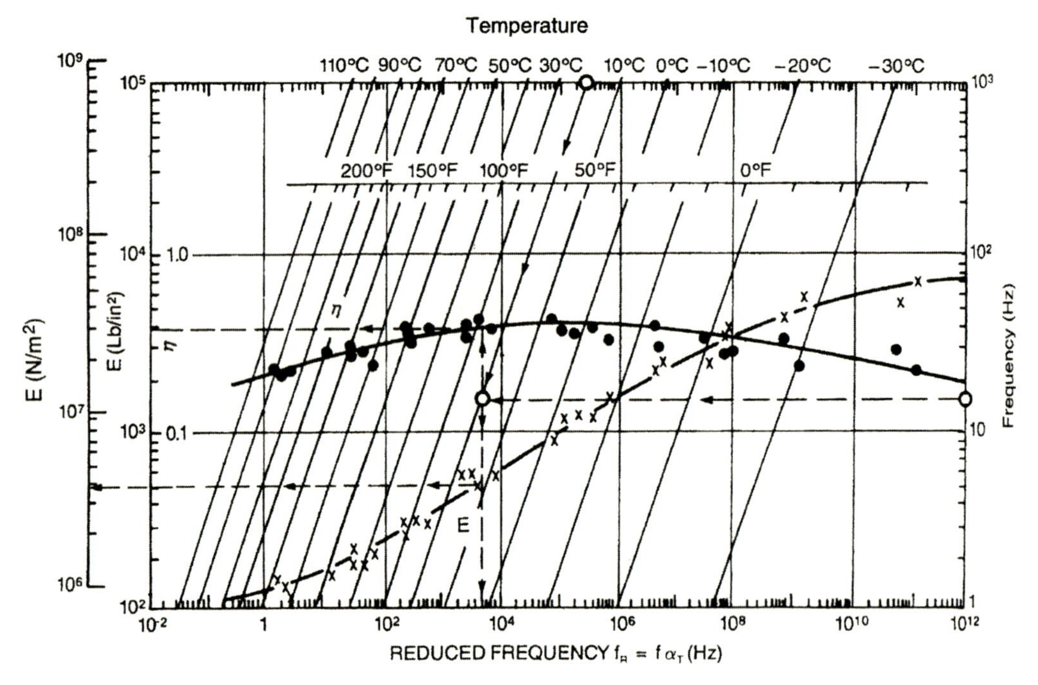

図３　代表的な制振材料の制振特性，周波数，温度変換のノモグラフ[2,3]
上図（熱可塑性樹脂），下図（シリコーンコンパウンド）

2.2　制振材料の実用的な構造

制振材料を実際に各種機器，構造物に使用する場合，その基本構造として挙げられるのが図４に示す２枚の拘束板にサンドイッチ位置構造にする拘束型と１枚の板に貼り付ける非拘束型構造である。その他，図5[2)]，表5[1)]に示すような構造も非制振製品の適用箇所の形状，振動挙動によっ

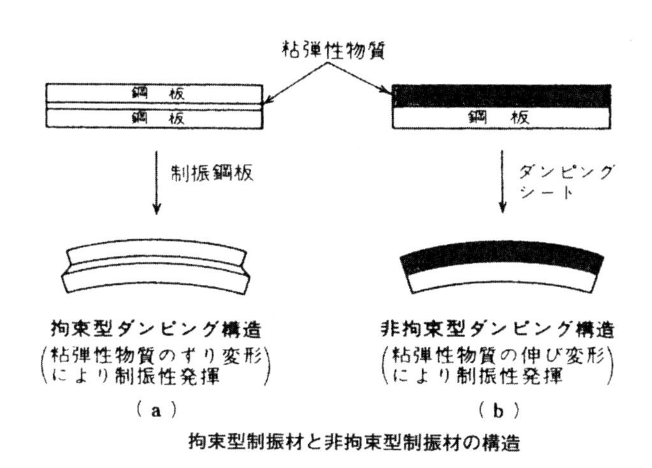

拘束型制振材と非拘束型制振材の構造

①拘束型制振材の損失係数

$$\eta = \frac{\eta_2 \cdot YX}{1+(2+Y)X+(1+Y)(1+\eta_2^2)X^2}$$

$$X = \frac{G}{p^2 h_2}\left(\frac{1}{E_1 h_1}+\frac{1}{E_3 h_3}\right)$$

$$\frac{1}{Y} = \frac{E_1 h_1^3 + E_3 h_3^3}{12 h_{31}^3}\left(\frac{1}{E_1 h_1}+\frac{1}{E_3 h_3}\right)$$

ここで，

η：制振処理パネルの損失係数，

η_2：制振材料の損失係数

X：制振材料のせん断剛性を示す無次元パラメータ

Y：拘束層の引張り剛性を示す無次元パラメータ

E_i：各層の伸縮貯蔵弾性率，h_i：各層の板厚

G：制振材料のせん断貯蔵弾性率，

$h_{31} = h_2 + (h_1 + h_3)/2$

$p = 2\pi/\lambda$：波数，λ：波長

②非拘束型制振材の損失係数

$$\eta = \frac{HM(3+6H+4H^2+2MH^3+M^2H^4)}{(1+HM)(1+4HM+6MH^2+4MH^3+M^2H^4)} \cdot \eta_2$$

ここで，

η_2：制振材料の損失係数，

$M = E_2/E_1$　E_1：パネルの伸縮貯蔵弾性率

E_2：制振材の伸縮貯蔵弾性率　$H = h_2/h_1$

h_1：パネルの厚み　h_2：制振材の厚み

図４　実施に適用される制振材料の構造（拘束型と非拘束型）

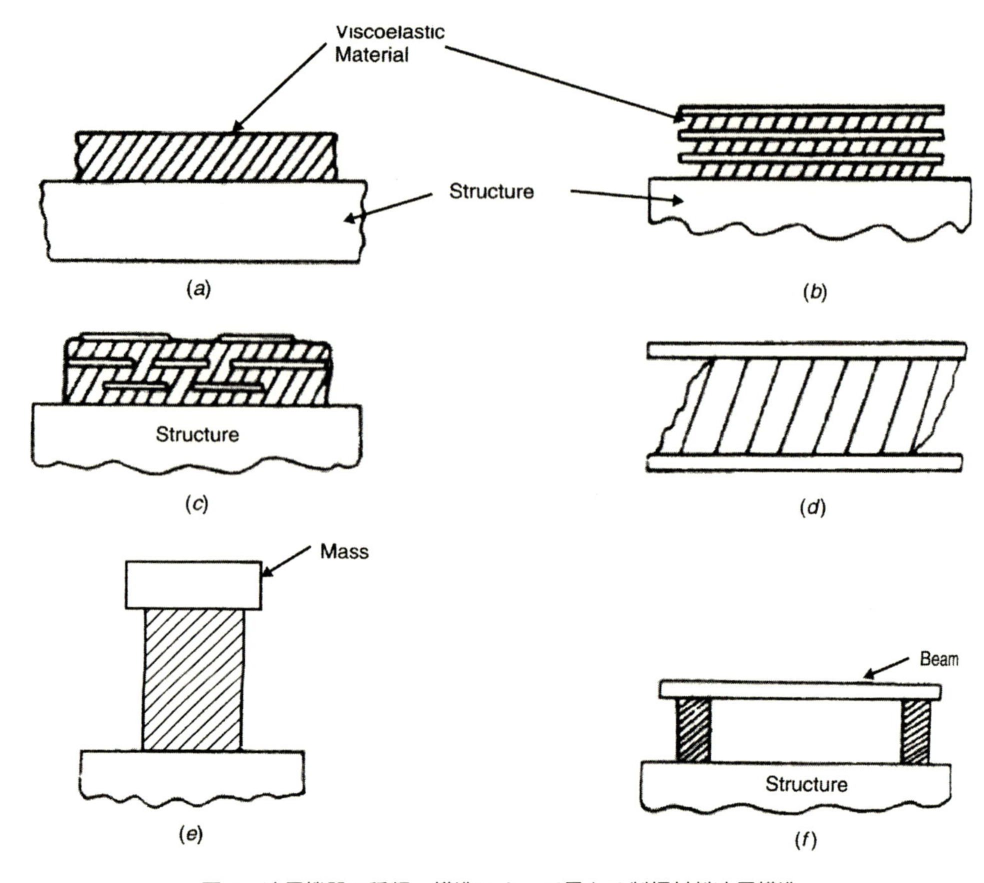

図5　適用機器の種類，構造によって異なる制振材料適用構造

ては使用できるものとして挙げられる。当然構造によって実際の制振効果に差が出てくる。例えば，図6に示すように拘束型の方が非拘束型より損失係数の最大値が高温側シフトしている例を挙げることが出来る。

表５　適用目的で異なる制振材料の構造と選択[1)]

メカニズム	タイプ	構成	備考
熱エネルギー変換	非拘束	制振材料 接着剤，粘着剤または熱融着 基板	（制振材料の種類） ゴム系，樹脂系，ゴムアスファルト系，塗料系，鉛，フォーム系
		磁性材料 基板	（磁性材料の種類） 磁石，磁性ゴム，プラマグ
	拘束	拘束板 制振層 接着剤 基板	（制振層） ゴム系，樹脂系，ゴムアスファルト系，フォーム系
		拘束板 磁性材料 基板	（磁性材料の種類） 磁性ゴム，プラマグ
		拘束板 制振層 ハニカム 基板 接着剤または粘着剤	（制振層） ゴム系，樹脂系，ゴムアスファルト系
	粉体	粒体 基板	（粒体の種類） 乾燥砂，バラスト
	固体フリクション	基板と伝搬速度の異なる材料 基板	異種材料の複合
位相変換	動吸振（パッシブ）	m M 動吸振器 基板	（動吸振器のばね） ゴム系，フォーム系，コイルばね系
	動吸振（アクティブ制御）	動吸振器＋アクティブ制御	

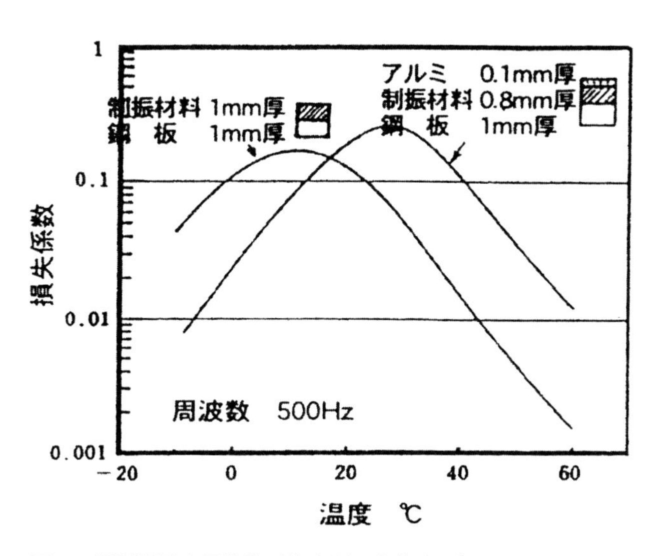

図６　制振材料適用構造（拘束型，非拘束型）による制振特性

3 電気電子機器，OA 機器，その他機器と制振材料による振動抑制技術

3.1 家電製品

家電製品はわれわれとって日常生活の中で最も身近に騒音を感じる対象であり，関心の高い製品である。そこで使用される家電製品は，冷蔵庫，洗濯機，掃除機，エアコン等多種類の機器が挙げられる。その振動要因を表6に示すが，その原因は，モーター駆動音，ベルト，配管，ファン送風音，給水配管音等振動，騒音からの振動，騒音が多い。その中の代表的な振動騒音対策について示したい。

電気掃除機は，家電製品の中では，電気洗濯機とともに最も振動騒音の大きな商品の一つである。そこで活躍しているのが，図7に示すサイクロン分離装置を備えた掃除機である。

図7の中の29が硬度20～90の軟質ゴム，エラストマー系の制振材である。ここでは，ユニット流入口40から入った含塵空気を円筒部33にそって回転させながらごみを分離する旋回部29と円筒部33に設けられた開口部48を形成する29aから構成されており，48を介して旋回部29を通過することにより塵を除去する際の振動をこの制振材で大きく緩和することが出来る構造となっている。この掃除機の振動，騒音減衰に最も効果の高い集塵機構の工夫が重要となる。電気掃除機は，モーターの回転数が高く3,000～3,600回転と高く，周波数は，8枚羽根4,000～4,800 Hzにもなるのでこの制振材料の役割は大きい。

図8は，電気洗濯機の代表的な構造を示すが，家電製品の中では振動対策の宝庫と言われるほどいろいろな問題が含まれている[4)]。その中でも最も大切なことは，モーターの回転数と電磁力による騒音対策と本体構造の設計であると言われている。

最も重要なことは，電磁力と構造体の振動とが共振しないようにバランスをとることだと言われており，最近は，ハウジング材料をプラスチックス製にしたり絶縁材料もプラスチックスに変更したりして振動吸収を図っている。もちろん全体の支持は防振ゴムで行い全体的な振動減衰についても考慮されている。

表6 代表的な家電製品，OA 機器の振動，騒音原因の解析と振動，騒音対策

種類	振動，騒音発生源と特徴	主な振動，騒音対策（制振材，防振ゴム）
電気掃除機	モーター電磁音，脈動音，送風音，ノズル音	モーター電磁音，送風音，ノズル音 500～5,000 Hz
電気洗濯機	電磁音，脈動音，水流，水切音，脱水音	脱水音，送水音，モーター音ベルト，クラッチ，外箱，脱水配管，バルブ
冷蔵庫	電磁音，圧縮器，送風音，脈動音	脈動音，電磁音，送水音
エアコン	電磁音，送風音，圧縮音	送風機，冷媒循環音，圧縮器，熱交換機対策
パソコン	電源ユニット，シャーシー，HDD	モーター，ファン対策
複写機	電磁音，送紙音	モーター，ファン対策

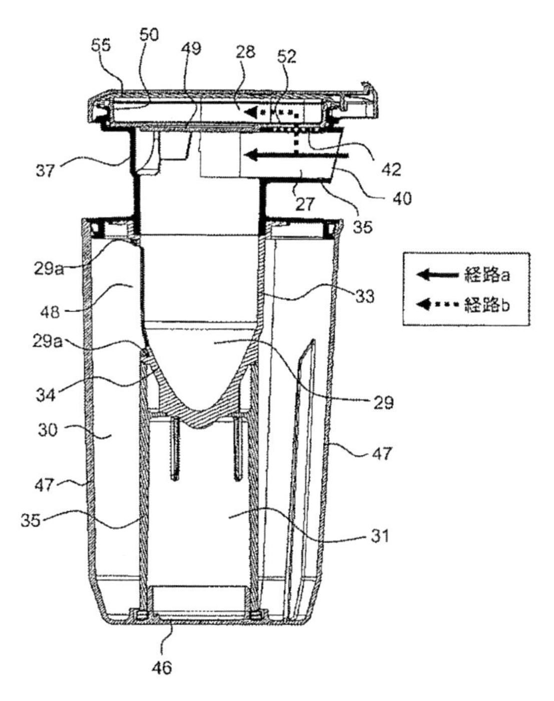

図７　電気掃除機の振動，騒音を減衰させる制振材 29a の効果
（特開 2015-160089）
図中の 40 から入った含塵空気はその下の 29a にセットされた制振材によって集塵時に発生する騒音を大きく減衰される。

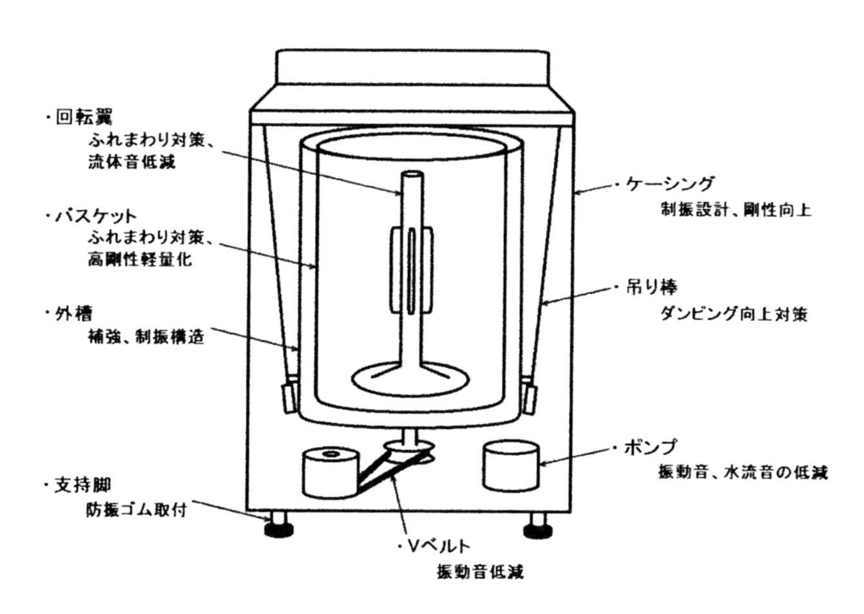

図８　電気洗濯機の制振材料の設置個所

図9は，エアコンの構造と制振材に取り付けの状態を示している[5)]。騒音源として最も注意するところは圧縮器と配管の振動であり，防振材の支持，低コストゴム系制振材の取り付け，送風機，ファン，ギヤー等のプラスチック化等が行われている。

図10は冷蔵庫用での制振材の適用を示すが，エアコンと同じく圧縮機。配管，構造体全体の断熱効果と振動減衰効果を目的として制振材料が使われている[6)]。

家電製品のその他対策例として図11，図12に，TVケーシングのPU制振材料によるびびり音の低減効果，圧縮器のギヤー構造への制振製樹脂を使用したギヤー構造の例を示しておきたい。

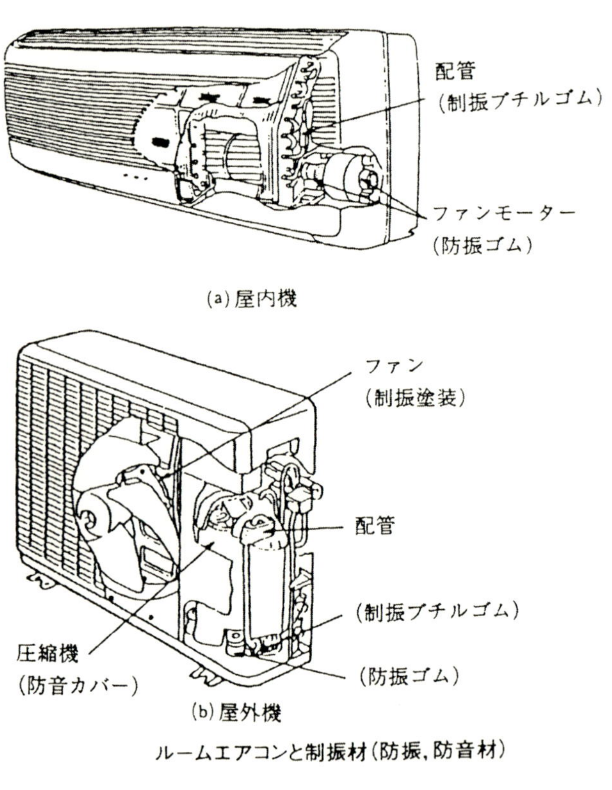

ルームエアコンと制振材(防振，防音材)

図9　エアコン用制振材

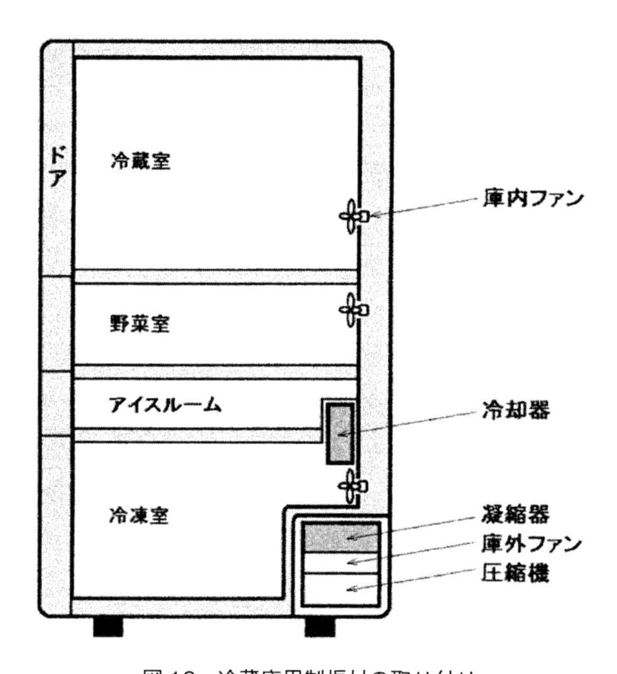

図10　冷蔵庫用制振材の取り付け
構造体外側，圧縮機，配管カバー等への制振材，基礎防振材取り付け

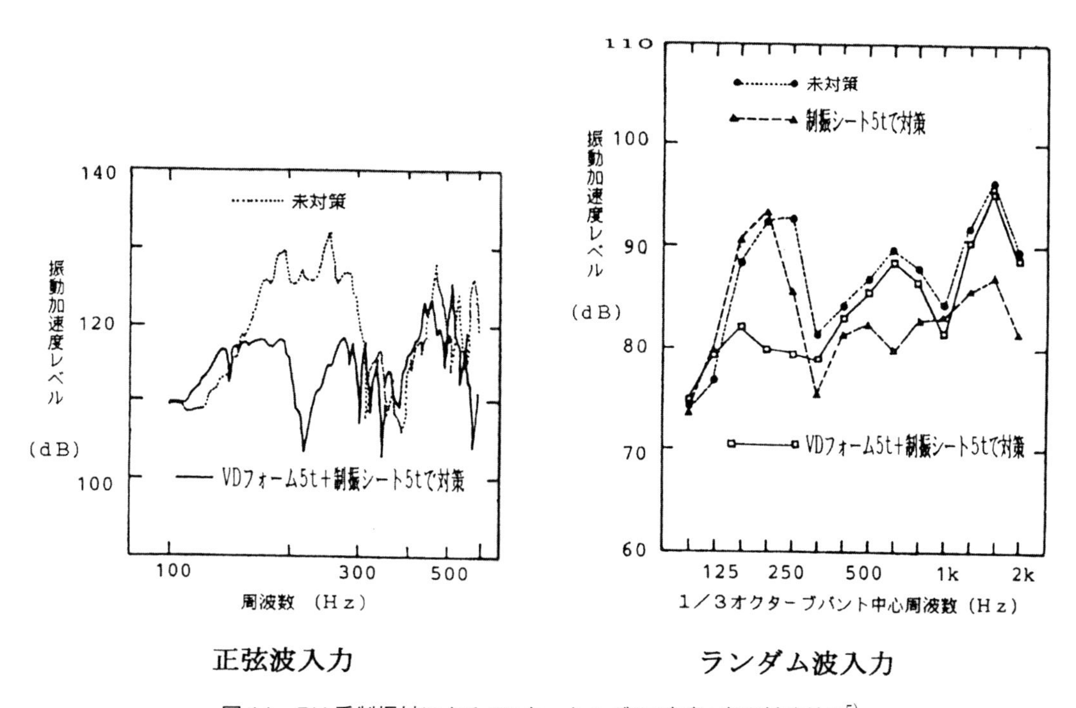

図11　PU系制振材によるTVケーシングのびびり音の低減効果[5)]

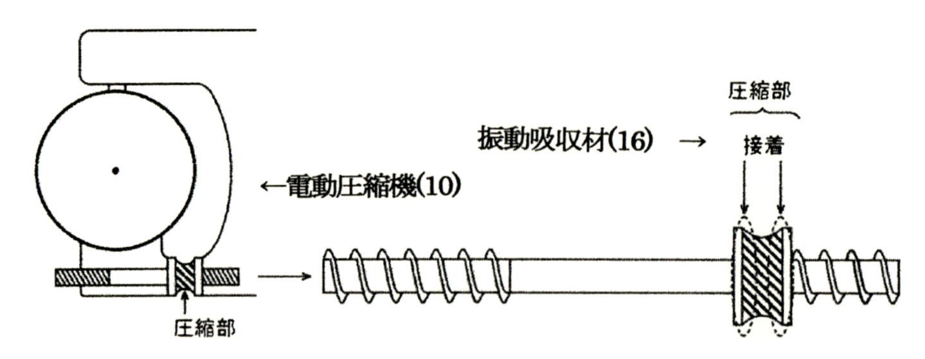

図12　電気電子機器等に使用される電動圧縮機に使用される制振構造
（特開2013-11178）
内蔵電動モータにより駆動される電動圧縮機（10）を，一方側の連結部と他方側の連結部において，エンジンケーシング（E'）に取付ける電動圧縮機（10）の取付け構造において，前記一方側の連結部は，少なくとも回転自在に前記電動圧縮機と前記エンジンケーシングとの間を連結し，前記他方側の連結部は，振動吸収材（16）を介在させて前記電動圧縮機（10）と前記エンジンケーシング（E'）との間を連結させたことを特徴とする。

3.2　OA機器，その他情報機器

最近のOA機器，情報機器等は，次第に高速，高精度化が要求され振動周波数の上昇，振幅の微細化が進んできて機器構造体，部品の一つ一つに対する要求性能が上がってきている。情報機器類の振動問題が議論されているが，磁気ディスク，光ディスク，電子写真カラープリンターの記録密度（ドット）を向上させるための競合が激しくなってきている。図13にこれら機器の実用時の各種情報機器にかかる周波数と振幅を示す[7]。その中の図14には，IBMで造られた磁気デスク装置を示すが，記録密度が300Gビット／1 m^2 を超え，トラックビットが100 nmになっており，要求されるヘッド位置決めは10 nm近くになってきている。またディスク回転速度の高速化も進んでおり，15,000 rpmのものも登場してきてている。

その他の例として，光ディスク（CD，DVD）の例を見ると図15に代表例を示すが，光ピックアップヘッドのトラッキング位置決め許容差が厳しくなりCDでは0.1 μm であったのがDVDでは，0.01 μm まで向上してきている（表7）[7]。

これら高性能情報機器の振動減衰には，シリコーンゲル，高性能IPN制振材等の高分子制振材料単独では難しく機器構造体自身の振動減衰対策とセミアクテイブ方式，アクテイブ方式の活用，その他電動機，送風機，ギヤー機構等総合的な対策を必要とする。高分子材料を使用したセミアクテイブ制振系は，ポリフッ化ビニリデン（PVDF），ビニリデンフルオライド／トリフロロエチレン（VDF／TrFE）等の圧電素子が効果的に使用されるが，これらセミアクティブタイプとアクティブタイプで対応するとより効果的である。しかし，コスト面での厳しさはまぬがれない。

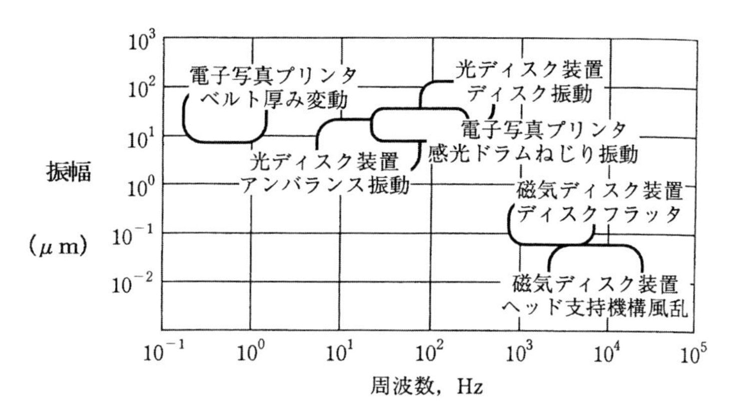

図13　各種情報機器の振動周波数と振幅の現状

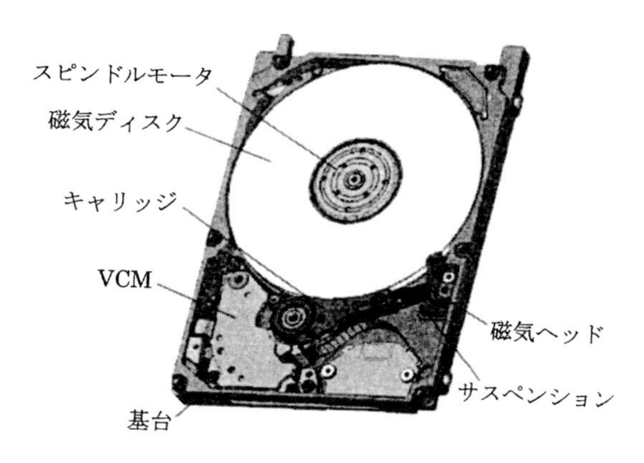

図14　磁気ディスク装置の構造

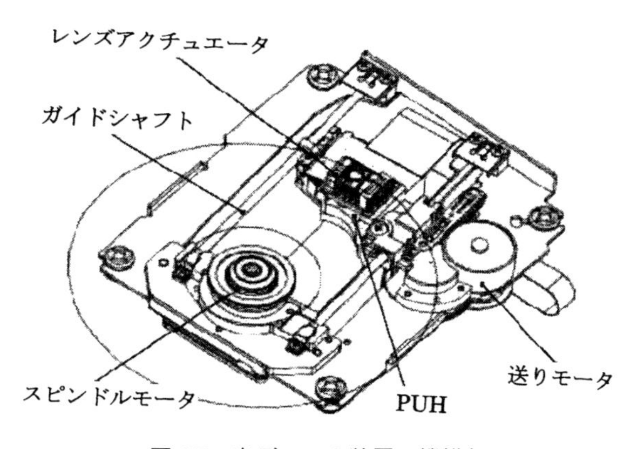

図15　光ディスク装置の機構部

表7　光ディスクの性能比較表

	CD-ROM	DVD-ROM	BD-ROM
容量，GB	0.78	4.7（1層）	23.3/25（1層）
基板厚，mm	1.2	0.6	0.1
波長，nm	780	650	405
対物レンズ開口数	0.45	0.6	0.85
トラックピッチ，μm	1.6	0.74	0.32

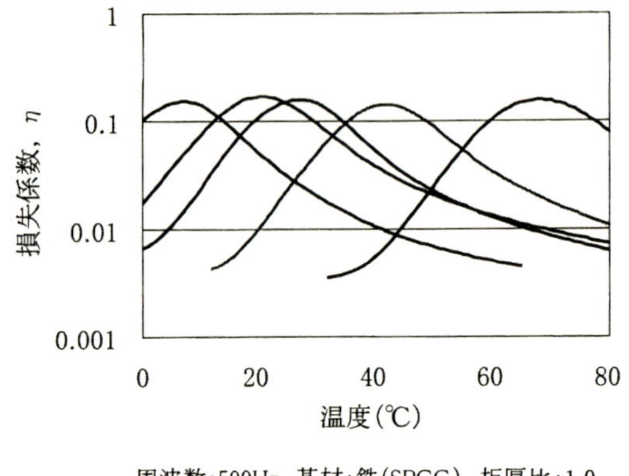

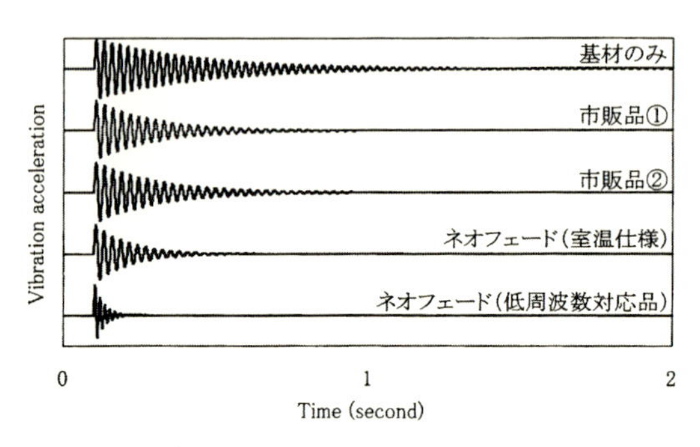

図16　用途に応じた損失係数温度特性をそろえた製品（ネオフィード）の特性例

最近は，同一分子構造の高分子系制振材料でありながら，構成する分子モノマーの分子構造及び重合比の調整により，目的に適応した温度でピーク（ガラス転移温度）を示す品揃えを行う体制も取られている（図16）[8]。

制振材料に使用されるベースポリマーは，ゴム，エラストマー，ゴムアス，官能基変性ゴムアス，ポリマーアロイ系，シリコーン系[9]が多いがエポキシ樹脂系，アクリルゴム系，PU系，合成樹脂ラテックス，ゴムラテックス等を使用した制振材も実用化されており，電子電機機器，OA機器，情報機器用として使われているものも多い。これらの中の一例を図17[10]に示す。

シリコーン系ポリマーは高価であるが，少量の使用量で使えば，－100～180℃の広範囲でフラットな損失係数の温度特性を生かしてステッピングモーター等に使用することが出来る（図18）[9]。

また，厳密には，制振材料の応用面に入れるべきではないかもしれないが，この分野で活躍している精度の高い振動減衰技術として精密除振台がある（図19）[9]。これは，空気バネと高制振機構を備え，微小変位を検知するセンサーを備えた構造を有し，半導体製造装置，高精度電子顕

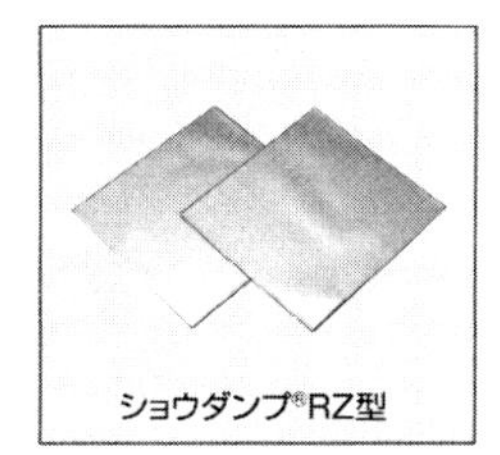

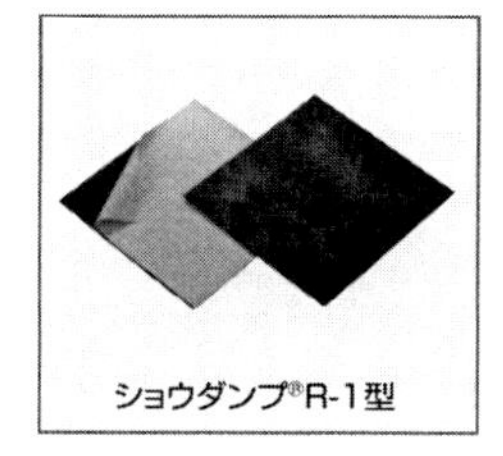

区　分	製品名	主材料	標準寸法　(mm)	接着方法	規格取得履歴
シート型製品	ショウダンプ®RZ-1410	アルミ箔付き合成ゴム	1000×600×t1.5	自己粘着	鉄道車両用材料燃焼試験不燃取得品
	ショウダンプ®R-1	合成ゴム系	810×970×t3	感圧式 接着処理品	—
	ショウダンプ®R-3	合成ゴムおよび特殊合成樹脂	1000×1000×t2, t3		UL94V-0取得
塗布型製品	ショウダンプ®NH-1	エポキシ系樹脂(二液性)	主剤　10kg缶入 硬化剤　5kg缶入	接着	国土交通省(JG) 旧「難燃性表面床張り材」 東海検第55号
塗布型製品 (防火対応)	ショウダンプ®NH-2	エポキシ系樹脂(二液性)	主剤　10kg缶入 硬化剤　5kg缶入	接着	国土交通省　表面燃焼性試験 (FTP code Part5) 表面仕上材 型式承認番号　第F-249号
		ガラスクロスおよび金属箔	幅1m×10m×7mm	接着	

製品一覧

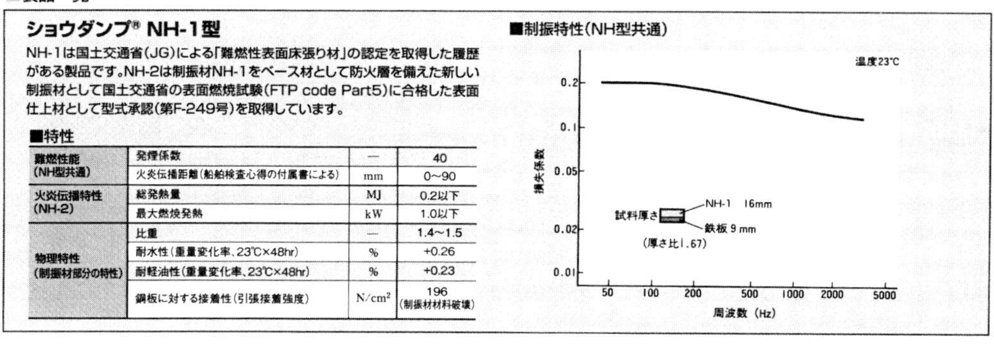

ショウダンプ® NH-1型

NH-1は国土交通省(JG)による「難燃性表面床張り材」の認定を取得した履歴がある製品です。NH-2は制振材NH-1をベース材として防火層を備えた新しい制振材として国土交通省の表面燃焼試験(FTP code Part5)に合格した表面仕上材として型式承認(第F-249号)を取得しています。

■特性

難燃性能 (NH型共通)	発煙係数	—	40
	火炎伝播距離(船舶検査心得の付属書による)	mm	0~90
火炎伝播特性 (NH-2)	総発熱量	MJ	0.2以下
	最大燃焼発熱	kW	1.0以下
物理特性 (制振材部分の特性)	比重	—	1.4~1.5
	耐水性(重量変化率、23℃×48hr)	%	+0.26
	耐軽油性(重量変化率、23℃×48hr)	%	+0.23
	鋼板に対する接着性(引張接着強度)	N/cm²	196 (制振材材料破壊)

図17　各種ポリマー材料による制振材の種類と特性[10]

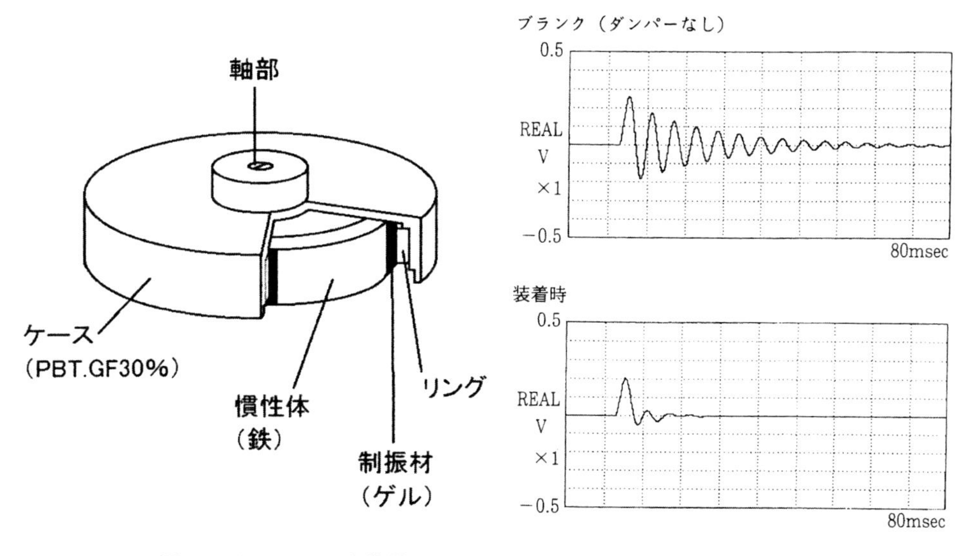

図18　シリコーンを使用したステッピングモーターと振動減衰特性

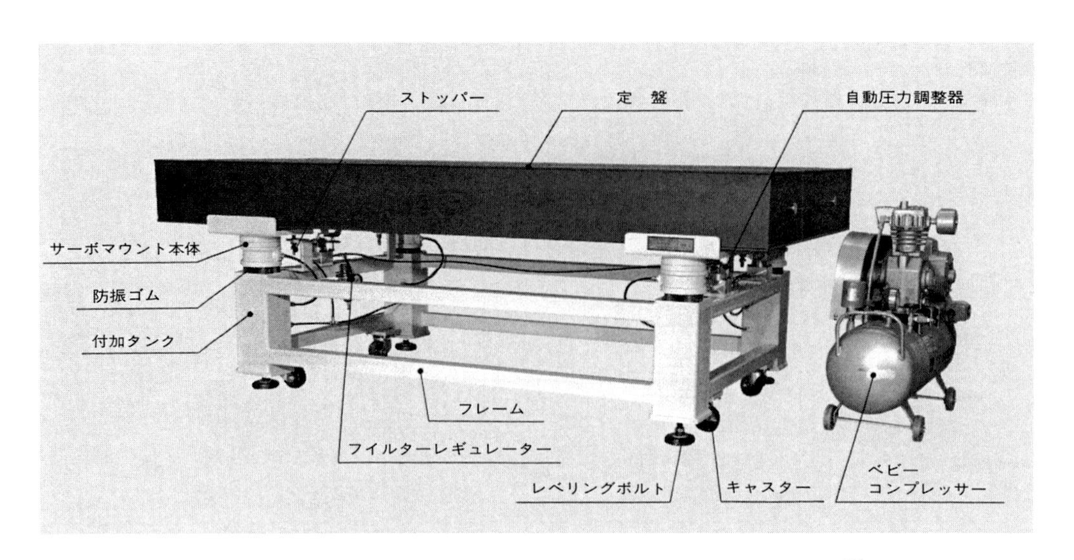

図19　情報機器，精密機器等の微振動対策で活躍する精密除振台[10)]

微鏡測定装置，三次元測定装置等に使用されている。更に，レーザーで検知した微小変位をアクチュエーターで逆変位を与えて微振動を制御するエレクトロダンプ等も使用されている[10)]。

これらとともに，ラバーブッシュ，全プラスチックス防振材，ステッピング用防振材は特に電気電子機器，OA機器，情報機器の振動減衰材として大きく貢献しているのでここに示しておきたい（図20）[10)]。

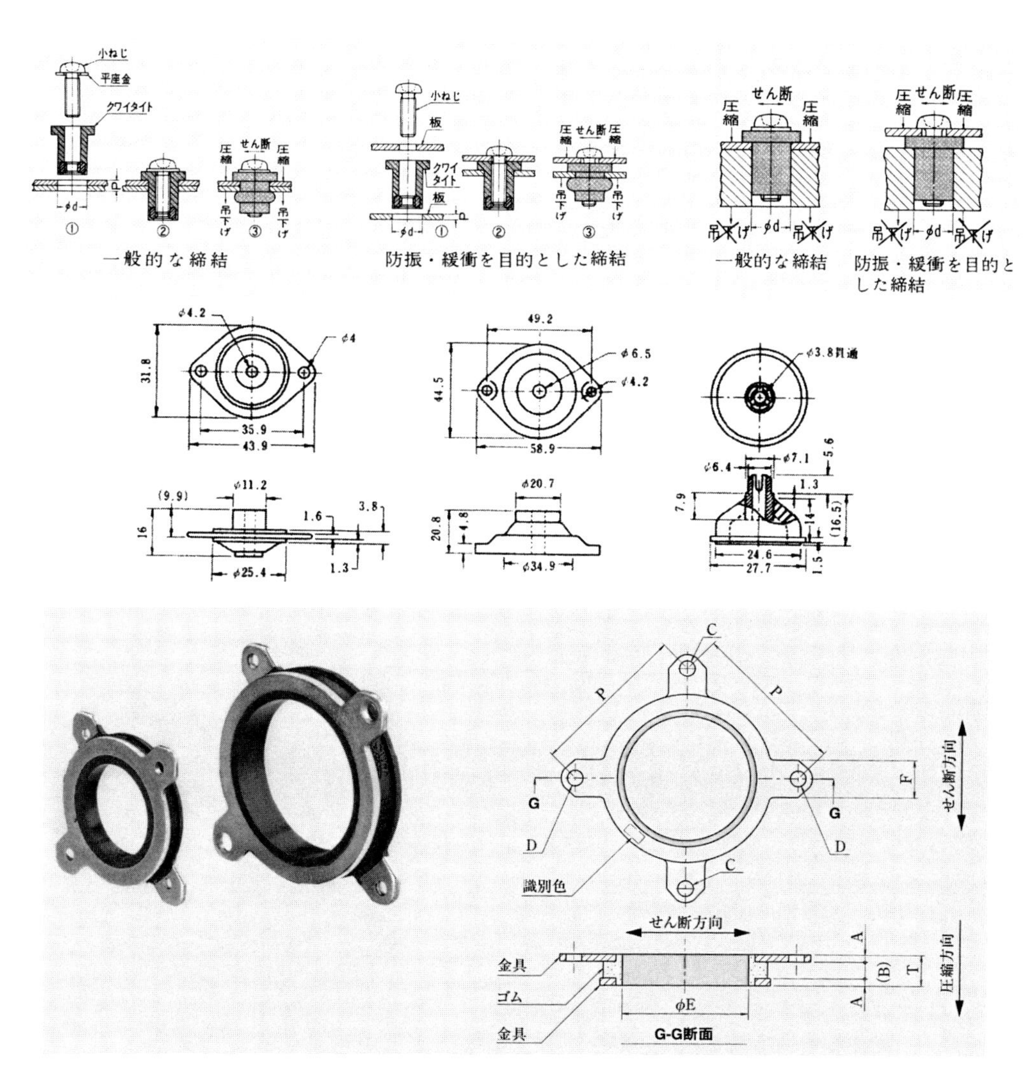

図20　電気電子機器，情報機器の微振動対策で活躍する振動減衰材，防振材[10)]
（上）クワイタイト（簡易取り付け），（中）全プラスチック型，ステッピングモーター用）

3.3 おわりに

最後に，電気電子機器，OA機器，情報産業を中心とした応用分野は，難燃性が要求され，難燃性と振動減衰性に優れた制振材の開発が要求される。適用する難燃性は，表8，図21，図22に示す電気用品取締法，UL94垂直燃焼試験，IEC60335（グローワイヤー試験）に合格することが義務づけられている[11]。そのため，表9に示すような各種難燃系を使用し，表10に示す難燃化技術によって要求される難燃性をクリアーしなければならない[11]。最近の制振材料は，建築用，自動車用，車両用，船舶用等ほとんどの応用分野でこの難燃性規格が制定されており，それぞれ建築基準法，FMVS303，JR規格，船舶防火構造規格に合格することが義務づけられている。

表8　難燃性制振材に適用される難燃性規格の電気用品安全法

項目	電気用品安全法（電安法）	電気用品取締法（従来）
認証マーク	特定電気製品 認定，承認検査機関マーク，製造業者名，定格電圧，定格消費電力及び下記マークを表示。 （対象品） 電気温水器，電気ポンプ，電気便座，電気マッサージ，直流電源装置 その他電気用品 同上項目記載，下記マークを表示。 （対象品） テレビ，ラジオ，ビデオテープレコーダー（VTR），リチウムイオン電池，白熱電球等	平成19年安全法の改正により従来の電取法による標示PSEマーク製品は，そのまま使用することが可能になった。 （従来は，期限を設けて使用可能であったが改正された）
認証機関	日本政府公認の第三者認定機関	日本政府承認
対象品目	112項目	165項目
不具合発生による罰則	許可認定マーク標示禁止，不具合品回収	型式停止，業務停止
罰則	罰金：10万円～1億円	罰金：3万円～35万円

〔注〕1）電安法への改正は，2001年4月より実施。
2）電安法規格は，IEC規格をほぼそのまま適用し，UL規格とも強調。
3）対象電圧は，100V以上，300V以下（電線は600V以下）
4）2016年1月，技術進歩，発生事故例を基にして新製品へのより柔軟な対応を可能にする性能規定化を見直し，電気用品の安全原則のみを規定する内容に修正。従来の具体的な材料，数値，試験法は変更なし。
技術基準の中で省令としていた次の二つの項目を正式に基準に改正。
（1）日本独自の技術基準
（2）国際規格に準拠し日本独自の考え方を追加した基準（一般にIEC規格）

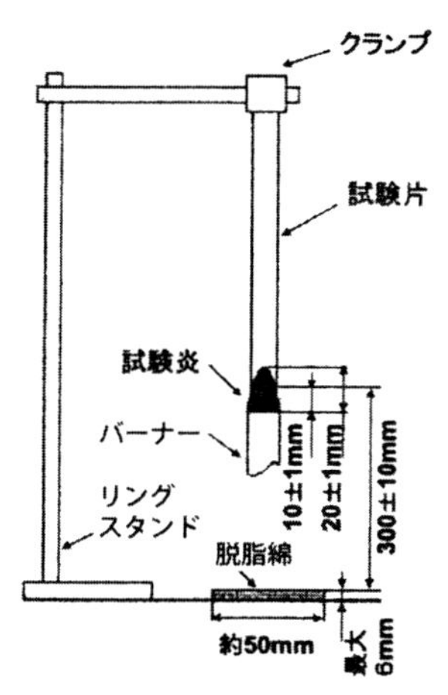

判定基準	V-0	V-1	V-2
各試験片の残炎時間（t_1またはt_2）	≦10秒	≦10秒	≦10秒
コンディショニング条件ごとの1組の試験片の合計残炎時間（5本の試験片のt_1+t_2）	≦50秒	≦250秒	≦250秒
第2回の接炎後の各試験片の残炎時間及び残じん時間の合計（t_2+t_3）	≦30秒	≦60秒	≦60秒
クランプまで達する残炎または残じん	なし	なし	なし
燃焼物または落下物による脱脂綿の着火	なし	なし	あり

図21　難燃性制振材に適用されるUL94垂直燃焼試験規格

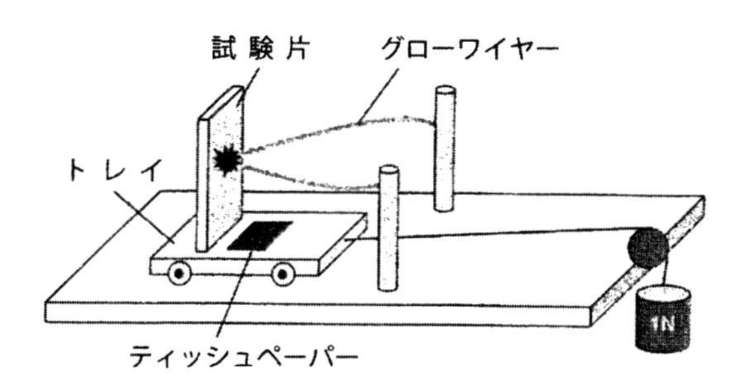

項　目	製品GWT	GWF1（燃焼性）	GWFT（着火温度）
IEC規格	60695-2-11	60695-2-12	60695-2-13
サンプル	製品	試験片	試験片
判定　接棒中	30秒以内に消火	（無関係）	発炎5秒以内
離脱後	ティッシュ着火なし	30秒以内に消火	（無関係）
備考	〔注〕1)		〔注〕2)

〔注〕1) IEC60335-1では、2-11に合格しても2秒以上発炎がある場合は、針炎試験でも合格する必要がある。

2) 試験温度は、＋25℃で表示

図22　難燃性制振材に適用されるグローワイヤー燃焼試験規格

表9　難燃性制振材に使用される各種難燃剤

特性	臭素系	リン系＋窒素系 (IFR)[1]	リン酸エステル系	ホスフィン酸金属塩系	水和金属化合物系	ナノコンポジット系
代表的な化合物	脂肪族，芳香族系化合物＋Sb_2O_3	APP＋窒素化合物＋炭素供給剤[2]	モノマー型，縮合型リン酸エステル	ホスフィン酸金属塩（リン系）	水酸化アルミニウム，水酸化マグネシウム	MMT[3]，CNT，シリカ
難燃効率	高	高	中～高	中～高	低	中
電気特性	良～優	可～良	良	良～優	良～優	良～優
耐水性	良～優	可～良	良	良～優	良～優	優
金型汚染	中～大	中	中	中	中	中
成形加工性	良	良	優	良	可	可
コスト	中	中～高	中～高	高	低	中～高
リサイクル性	優	良	良	良	良	良
耐熱劣化性（寿命）	良～優	良	良	良～優	良	良

〔注〕[1] IFR（Intumescent Flame Retardants）の略，発泡チャーを生成する難燃剤
[2] APP（ポリリン酸アンモニウム），窒素化合物（発泡剤），炭素供給剤（PER- ペンタエリスリトール）
[3] MMT（モンモリロナイト），CNT（カーボンナノチューブ）

表10　難燃性制振材に適用される代表的な難燃化技術

難燃機構	現在実用化されている難燃剤（特徴）	今後の開発テーマ
気相	ハロゲン系（臭素，塩素） Sb_2O_3との併用（相乗効果） （気相で効果が高い） リン系難燃剤 （リン酸エステル，赤リン，APP，ホスフィン酸金属塩，ホスフィン酸エステル） （気相で効果が低い） 無機系難燃剤 水和金属化合物（$Al(OH)_3$，$Mg(OH)_2$） （難燃効果が低い） ヒンダートアミン化合物 （難燃効果が低い） 窒素系化合物 メラミン化合物（難燃効果が低い）	・新規相乗効果系 ・ラジカルトラップ効果の高い難燃剤 ・気相で効果の高いリン化合物 例：環状構造リン酸エステル ・微粒子ナノタイプ ・新規表面処理タイプ ・難燃効率の高い分子構造 ・窒素－リン複合型 （Intumescent 系）
固相	リン系難燃剤 （リン酸エステル，赤リン，APP，ホスフィン酸金属塩，ホスフィン酸エステル） （固相での難燃効果が高い） Intumescent 系（APP＋発泡剤＋炭素供給ソース） （発泡チャー生成により固相での難燃効果が高い） 無機系難燃剤 水和金属化合物（$Al(OH)_3$，$Mg(OH)_2$），難燃助剤として赤リン，シリコーン，芳香族系樹脂等 （助剤の効果により難燃効果が向上）	・P　含有量の高い分子構造 ・同一分子内　P-N-Br 含有構造（多原子導入型） ・難燃助剤の開発 相乗効果を示すチャー生成促進剤併用系の開発 ・新規表面処理，ナノタイプ ・新規難燃助剤の開発 新規リン化合物，アゾアルカン化合物，新規表面処理ナノフィラー

文　　献

1）平野陽三：振動，騒音防止技術と装置辞典，産調出版センター（2003）
2）CSA　Engineering Inc Visocelatic Materials Characterization, CSA Eng Inc HP
3）Malcolm　J Cracker：Noise and Viblation Control, ThomWiley&Son Inc (2007)
4）鈴木晃平：振動を制する，オーム社（1997）
5）西澤仁：高分子制振材料の応用製品との最新動向，シーエムシー出版（2009）
6）一宮亮一：これでわかる静音化技術，丸善出版（2011）
7）久保田裕二：：機械の研究，61，No.1 (2009)
8）芳仲聡：Materials Stage, 7, No.5 (2007)
9）豊島直和：Material Stage, 25, No.2 (2004)
10）昭和電線ケーブルシステムズ，昭和サイエンス　防振，制振，免震技術資料（2017）
11）西澤仁：Material Stage, 16, No.8 (2016)
12）西澤仁：難燃学入門（監修 BSEF ジャパン，北野武），化学工業日報社（2016）

〈第Ⅳ編〉
注目される高分子制振材料

第9章　アスファルト系制振遮音材について

細川晃平*

1　はじめに

集合住宅や二世帯住宅など一棟の建物内で複数人が生活している場合，騒音対策は重要な課題である。ライフスタイルが多種多様になっている現代においては，その重要さはより増している。住宅内での具体的な騒音としては，上階での歩行や落下物による床衝撃音，隣室からの話し声などの空気音が挙げられる。本稿では，当社が開発したアスファルト系制振遮音材による騒音対策効果について，住宅向け制振遮音材の評価方法に準拠して評価した結果について紹介する。

2　アスファルト系制振遮音材について

アスファルト系制振遮音材は，図1に示すように面材・アスファルト合材・面材の3層構造であり，基本仕様は表1の通りである。一般的に，アスファルトと言えばバインダー特性を活かした道路舗装としての利用や，不透水性を活かした防水材料としての利用を想像し，制振材としての利用は想像しにくいかもしれないが，アスファルト複合系において優れた防音効果を有することが報告されている[1)]。

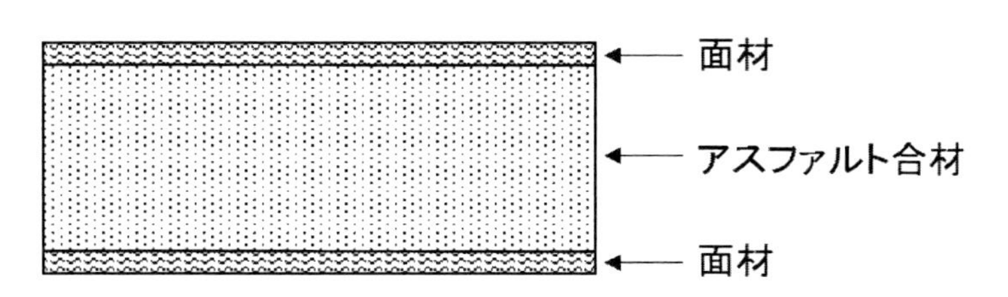

図1　アスファルト系制振遮音材の構成

表1　アスファルト系制振遮音材の基本仕様

使用アスファルト	比重	厚さ（mm）	幅（mm）	長手（mm）
ブローンアスファルト	2.0～2.8	3.0～10.0	455～1000	910～1000
改質アスファルト	2.0～3.0	1.5～5.0	910～1000	910～1000

＊ Kohei Hosokawa　七王工業㈱　技術部　研究開発課　主任

2.1 構成材料

2.1.1 アスファルト合材

アスファルト合材は，高比重体である酸化鉄などの粉体とアスファルトの混練によって得られる。アスファルトの種類によって制振遮音材の硬さを変えることが可能であり，ブローンアスファルト（ストレートアスファルトを酸化重合したアスファルト）を用いると硬い制振遮音材が，改質アスファルト（ストレートアスファルトをスチレン・ブタジエン・スチレンの添加によって改質したアスファルト）を用いると軟らかい制振遮音材が得られる。酸化鉄などの粉体の配合割合によって，得られる制振遮音材の比重を調整することが可能であり，通常はアスファルト100重量部に対し，粉体は500～700重量部の割合である。

2.1.2 面材

面材はアスファルト合材の成形および補強目的で使用する。通常は，ポリエステルやポリプロピレンなどのスパンボンド不織布を用いるが，例えば吸音効果を付与したい場合はロックウールやグラスウール，短繊維不織布などを用いることも可能である。

2.2 特徴

アスファルトの材料特性として，「防水性」「電気絶縁性」「難燃性」などの特性を付与することが可能である。また，RoHS10物質に対応した製品である。

2.3 ダンパとしての利用

図1に示したアスファルト系制振遮音材の片面または両面に，拘束板を張り合わせることでダンパとして利用できる。ダンパは，図2に示すように床下地や床根太に固定することで，床衝撃音遮音性能向上のための振動抑制器として利用できる。その際，床固有振動数を考慮し，任意の周波数で効果を発現できるようにダンパを調整する必要があるが，拘束板／アスファルト系制振遮音材で構成される本ダンパは，寸法や質量，剛性を変化させることで固有振動数を変化させることが可能であることが実験的に示されている[2~4)]。

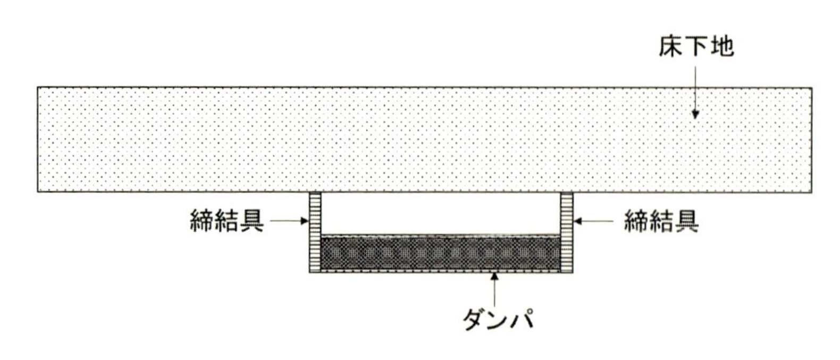

図2　ダンパの床衝撃音対策への利用

3　住宅向け制振遮音材の規定や評価の現状について

住宅向け制振遮音材は，床衝撃音遮音性能（L値）や空間音圧レベル差（D値）で評価される[5)]。本稿では，床衝撃音対策としてアスファルト系制振遮音材およびダンパを用いた結果を紹介する。

床衝撃音は，例えば，スリッパでパタパタと歩くようなときに発生する軽量床衝撃音と，子供が飛び跳ねたようなときに発生する重量床衝撃音に大別される。軽量床衝撃音は，例えば，カーペットを敷くなど床表面を軟らかくすることで比較的容易に対策可能であるが，重量床衝撃音はそのような対策が困難である。しかし，本稿で紹介するアスファルト系制振遮音材は重量床衝撃音対策に効果的である。重量床衝撃音は，実務的には「JIS A 1418-2 建築物の床衝撃音遮断性能の評価方法—第2部：標準重量衝撃源による方法」で測定される。

4　試験方法

4.1　アスファルト系制振遮音材による重量床衝撃音対策

環境試験室内に建てられた2階建木造物件（在来工法）において，2階床（構造用合板28 mm厚，面積3600×3600 mm）に，試験Ⅰとして，アスファルト系制振遮音材（寸法455×910×厚6.0 mm，比重2.6）を一面に敷き詰め，カラーフローリング12 mm厚を303 mmピッチでビス固定し（図3），重量床衝撃音レベルを測定した（写真1）。さらに，試験Ⅱとしてアスファルト系制振遮音材を敷き詰める際に両面テープで固定した場合を測定し，測定試験Ⅰの測定結果と比較することで，アスファルト系制振遮音材固定による影響を確認した。

4.2　アスファルト系制振遮音材を用いたダンパの固有振動数

表2にダンパ構成と仕様を示す。測定は，振動発生機（G-5230NS，振研製）上の鉄製テーブル（寸法1000×1000 mm，質量86 kg）に20 mm厚パーティクルボードをボルトで固定し，ダ

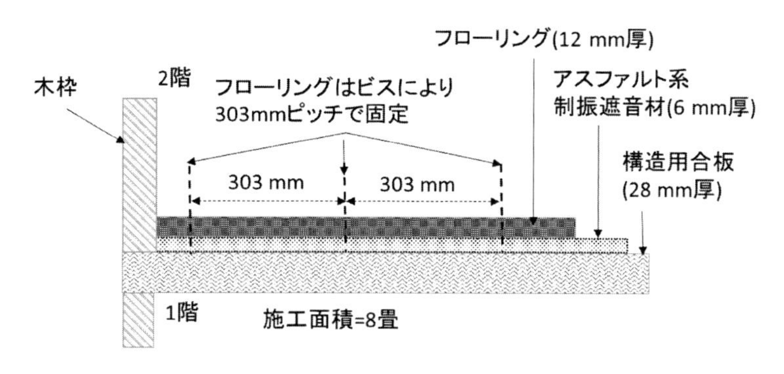

図3　アスファルト系制振遮音材の重量床衝撃音レベル測定における床構成

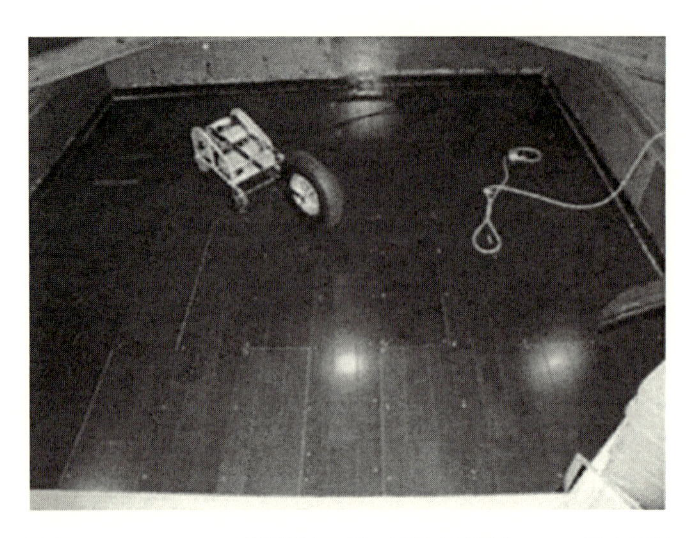

写真１　アスファルト系制振遮音材の重量床衝撃音レベル測定状況

表２　ダンパの加速度測定におけるダンパ構成

<table>
<tr><td rowspan="4">構成材料</td><td colspan="2">名称</td><td>比重</td><td>厚み</td></tr>
<tr><td colspan="2">アスファルト系制振遮音材</td><td>2.8</td><td>8.0 mm</td></tr>
<tr><td colspan="2">鉄板</td><td>7.8</td><td>0.8 mm</td></tr>
<tr><td colspan="4">接着は変成シリコーン樹脂系接着剤を使用</td></tr>
<tr><td rowspan="2">試験体</td><td>名称</td><td>構成</td><td>寸法</td><td>重量</td></tr>
<tr><td>ダンパ</td><td>制振遮音材／鉄板
２層構造</td><td>910×210×8.8 mm</td><td>5.2 kg</td></tr>
</table>

ンパ両端を角材（寸法：38×450×厚 19 mm）で挟み込み，パーティクルボード上にビスで固定した。加振条件は，加速度 0.5 G，周波数範囲 5~200 Hz の掃引サイン波，掃引速度は 1 Oct/min とし，FFT アナライザと 3 個の振動ピックアップ（Ch.1，Ch.3，Ch.4）で加速度を計測した（写真 2)。最大加速度における周波数を固有振動数とした。

4.3　ダンパによる重量床衝撃音対策

試験は，音響実験室（容積 61.6 m^3，床スラブ厚 250 mm）の開口部（寸法 2740×3650 mm）にツーバイフォー工法床（床は，床根太：210 材［455 mm 間隔］，さね付合板 15 mm 厚で構成され，独立天井は，天井根太：206 材，石膏ボード 12.5 mm 厚で構成され，天井裏にはグラスウール 50 mm［密度 24 kg/m^3］を挿入した）を施工して行った。試験Ⅲ・Ⅳとして，施工したツーバイフォー工法床の床根太に，表 3 に示すダンパ①・②を，鉄製 L 字アングルを用いて写真 3 に示すように両端固定して測定した。さらに，試験Ⅴとして鉄製 L 字アングルのみを床根太に固定した測定を行い，試験Ⅲ・Ⅳの測定結果と比較することで，アングル取り付けによる影響を確認した。

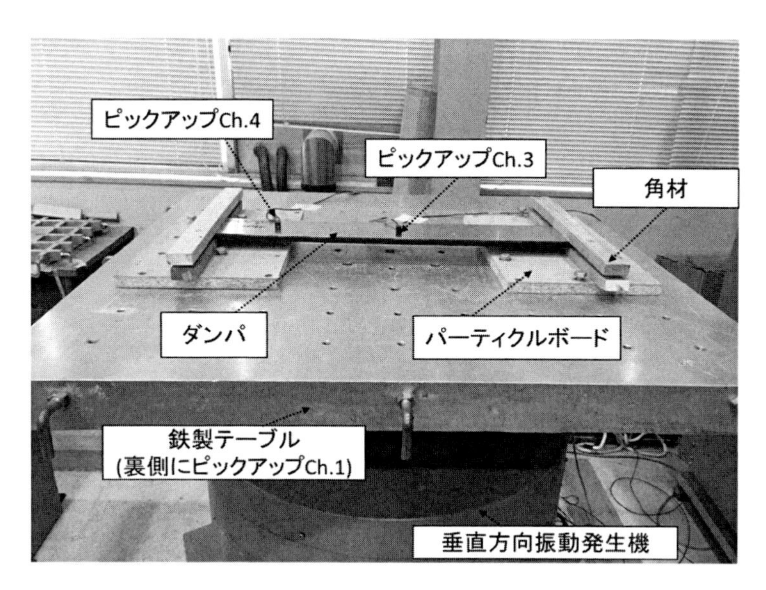

写真２　ダンパの加速度測定状況

表３　ダンパの重量床衝撃音レベル測定におけるダンパ構成

<table>
<tr><td rowspan="4">構成材料</td><td colspan="2">名称</td><td>比重</td><td>厚み</td></tr>
<tr><td colspan="2">アスファルト系制振遮音材</td><td>2.8</td><td>8.0 mm</td></tr>
<tr><td colspan="2">鉄板</td><td>7.8</td><td>0.8 mm</td></tr>
<tr><td colspan="4">接着は変成シリコーン樹脂系接着剤を使用</td></tr>
<tr><td rowspan="3">試験体</td><td>名称</td><td>構成</td><td>寸法</td><td>重量</td></tr>
<tr><td>ダンパ①</td><td>鉄板／制振遮音材／鉄板
３層構造</td><td>820×190×9.6 mm</td><td>5.2 kg</td></tr>
<tr><td>ダンパ②</td><td>制振遮音材／鉄板
２層構造</td><td>870×210×8.8 mm</td><td>5.1 kg</td></tr>
</table>

写真３　ダンパの重量床衝撃音レベル測定における固定状況

5 試験結果

5.1 アスファルト系制振遮音材による重量床衝撃音対策

図4に重量床衝撃音レベル測定結果を示す。アスファルト系制振遮音材を敷きこむことで63 Hz帯域で2.1 dB（試験Ⅰ），2.9 dB（試験Ⅱ），また，500 Hz帯域では4.1 dB（試験Ⅰ），4.3 dB（試験Ⅱ）の床衝撃音レベル低減が確認できた。試験Ⅰ，Ⅱで低減量に差があまりないことから，アスファルト系制振遮音材は，自重により下地と十分な密着性を得られていると考えられる。今回は6 mm厚制振遮音材での結果であるので，厚みを増やしていけば更なる低減が期待できる。

5.2 アスファルト系制振遮音材を用いたダンパの固有振動数

図5に加速度測定結果を示す。Ch.3は10.8 Hzで第1ピーク，80.0 Hzで第2ピークが確認でき，Ch.4は10.7 Hzで第1ピーク，78.8 Hzで第2ピークが確認できた。ほぼ同じ周波数でピークが確認できたので，このダンパの固有振動は10.8 Hz（1次固有振動数），80.0 Hz（2次固有振動数）とした。追加試験として，同じ構成の試験体で寸法（全長，幅，制振材厚み，鉄板厚み）と重量を変化させた試験体を作製し，同様に固有振動数を求めたところ1次固有振動数は10.8~71.2 Hzの範囲で調整できることが確認できた。

5.3 ダンパによる重量床衝撃音対策

図6に重量床衝撃音レベル測定結果を示す。試験Ⅳでは，制振遮音材無しの場合と比較すると，63 Hz帯域で5 dB以上の床衝撃音レベルの低減が確認でき，試験Ⅲと比較しても4 dB以上の低

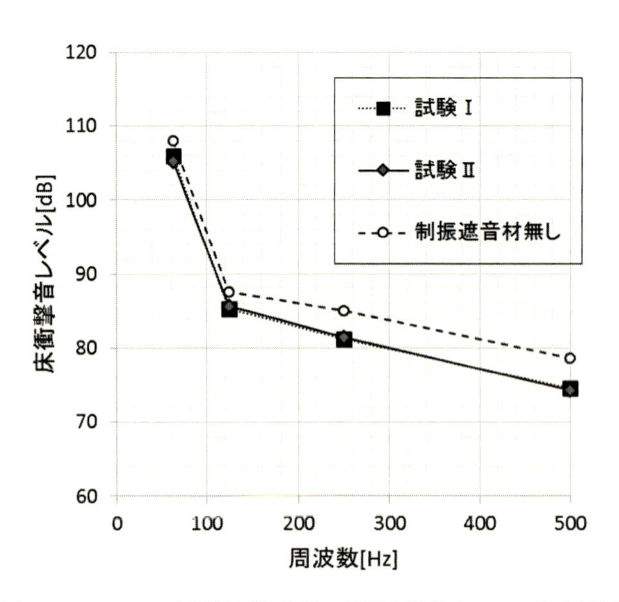

図4 アスファルト系制振遮音材の重量床衝撃音レベル測定結果

減が確認できた。また，試験Ⅴの結果では，ほとんど低減効果が得られておらず，根太間の鉄製L字アングルは床衝撃音レベル低減に影響をほぼ与えていないと判断できる。ダンパ①，②の重量が同等であることを考えると，試験Ⅳにおける床衝撃音レベル低減は質量効果ではなく，制振効果によるものと推測できる。

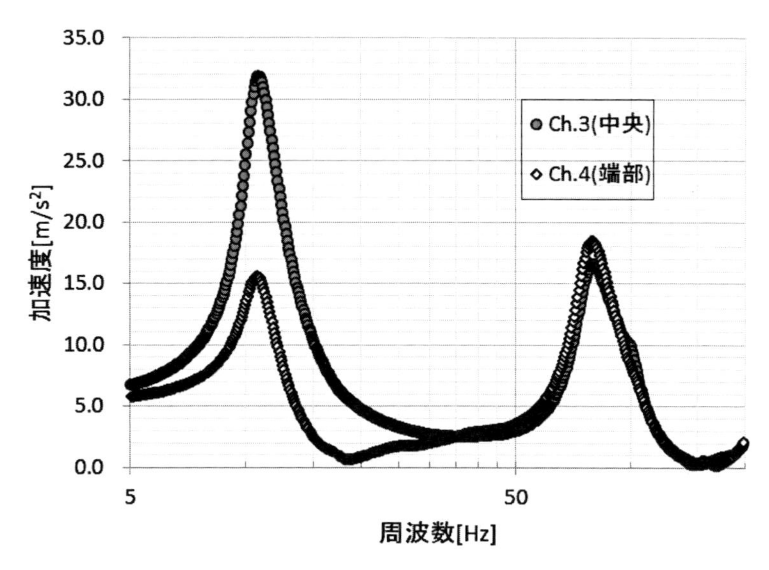

図５　ダンパの加速度測定結果

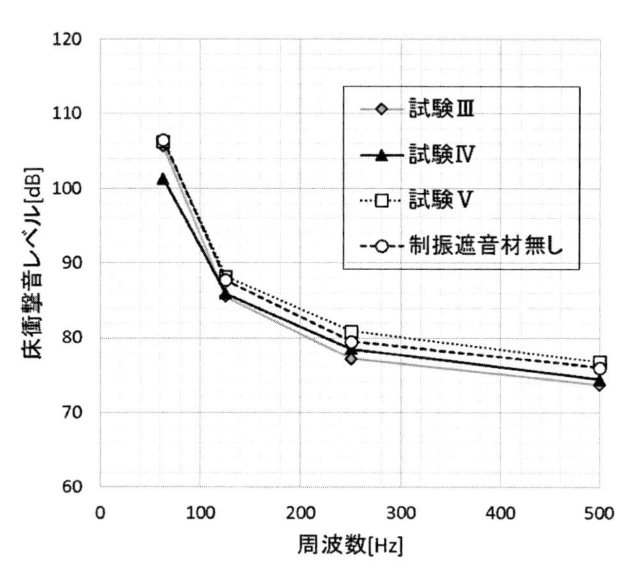

図６　ダンパの重量床衝撃音レベル測定結果

6　おわりに

これまで紹介したように，アスファルト系制振遮音材は，住宅向けとして使用される場面が多いが，音・振動の問題が発生する場面は，家電機器，産業機械，自動車など多岐にわたる。今後はこのような分野に対してもアスファルト系制振遮音材を展開していきたいと考えており，予備試験として，鉄板（寸法 250×10×厚 1.6 mm，比重 7.8）にアスファルト系制振遮音材（寸法 250×10×厚 5.0 mm，比重 3.0）を貼り合わせた場合の損失係数を測定したので紹介する。測定は，中央加振法（JIS K 7391）に準拠し，温度 20℃で行った。結果を図 7 に示す。アスファルト系制振遮音材を貼り合わせることで全周波数において損失係数が大幅に増加しており，鉄板に対して有効な制振材であると期待できる。今後はさらなる詳細な検証を行い開発に取り組んでいく。

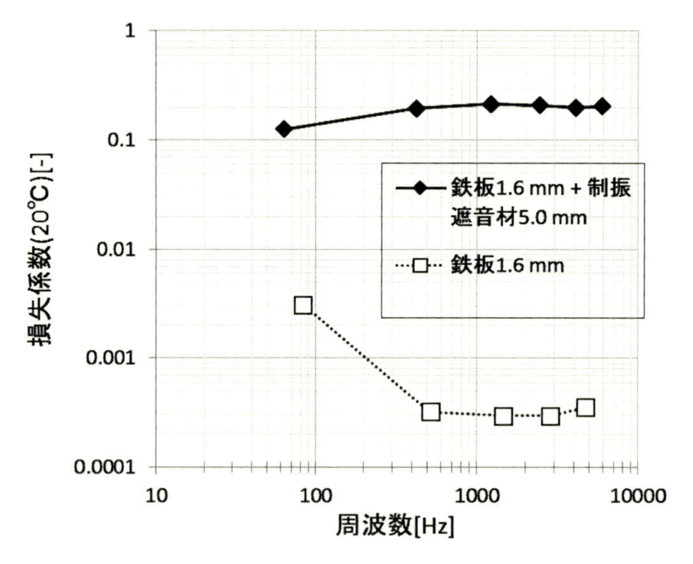

図 7　鉄板・アスファルト系制振遮音材の損失係数

文　　献

1)　脇坂三郎，多田悟士；アスファルト，第 39 巻 第 190 号，p60-70 (1997)
2)　細川晃平，金泥秀紀，清水貴史，松田貫，吉谷公江；日本建築学会大会学術講演便覧集，p255-256 (2016)
3)　細川晃平，金泥秀紀，清水貴史，吉谷公江，日本建築学会大会学術講演便覧集，p207-208, (2017)
4)　細川晃平，金泥秀紀，杉原正俊，清水貴史，吉谷公江，日本建築学会大会学術講演便覧集，p309-310 (2018)
5)　日本建築学会編，建築物の遮音性能基準と設計指針，技術堂出版，第二版（1997）

第10章　熱可塑性ポリオレフィン ABSORTOMER®

竹内文人[*1]，中島友則[*2]

1　はじめに

制振材料とは，対象物の振動エネルギーを熱に変化させ，振動エネルギーを吸収して，振動を減衰または抑制する能力の高い材料をさす。“騒音・振動の制御”という観点から制振材料を捉えれば，制振材料は単に振動を制御するのみでなく，対象物の振動が音として空気中に放射される際，制振材料によりその振動を速やかに減衰させることにより，音として放射されるエネルギー量を小さくすることが可能となり，音の制御としても活用できる。

制振材料は，高分子制振材料，制振金属・合金，制振鋼板等に分類できるが，本章では，その中の高分子制振材料の製品開発事例として，当社の新規熱可塑性ポリオレフィン ABSORTOMER®（アブソートマー®），ならびに ABSORTOMER® と EPDM，TPV との複合事例について紹介する。なお，制振材料全般の詳説については，成書を参照されたい[1)]。

2　高分子制振材料

高分子制振材料は，その粘弾性特性を利用して振動減衰性を発現する。高分子制振材料に求められる粘弾性特性として，使用環境の温度，対象となる振動の周波数において，損失係数（損失正接 tan δ）が高いことが挙げられる。ここで述べる高分子材料とは，ある目的を達成するため，高分子そのもの（以下，ポリマーと称す），異種ポリマーをブレンドもしくはアロイ化したもの，さらにはポリマーに可塑剤や充填材などの副資材を追加し，混ぜ合わせた複合材料等，高分子が主成分として含まれる材料系の総称として表現する。

高分子材料の粘弾性特性制御として，ポリマーの主鎖や側鎖にどのような分子を設計するか，さらに分子量，分岐構造の設計など，ポリマー単身の設計に加え，異種ポリマーをブレンドもしくはアロイ化，さらにはポリマーに可塑剤や充填材などを添加する手法（配合設計）が検討されており，成書[2)]を参考とされたい。ポリマー設計および配合設計による tan δ 制御の事例として，次項より熱可塑性ポリオレフィン ABSORTOMER® の展開について述べる。

＊1　Fumito Takeuchi　三井化学㈱　研究開発本部　高分子材料研究所　主席研究員

＊2　Tomonori Nakashima　三井化学㈱　研究開発本部　高分子材料研究所　主席研究員

3　熱可塑性ポリオレフィン ABSORTOMER®（アブソートマー®）の展開

3.1　ABSORTOMER®（アブソートマー®）の特徴

ABSORTOMER® は，従来のポリオレフィンが持つ軽量性，低密度，オレフィン素材との相容性，加工性や衛生性等の特性に加えて，動的粘弾性で測定した損失正接 tan δ のピーク温度を室温近傍に設定し，そのピーク値を最大限に高めた材料である。当社独自のメタロセン触媒技術により，従来のポリオレフィン重合触媒では重合が困難であった，かさ高い α-オレフィンの共重合が可能となり，ABSORTOMER® の開発に至った。ポリマーのガラス転移温度は，ポリマー主鎖のミクロブラウン運動が活発になり始める温度領域である。かさ高い α-オレフィンをポリマーの骨格に導入することは，ポリマー主鎖がミクロブラウン運動を起こす際，分子内あるいは分子間で適度な摩擦を発生させることにつながり，ガラス転移温度付近で高い tan δ を示すポリマーの設計が可能となる。ABSORTOMER® は現在，柔軟タイプ EP-1001 と硬質タイプの EP-1013 の 2 銘柄で開発を進めており，代表的物性値を表 1 に示す。特筆すべき特徴の一つとして，ペレット形状でのハンドリングが可能であり，後述する EPDM 等との複合化にとどまらず，各種のゴム材料，熱可塑性樹脂との複合化により新しい機能の発現が期待されているポリマーである。

3.2　ABSORTOMER® の動的粘弾性特性

ABSORTOMER® EP-1001 の動的粘弾性（DMA）測定結果を図 2 に示す。ABSORTOMER® EP-1001 は 30℃にガラス転移温度（Tg）を示し，この温度付近で高い tan δ を示す。

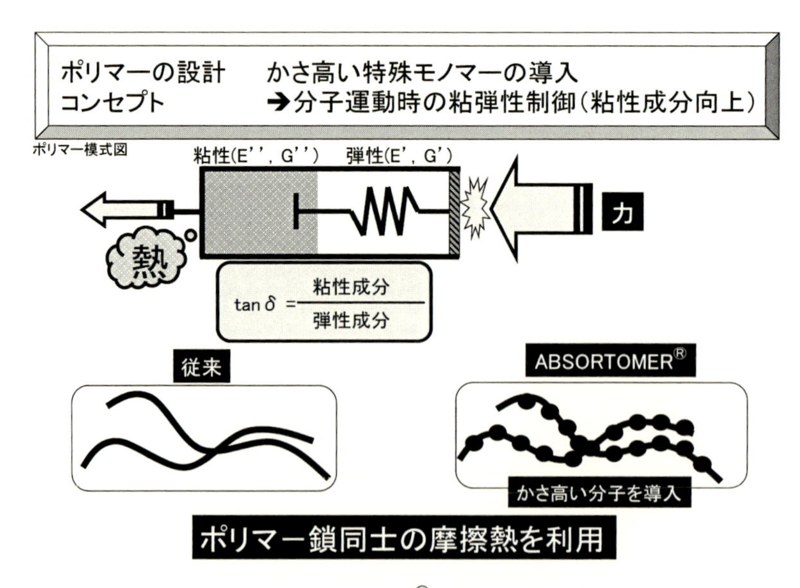

図 1　ABSORTOMER® の設計コンセプト

表 1　ABSORTOMER® の基本物性

項目		単位	測定条件	ABSORTOMER®	
				EP-1001	EP-1013
流動性	MFR	g/10 min	JIS K 7210 準拠 (230℃, 2.16 kgf)	10	10
密度		kg/m^3	JIS K 7112 準拠	840	838
柔軟性	硬度	直後	JIS K 6253 準拠	A92	D69
		15 秒後		A70	D55
機械特性	切断時伸び	%	JIS K 7127 準拠	≧ 400	≧ 400
	引張強さ	MPa		29	34
熱力学特性	融点	℃	三井化学法	なし	130
	ガラス転移温度	℃	tan δ ピーク温度	30	40
製品形状				ペレット	ペレット

表中の数値は代表値であり保証値ではありません。

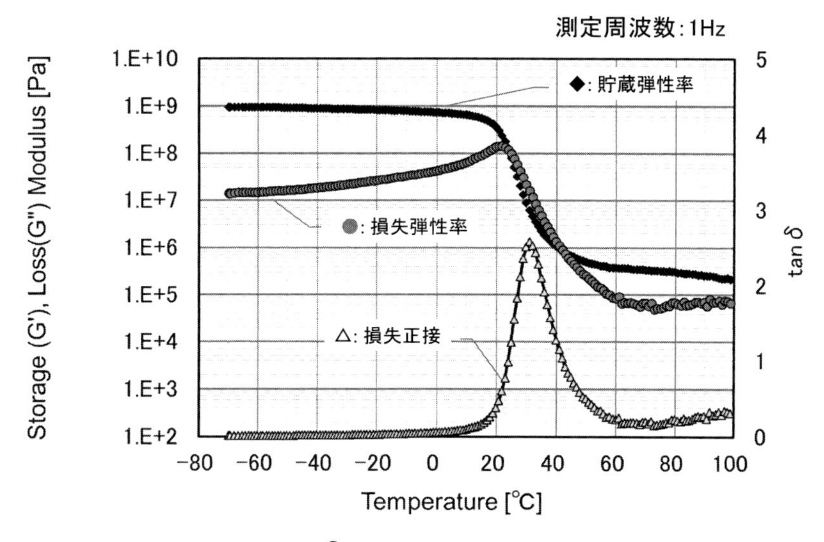

図 2　ABSORTOMER® EP-1001 の動的粘弾性（温度依存性）

動的粘弾性測定の周波数依存性に関して，一般的な DMA では，100 Hz を超える周波数帯の測定は困難であるため，温度-時間換算則を用いて，高周波数側の粘弾性挙動を合成曲線（マスターカーブ）として推定することができる。ここでは，ひずみは 0.5% とし，−25，−15，−5，5，15，25℃ にて 0.01〜10 Hz の周波数依存性を測定した後，基準温度 25℃ でのマスターカーブを作成した。結果を図 3 に示す。ABSORTOMER® EP-1001 は 25℃ における周波数依存性においては，低周波数領域にて tan δ のピークを示す。

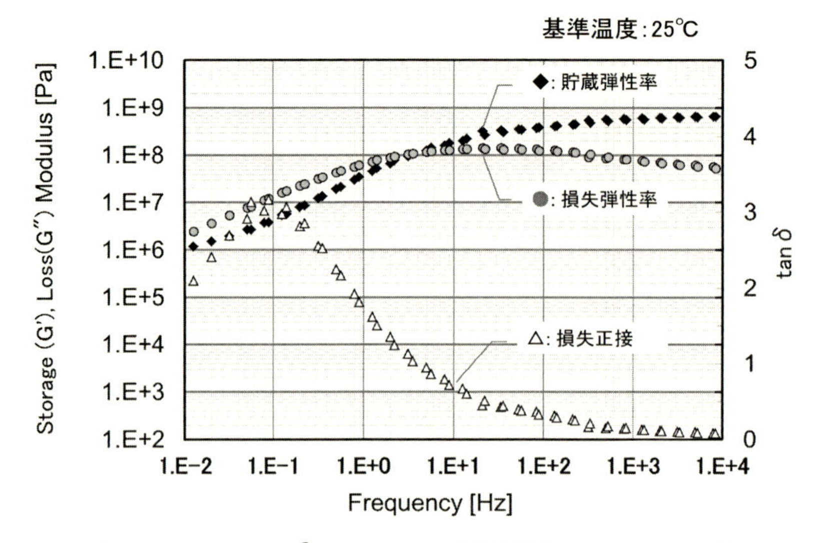

図3　ABSORTOMER® EP-1001の動的粘弾性（マスターカーブ）

4　ABSORTOMER® と EPDM の複合化

4. 1　材料物性と動的粘弾性挙動

ABSORTOMER®，架橋可能な合成ゴムであるEPDM（三井EPT™），両ポリマーを複合化した際の物性を表2に，配合物のDMA測定の結果を図4に示す。DMA測定の条件は，図3と同様である。EPDM配合物とABSORTOMER®は部分的に相溶するため，EPDMのtan δピークを残したまま，ABSORTOMER®に由来するtan δピーク温度が低温側へシフトしている。tan δピーク温度がシフトするということは，高いtan δを示す周波数領域も変化することを意味する。配合調整によりABSORTOMER®由来のtan δ値ならびに温度，周波数領域を制御することが可能である。

次に，粘弾性特性の歪み依存性について紹介する。表2の配合1同様のEPDM配合，およびこのEPDM配合にABSORTOMER®を100部および250部添加した配合物について，DMAの歪み依存性の測定結果を図5，図6に示す。測定周波数は1 Hz，測定温度は25℃および10℃である。ABSORTOMER®の配合量が増えるほど，貯蔵弾性率 G' の歪み依存性が小さい。またtan δも高く，かつその歪み依存性も小さいことがわかる。

一般に，ゴム配合物のDMA測定における貯蔵弾性率 G' とtan δの歪み依存性は，「ペイン効果」として知られ，カーボンブラック等のフィラーの添加量が多いほど顕著である[3]。ゴムへのフィラーの添加は，フィラー同士およびゴム分子鎖とフィラーの相互作用を増大させ，配合物の貯蔵弾性率を上昇させる。また，外部からの歪みにより，この相互作用部分の摩擦が発生するためtan δも上昇する。したがって，試料の変形量によって，配合物中のフィラー凝集体の分断が生じるため，G' およびtan δに大きな歪み依存性が生じると考えられている。

表2　ABSORTOMER® と EPDM の複合化事例

		1	2	3	4
配合					
三井 EPT™3110M※1		100	100	100	100
ABSORTOMER® EP-1001		0	50	100	250
活性亜鉛		5	5	5	5
カーボンブラック（FEF）		235	235	235	235
パラフィンオイル		125	125	125	125
軽質炭酸カルシウム		28	28	28	28
その他加工助剤等		7	7	7	7
加硫系					
CBS		2	2	2	2
ZnBDC		1.0	1.0	1.0	1.0
TMTD		0.5	0.5	0.5	0.5
DPTT		0.5	0.5	0.5	0.5
イオウ		0.8	0.8	0.8	0.8
加硫ゴム物性※2					
比重		1.23	1.18	1.14	1.07
ショア A 硬度 (JIK K 6253)	直後	79	72	73	68
	15 秒後	75	64	61	50
機械特性（JIS K 6251）					
引張強度	MPa	10.7	9.2	8.7	9.6
破断伸び	%	213	212	228	361
反発弾性率※3 (JIS K 6255 リュプケ式)	%	28	18	11	7

表中の数値は代表値であり保証値ではありません。

※1　三井化学製 EPDM

※2　2 mm 架橋シート：160℃×10 min

※3　29 mm ϕ×12.5 mm ブロック：160℃×13 min

制振材料として高い tan δ を得るために，ポリマーに多量のフィラーを添加させる手法が一般に知られている[2)]。しかし，この「ペイン効果」と呼ばれる歪み依存性に注意が必要と考えられる。ABSORTOMER® は，その分子鎖自身の摩擦により高い tan δ を発現するため，EPDM との複合化物においても tan δ が高く，かつその歪み依存性も小さい特性を示すと考えられる。ABSORTOMER® と EPDM の複合化により，様々な変形量が想定される実制振部材において，変形量によらず安定して高い制振性を示すことが期待される。

4.2　制振性

表2中に示した配合1（EPDM　500部），ならびに配合4（ABSORTOMER® を250部添加した EPDM）の加硫ゴムシートを用いて，制振性を検討した実験結果を紹介する。表面が波形状の軟質ポリウレタンフォーム上に 300 mm×300 mm×1 mm 厚のアルミ基材を設置，中央に 120 mm×120 mm×3 mm 厚の加硫ゴムシートを貼りつけ，ハンマリング試験を実施した。図7

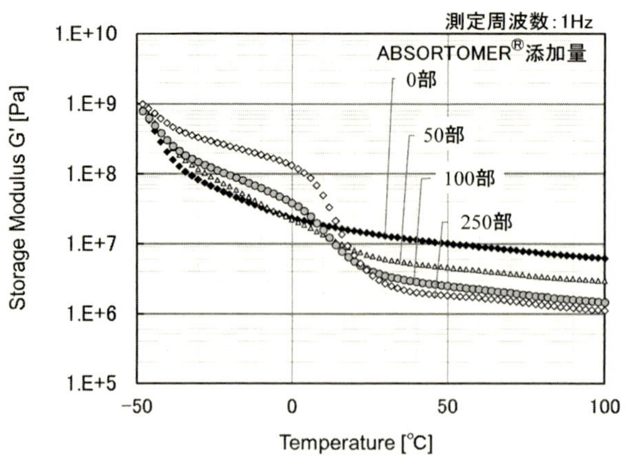

（a）貯蔵弾性率

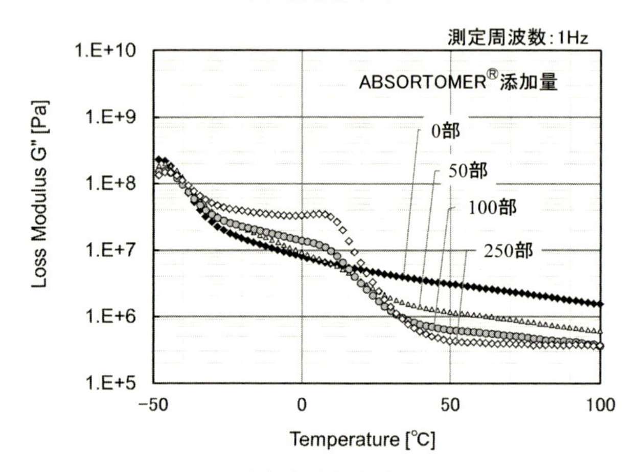

（b）損失弾性率

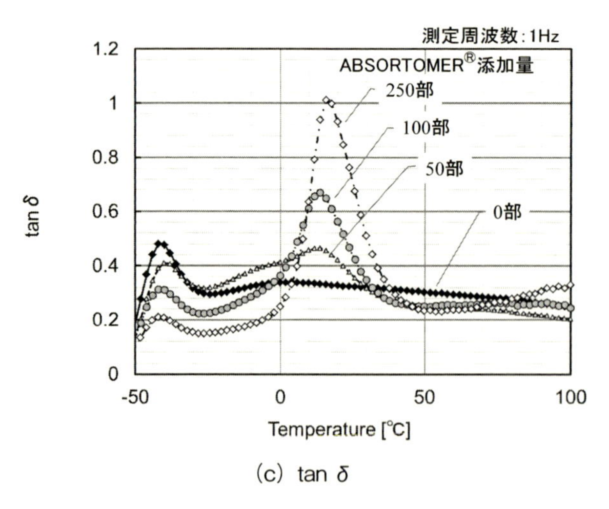

（c）tan δ

図4　ABSORTOMER® と EPDM 配合の動的粘弾性
（a）貯蔵弾性率，（b）損失弾性率，（c）tan δ

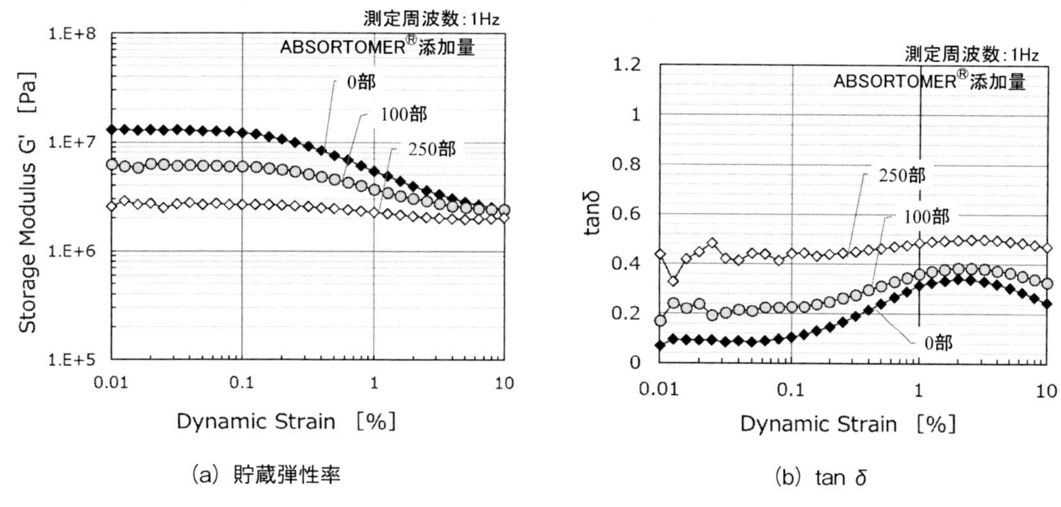

（a）貯蔵弾性率　（b）tan δ

図5　ABSORTOMER® と EPDM 配合の動的粘弾性（歪み依存性，25℃）
（a）貯蔵弾性率，（b）tan δ

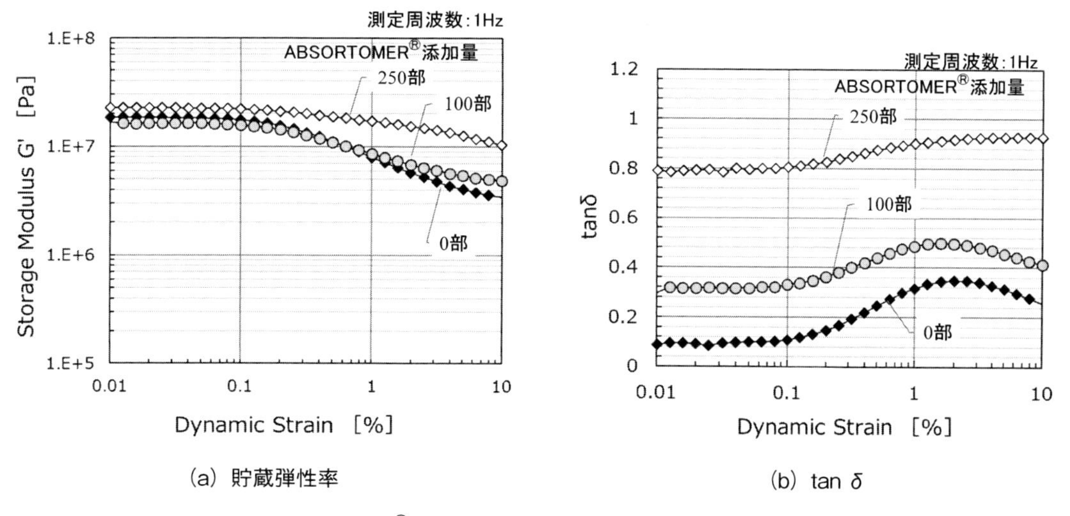

（a）貯蔵弾性率　（b）tan δ

図6　ABSORTOMER® と EPDM 配合の動的粘弾性（歪み依存性，10℃）
（a）貯蔵弾性率，（b）tan δ

（a）に示すとおり，加振点と応答点は，アルミ基材の対角線上，それぞれ端部から20 mmの位置で行った。図7（b）は周波数応答関数であり，アルミ基材へ制振材料としてEPDM　500部配合の加硫ゴムシートを貼りつけると，共振ピークがシフトし，周波数応答関数が低減される結果となる。制振材料としてABSORTOMER® を250部添加したEPDMの加硫ゴムシートを用いると，周波数応答関数がさらに低減する。アルミ基材のみの周波数応答関数と比較すると，900～1,000 Hz帯域では10 dB，1,300～1,500 Hz帯域では20 dBの改善が確認される。図7（c）には，

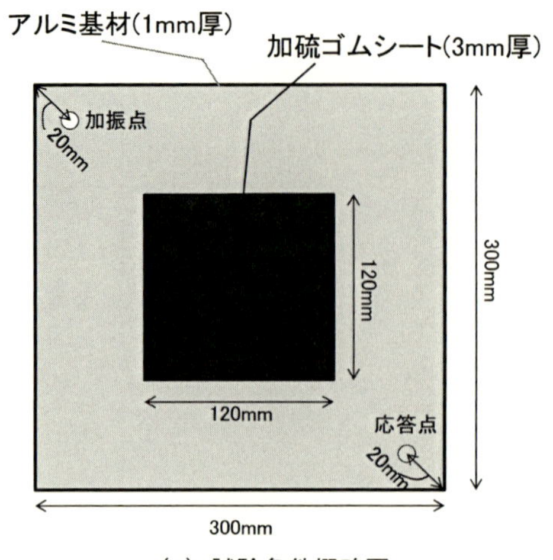

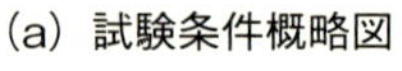
(a) 試験条件概略図

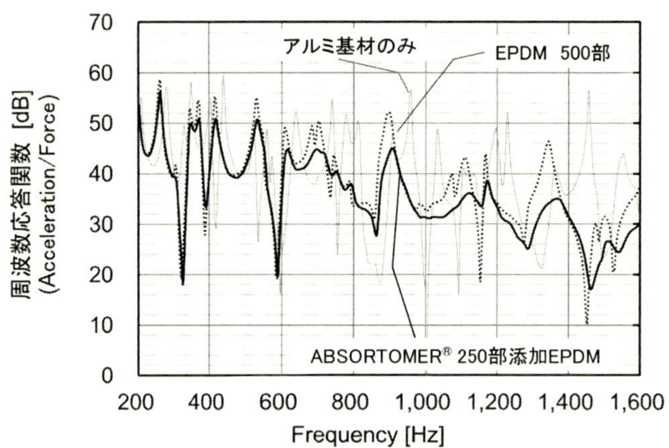

(b) 周波数応答関数

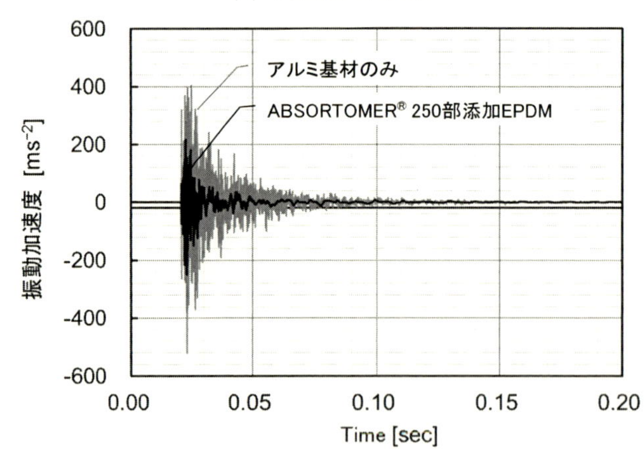

(c) 振動減衰挙動

図7 ハンマリング試験
(a) 試験条件概略図，(b) 周波数応答関数，(c) 振動減衰挙動

本実験の振動減衰挙動を示した。ABSORTOMER®を250部添加したEPDMの加硫ゴムシートを制振材料として適用することで，アルミ基材の振動が速やかに減衰していることがわかる。

5　ABSORTOMER®とTPVの複合化

ABSORTOMER®とTPV（架橋型熱可塑性エラストマー）の複合化事例を紹介する。どちらも熱可塑性の高分子材料であるため，二軸押出機等を用いて溶融混練が可能である。ABSORTOMER®，TPV（ミラストマー®）を複合化した際の物性を表3に，配合物のDMA測定の結果を図8に示す。DMA測定の条件は，図2と同様である。EPDMとの複合化と同様に，ABSORTOMER®の配合量が増えるにつれて，0～40℃帯域での tan δ を向上させることが可能であり，低い反発弾性率を示す配合設計が可能となる。

以上，ABSORTOMER®を架橋が可能なオレフィン系ゴム材料（EPDM），あるいは，オレフィン系TPV（架橋型熱可塑性エラストマー）に添加・配合することで，高分子材料の tan δ 制御が可能となる点を紹介した。特にABSORTOMER®はポリオレフィンとの馴染みが良く，ポリオレフィンの軽量性を活かしたまま tan δ を向上し，高い制振機能を発現可能である。これらの配合物は高分子制振材料への展開に加え，高減衰性材料，衝撃吸収材料としての展開が期待される。

表3　ABSORTOMER®とTPVの複合化事例

		5	6	7	8
配合					
ミラストマー® 8030NHS※1		100	90	75	60
ABSORTOMER® EP-1001		0	10	25	40
ショアA硬度 (JIS K 6253)	直後	88	85	82	82
	15秒後	84	80	75	70
機械特性（JIS K 6251）					
引張強度	MPa	8.0	13.9	17.6	20.7
破断伸び	%	520	595	616	596
反発弾性率 (JIS K 6255 リュプケ式)	%	50	35	21	14

表中の数値は代表値であり保証値ではありません。

※1　三井化学製 TPV

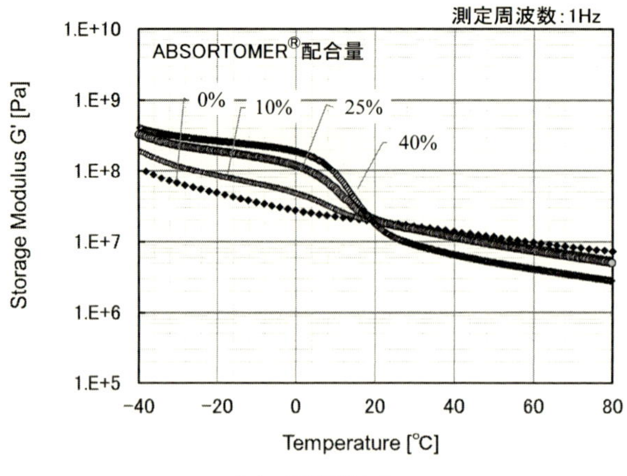

(a) 貯蔵弾性率

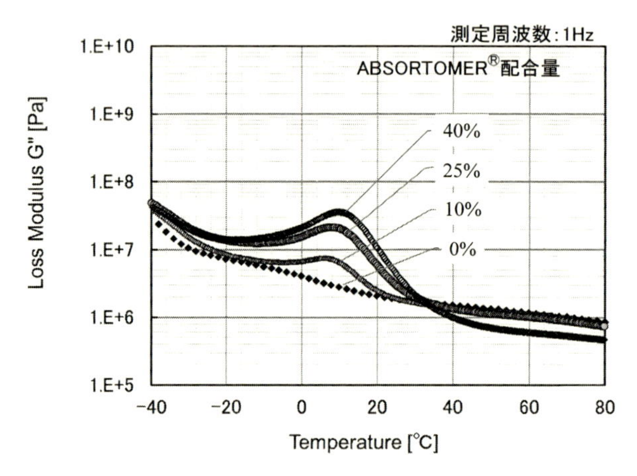

(b) 損失弾性率

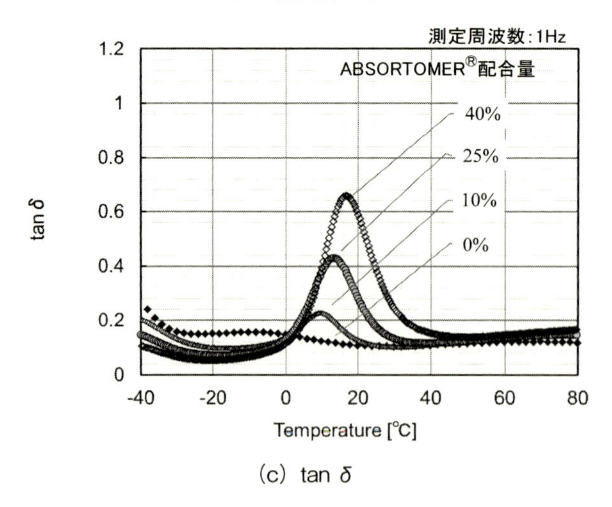

(c) tan δ

図8 ABSORTOMER® と TPV 配合の動的粘弾性
(a) 貯蔵弾性率, (b) 損失弾性率, (c) tan δ

6　おわりに

近年，クオリティ・オブ・ライフという言葉が社会に浸透し始め，より快適な空間を創出するための音響・振動制御技術が見直されている。本章では高分子制振材料の製品開発事例としてABSORTOMER® を紹介したが，遮音，吸音，防振技術とともに複合化した空間設計が重要だと考える。そのためには，空間や構造を設計する立場の技術者と制振や防振材料を設計する立場の技術者が設計の初期段階から要求特性を協議しあうものづくりの体制が重要と思われる。当社は，独自の触媒技術に基づき，新しい高分子材料の創出・設計に従事している。今後も音・振動制御の新しいニーズから，新しい高分子材料の開発を進めていきたい。

文　献

1）制振工学ハンドブック編集委員会：「制振工学ハンドブック」，コロナ社（2008）
2）西澤仁監修：「高分子制振材料・応用製品の最新動向Ⅱ」，シーエムシー出版（2009）
3）Payne, A. R.: *J. Appl. Polym. Sci.*, **9**, 2273 (1965)

第11章　制振性スチレン系エラストマー「ハイブラー」

千田泰史*

1　はじめに

近年，燃費向上を目的に自動車の軽量化が進められた結果，剛性や質量の低下によって車外やエンジンからの振動・騒音が大きくなり，車内環境の悪化をもたらした。また自動車の電動化は，主な騒音源の一つであるエンジン音の低減につながったが，その結果ロードノイズ，風切り音，ギアノイズなど，これまでエンジン音で消されていた様々な振動・騒音が目立つようになってきた。このように，自動車室内の振動・騒音を低減することのニーズはますます高まり，さらに多様化している。この対策として注目されているのが，重量を大きく増すことなく効果的に振動・騒音を低減する制振材料である。

自動車の主な車内騒音の種類と周波数領域について表1に示す。車内騒音は，20～20,000 Hzという広い周波数領域で存在するため，理想的には広い周波数領域で高い制振性を示す制振材料が求められる。しかし，制振性が高くなる温度・周波数は制振材料のガラス転移温度（Tg）によって決まるため，全ての温度・周波数をカバーすることは難しい。そこで実際には，特に抑えたい振動・騒音の温度・周波数に制振性のピークを持つ制振材料を用いる方法や，特定の周波数での制振効果は低くなるが，複数の制振材料を併用して広い温度・周波数領域で制振性を発現させる方法がとられる。

表1　車内騒音の種類と周波数領域[1)]

周波数（Hz）	騒音
20～100	低速・中速こもり音
100～200	高速こもり音
200～3,000	エンジン音
100～600	ロードノイズ
300～2,000	ギアデフ音
100～5,000	パターンノイズ
1,000～20,000	ブレーキノイズ
2,000～10,000	風切り音

＊　Yasushi Senda　㈱クラレ　イソプレンカンパニー　エラストマー事業部
エラストマー研究開発部

2　制振材料の設計

制振材料は，振動エネルギーを材料の粘性によって熱エネルギーに変換，放散することで振動を減衰させる。制振材料を用いる方法としては，主に図1に示す3つの方法があり，制振性の評価指標はそれぞれ異なる。(a)改質型は，振動を抑えたい基材が熱可塑性樹脂である場合に，制振性TPE（熱可塑性エラストマー）を改質剤として基材にコンパウンドする方法である。制振性TPEを0.1～数μmのサイズの島として基材に浮かせることで，基材そのものの制振性を高めることができる。この場合，制振性TPEのtan δが制振性と相関する。(b)非拘束型は，基材に制振性TPEを貼り付ける方法であり，制振性TPEの伸び変形によって制振性が発現する。非拘束型では制振性TPEの厚みが制振性に与える影響が大きく，一般に，制振性TPEは基材に対して1～3倍の厚みで用いられる。また，非拘束型では，制振性TPEのtan $\delta \times E'(=E'')$が制振性と相関する[2)]。(c)拘束型は，非拘束型の制振性TPEの上に硬い拘束層を積層させる方法で，制振性TPEがずり変形を起こすことによって制振性が発現する。この場合は，基材の剛性にもよるが，制振性TPEが基材の10分の1の厚みでも高い制振性が発現される場合がある。拘束型では，制振性TPEのtan δが制振性と相関する[2)]。

(a)改質型は，重量が大きく増加することなく制振性を高めることができる長所がある一方，制振性TPEを基材にコンパウンドするため，基材の物性（強度など）が低下することがある。要求物性を満たさない場合，充填剤を添加するなどの改良が必要である。これに対して，(b)非拘束型や(c)拘束型は，基材をそのまま用いるため，基材の物性低下はない。しかし，(b)非拘束型で高い制振性を発現するには制振性TPEを厚くする必要があり，それによる重量増加が懸念される。(c)拘束型は，制振性TPEが薄くても高い制振性が得られるが，拘束層の追加による重量増加が懸念される。本稿では，制振性TPEを(a)改質型として用いた検討事例を紹介する。

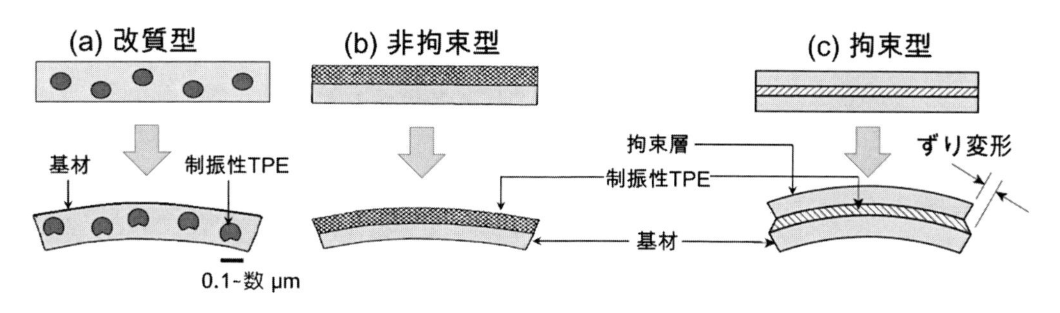

図1　(a)改質型，(b)非拘束型，(c)拘束型の模式図

3　制振性スチレン系エラストマー「ハイブラー」の構造と特性

スチレン系エラストマーは熱可塑性エラストマー（TPE）の一種であり，ハードブロックであるポリスチレンと，ソフトブロックであるポリジエンからなるブロックコポリマーである。ポリスチレンブロックのガラス転移温度（Tg）以下では，ポリスチレンブロックが物理的な架橋を形成することでゴム弾性が発現し，Tg 以上の温度では可塑化して加工が可能になる。さらに，ソフトブロックが水素添加されたものは水添スチレン系ブロックコポリマー（HSBC）と呼ばれ，引張強度が高く，耐熱性や耐候性，耐オゾン性に優れるほか，ポリオレフィン樹脂との相容性が高いという特性を有する。図2に示すように，HSBC は，ポリスチレンブロックが物理架橋点となってポリマーネットワークを形成する。HSBC は，水添ジエンブロックの構造の違いにより分類され，代表的なものに SEBS，SEPS，および SEEPS がある。

当社製品の「ハイブラー」は，ポリジエンブロックまたは水添ポリジエンブロックのビニル構造（1,2－結合および 3,4－結合）の割合が高く，一般的なスチレン系エラストマーと比べてガラス転移温度（Tg）が高い。これによって，実用的な温度領域（0～40℃）で高い制振性を示す（図3，表2）[3~5]。また，ポリオレフィンやポリスチレン，ABS，EVA 等の他の樹脂やゴム材料に「ハイブラー」をブレンドすることで，それらの制振性を高めることができる。本稿では，自動車用途でも用いられるオレフィン系樹脂の制振性改質について説明する。

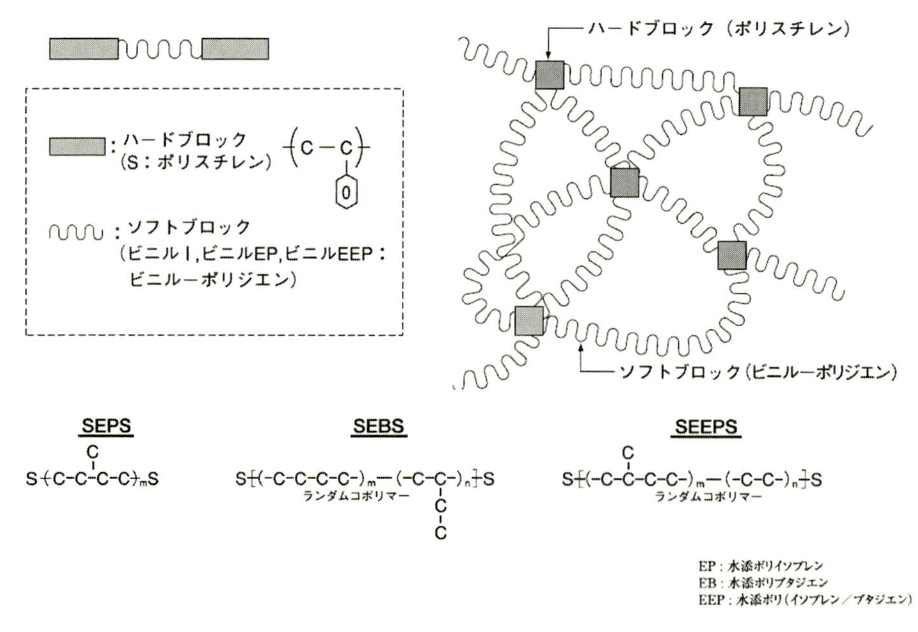

図2　水添スチレンブロックコポリマー（HSBC）の分子構造

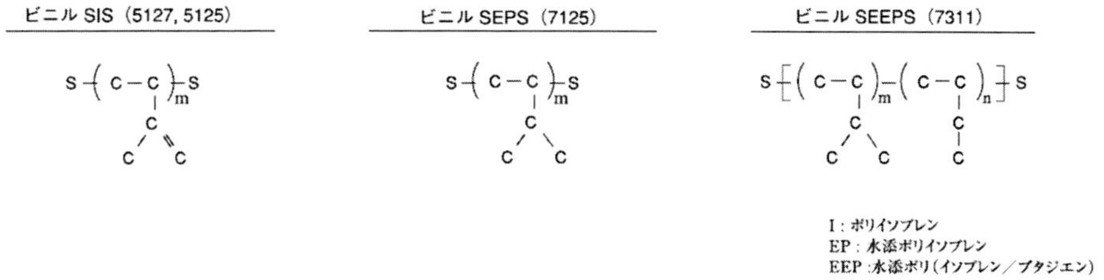

ビニル SIS（5127, 5125）

ビニル SEPS（7125）

ビニル SEEPS（7311）

I：ポリイソプレン
EP：水添ポリイソプレン
EEP：水添ポリ（イソプレン／ブタジエン）

図3　「ハイブラー」の分子構造

表2　「ハイブラー」銘柄表

			スチレン含有量	Tg	MFR 190℃，2.16 kg	形状	硬度
	銘柄	タイプ	(wt%)	(℃)	(g/10 min)		TypeA
未水添系	5125	ビニル SIS	20	−13	4	ペレット	60
	5127	ビニル SIS	20	8	5	ペレット	84
水添系	7125	ビニル SEPS	20	−15	0.7	ペレット	64
	7311	ビニル SEEPS	12	−32	0.5	ペレット	41

4　「ハイブラー」の粘弾性

制振性 TPE である「ハイブラー」の tan δ，G'，G'' の温度依存性を図4～図6に示す。一般的なスチレン系エラストマーである SEBS と比べて，「ハイブラー」は実用的な温度領域（0～40℃）で高い tan δ 強度を示し，高い制振性を発現する。また，動的粘弾性測定の，異なる温度での周波数依存性測定によって作成したマスターカーブを図7に示す（WLF 式から作成）。基準温度が0℃では「ハイブラー」7125 が，20℃では「ハイブラー」5127 と 7125 が，40℃では「ハイブラー」5127 と 7125 が高い tan δ 強度を示した。20℃では「ハイブラー」5127 は 1～100 Hz で高い tan δ 強度を示し，「ハイブラー」7125 は 100～20,000 Hz で高い tan δ 強度を示した。使用される温度・周波数において，高い tan δ 強度を示す「ハイブラー」を使用することで，高い制振性の発現が期待される。

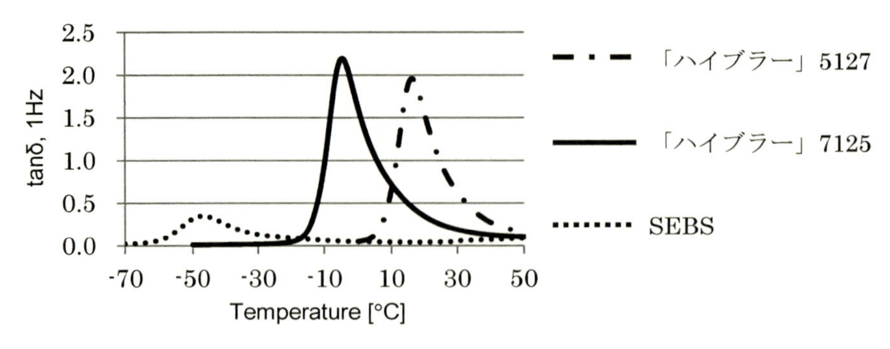

図4 「ハイブラー」の tan δ の温度依存性

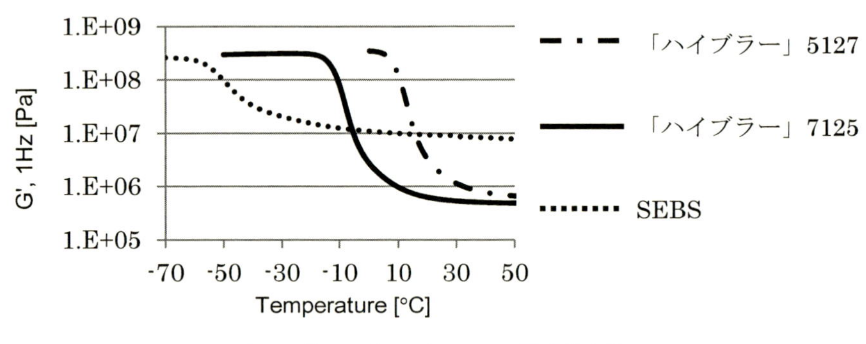

図5 「ハイブラー」の G' の温度依存性

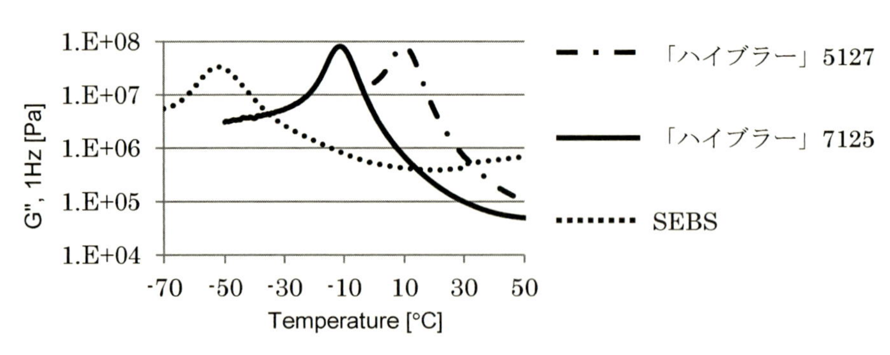

図6 「ハイブラー」の G" の温度依存性

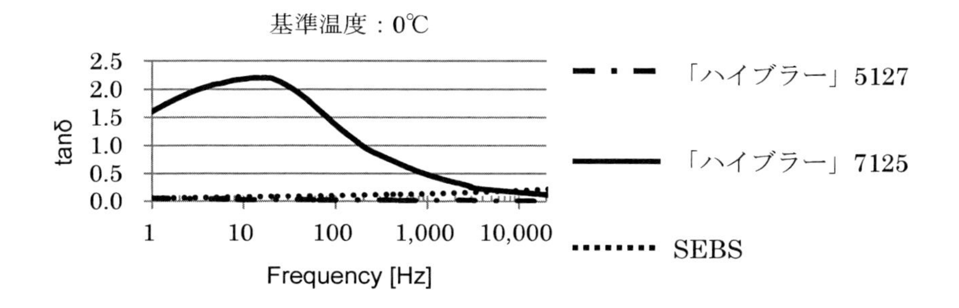

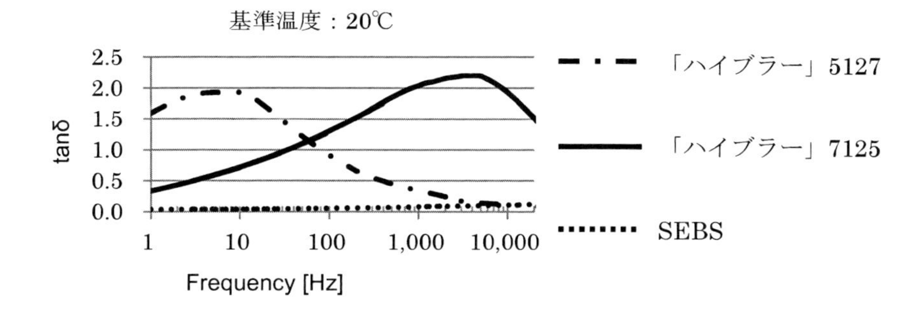

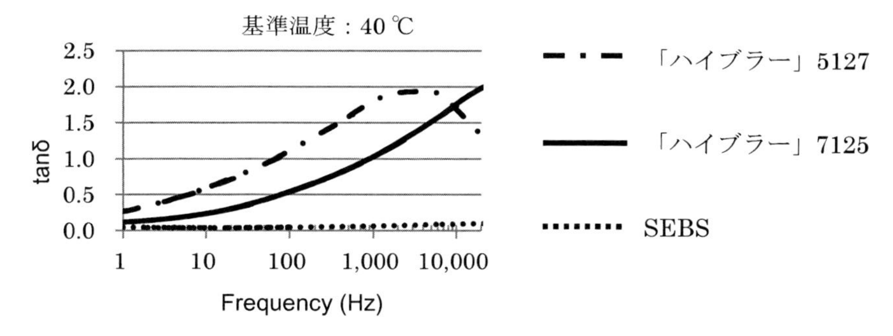

図7 「ハイブラー」の tan δの周波数依存性（基準温度：上 / 中 / 下＝0/20/40℃）

5 ポリプロピレン／「ハイブラー」コンパウンドの物性

ポリプロピレン（PP）に TPE を 10 質量％添加したコンパウンドの，動的粘弾性測定による tan δの温度依存性を図8に示す。用いた PP の Tg に由来する tan δのピークが 20℃に見られた（Neat PP)。TPE として「ハイブラー」を用いることで，PP 単味と比べて tan δ強度が高く

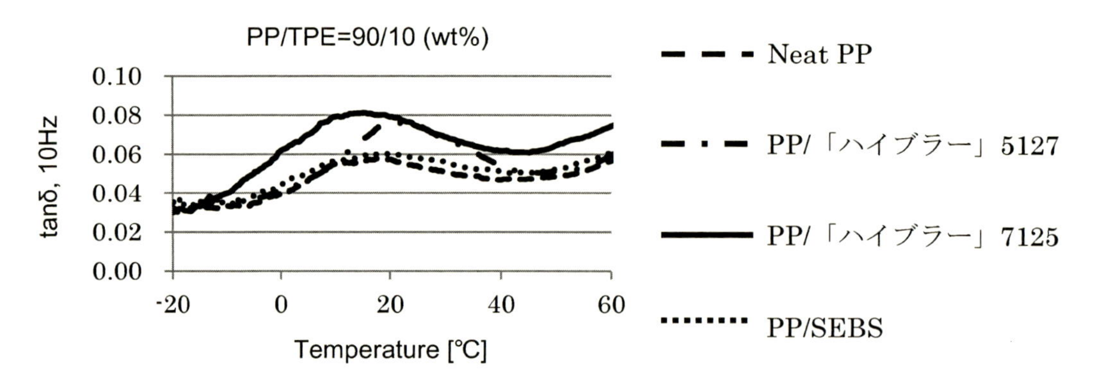

図8 PP/TPE コンパウンド（PP/TPE＝90/10（質量比））の tan δ の温度依存性

表3 PP/TPE コンパウンドの諸物性

配合（質量比）		1	2	3	4
PP	%	100	90	90	90
「ハイブラー」5127	%		10		
「ハイブラー」7125	%			10	
SEBS	%				10
物性	規格				
引張強度［MPa］	ISO 527	32	28	27	27
引張破断伸び［%］	ISO 527	99	123	100	75
ヤング率［MPa］	ISO 527	806	772	767	767
MFR（190℃，2.16 kg）［g/10 min］	ISO 1133	11.3	10.7	8.9	8.0
tan δ @ 0℃，10 Hz	ISO 6721	0.040	0.041	0.062	0.044
tan δ @ 20℃，10 Hz	ISO 6721	0.057	0.076	0.079	0.060
tan δ @ 40℃，10 Hz	ISO 6721	0.047	0.054	0.062	0.051

なった。「ハイブラー」7125は0～40℃で，「ハイブラー」5127は20～40℃での tan δ 強度が高く，「ハイブラー」7125は，「ハイブラー」5127と比べて広い温度領域で高い tan δ 強度を示した。「ハイブラー」5127はPPとの相容性が低い未水添タイプであるのに対して，「ハイブラー」7125はPPとの相容性が高い水添タイプであることが，この結果に影響しているのかもしれない。TPEとしてSEBSを用いた場合には，この温度領域での tan δ 強度はほとんど変わらなかった。これは，SEBSのTgが低いためである（−57℃）。また，コンパウンドの諸物性を表3に示す。TPE添加品は，PP単味と比べてヤング率が下がっており，軟質化効果が見られた。

6　高密度ポリエチレン／「ハイブラー」コンパウンドの物性

高密度ポリエチレン（HDPE）にTPEを10質量%添加したコンパウンドの，動的粘弾性測定によるtan δの温度依存性を図9に示す。TPEとして「ハイブラー」7125を用いることで－10～20℃で，「ハイブラー」5127を用いることで10～40℃のtan δ強度が高くなった。図8に示したPPコンパウンドの場合と比べて，「ハイブラー」単味のTg（7125：－15℃，5127：8℃）の影響が顕著に見られた。TPEとしてSEBSを用いた場合には，SEBSのTgが－57℃と低いため，tan δ強度はほとんど変わらなかった。また，コンパウンドの諸物性を表4に示す。「ハイブラー」やSEBS添加品は，伸びに優れるエラストマーを添加したことで，引張破断伸びが4倍近く向上し，引張強度の向上も見られた。

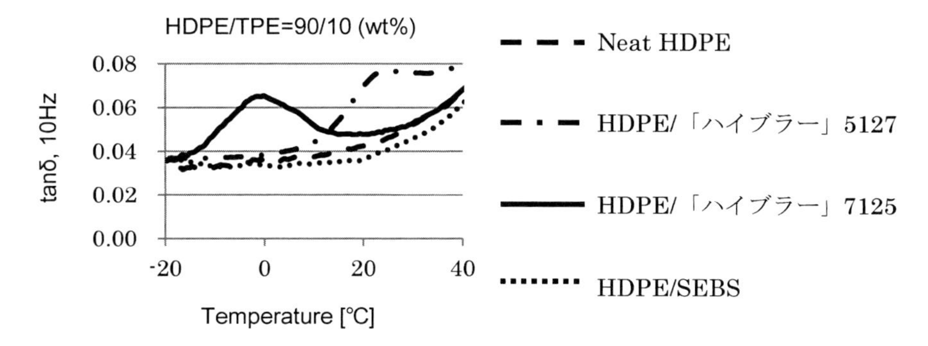

図9　HDPE/TPEコンパウンド（HDPE/TPE＝90/10（質量比））のtan δの温度依存性

表4　HDPEコンパウンドの諸物性

配合（質量比）		1	2	3	4
HDPE	%	100	90	90	90
「ハイブラー」5127	%		10		
「ハイブラー」7125	%			10	
SEBS	%				10
物性	規格				
引張強度［MPa］	ISO 527	20	23	23	24
引張破断伸び［%］	ISO 527	222	825	877	784
ヤング率［MPa］	ISO 527	722	617	459	558
MFR（190℃，2.16 kg）［g/10 min］	ISO 1133	6.6	5.9	5.2	4.5
tan δ @0℃，10 Hz	ISO 6721	0.036	0.039	0.065	0.034
tan δ @20℃，10 Hz	ISO 6721	0.043	0.070	0.048	0.037
tan δ @40℃，10 Hz	ISO 6721	0.069	0.080	0.068	0.062

7　オレフィン系動的架橋熱可塑性エラストマー／「ハイブラー」コンパウンドの物性

オレフィン系動的架橋熱可塑性エラストマー（TPV）に TPE を 10 質量％添加したコンパウンドの，動的粘弾性測定による tan δ の温度依存性を図 10 に示す。TPV は架橋 EPDM と PP で構成されており，単味の TPV は，EPDM に由来する tan δ ピークと PP に由来する tan δ ピークが重なった幅広い tan δ ピークを示している。TPE として「ハイブラー」を添加することで，TPV 由来の－60℃の tan δ ピーク強度が低下し，－40℃以上の tan δ 強度が大きく向上した。「ハイブラー」7125 は－40～0℃で，「ハイブラー」5127 は－20～10℃での tan δ 強度が特に高くなった。コンパウンドの諸物性を表 5 に示す。「ハイブラー」添加品は，TPV 単味と比べてヤング率が低下し，引張強度を維持しつつ破断伸びが 2 倍近く向上した。

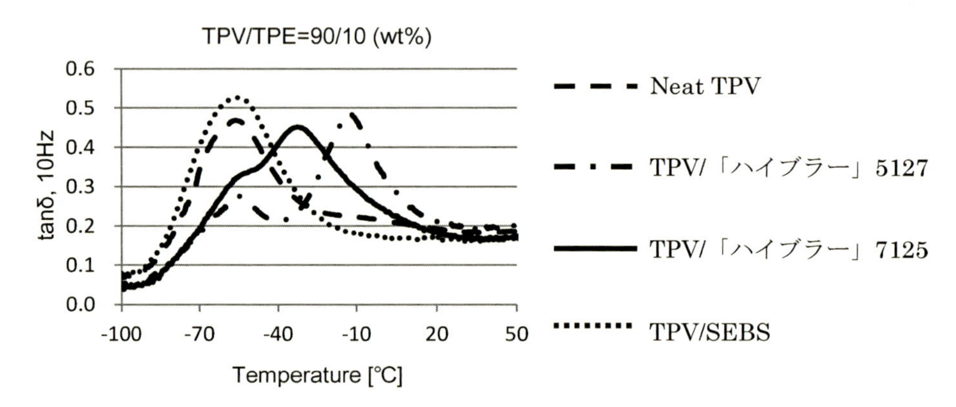

図 10　TPV/TPE コンパウンド（TPV/TPE＝90/10（質量比））の tan δ の温度依存性

表 5　TPV コンパウンドの諸物性

配合（質量比）		1	2	3	4
TPV	%	100	90	90	90
「ハイブラー」5127	%		10		
「ハイブラー」7125	%			10	
SEBS	%				10
物性	規格				
引張強度［MPa］	ISO 527	3.4	3.5	3.3	3.2
引張破断伸び［%］	ISO 527	202	372	381	262
ヤング率［MPa］	ISO 527	6.9	4.7	3.7	6.3
圧縮永久歪み［%］	ISO 815	36	42	47	62
MFR（190℃，2.16 kg）［g/10 min］	ISO 1133	3.1	5.3	3.8	2.0
硬度［shore A］	ISO 868	60	59	54	60
tan δ @ 0℃，10 Hz	ISO 6721	0.21	0.33	0.24	0.17
tan δ @ 20℃，10 Hz	ISO 6721	0.19	0.21	0.18	0.17

8　ガラス繊維強化ポリプロピレン／「ハイブラー」コンパウンドの物性

より実用的な配合として，インストルメントパネルや天井材，エンジン部品等の自動車用途に用いられる，ガラス繊維強化ポリプロピレン（GFPP）にTPEを10質量%添加したコンパウンドの損失係数測定の結果を図11に示す。損失係数はtan δと同様に制振性の指標であり，より実用的な指標として一般的に用いられている。損失係数は中央加振法での3次の反共振周波数の半値幅から算出した。1,300 Hzでの損失係数を測定したところ，「ハイブラー」7125や5127を添加したコンパウンドは特に20～40℃で高い損失係数を示した。「ハイブラー」7125を添加したコンパウンドは0～100℃の広い温度領域で損失係数が向上しており，自動車用途で求められる広い温度領域での制振ニーズに適合していると考えられる。GFPPコンパウンドの諸物性を表6に示す。「ハイブラー」添加品は引張破断伸びやシャルピー衝撃値の向上が見られた。自動車用

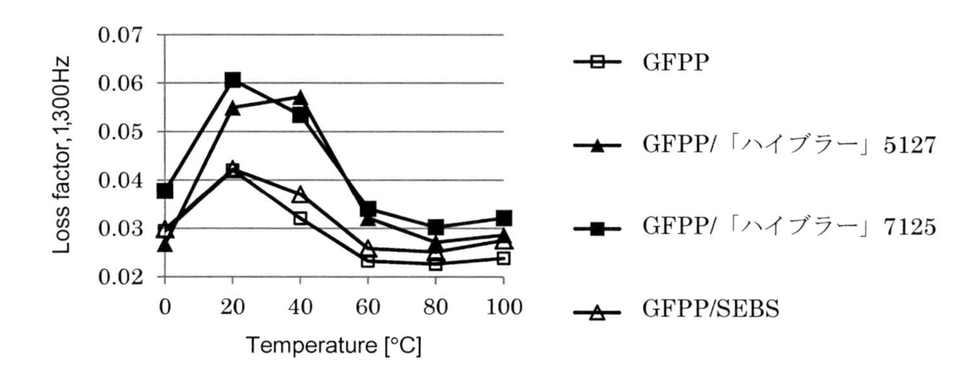

図11　GFPP/TPEコンパウンド（PP/GF/TPE＝60/30/10（質量比））の損失係数の温度依存性

表6　GFPPコンパウンドの諸物性

配合（質量比）		1	2	3	4
PP	%	70	60	60	60
ガラス繊維	%	30	30	30	30
「ハイブラー」5127	%		10		
「ハイブラー」7125	%			10	
SEBS	%				10
物性	規格				
引張強度［MPa］	ISO 527	74	64	61	62
引張破断伸び［%］	ISO 527	2.0	2.5	3.2	3.1
ヤング率［MPa］	ISO 527	6,490	5,900	5,360	5,520
曲げ強度［MPa］	ISO 178	118	100	95	96
曲げ弾性率［MPa］	ISO 178	6,390	5,370	4,990	5,260
ノッチ付き シャルピー衝撃値［kJ/m²］	ISO 179	10	12	13	16

途では耐衝撃性が求められる部品が多いため，制振性とともに耐衝撃性を向上できる「ハイブラー」は，有用であると考えられる。

9 おわりに

制振性 TPE である「ハイブラー」は，実用的な温度領域（0～40℃）で高い tan δ 強度を示し，樹脂やゴム材料とのコンパウンドにした際に，高い制振性を付与できることを示した。現在，さらに高い温度領域に tan δ のピークを有する新規「ハイブラー」も開発中であり，今回紹介した現行の「ハイブラー」と合わせて，広い温度領域で制振性が求められる用途での活用が期待される。自動車や建築材料などの用途で，振動・騒音対策として本稿が一助になれば幸いである。

文　献

1) 石田康二, 五感で捉える自動車内装・室内空間の快適化技術大全，第一版，p.192，サイエンス＆テクノロジー（2013）
2) 藤本邦彦，“防振，制振による遮音制御，”日本複合材料学会誌，**4** (1)，49 (1978)
3) 石井正雄，“スチレン系熱可塑性エラストマーの特性と応用，”日本ゴム協会誌，**70** (12)，707 (1997)
4) 長谷朝博，“TPE の動的粘弾性と制振性，”日本ゴム協会誌，**74** (6)，23 (2001)
5) https://elastomer.kuraray.com/

【お問合せ】
㈱クラレ
イソプレンカンパニー　エラストマー事業部　セプトン販売企画部
〒 100-8115
東京都千代田区大手町 1-1-3 大手センタービル
TEL 03-6701-1601　　　　FAX 03-6701-1645
メールでのお問合わせにつきましては，当社ホームページの「お問合せ」からお願いいたします。
URL： https://www.elastomer.kuraray.com/ja/company/contact/

〈第Ⅴ編〉
新規制振材料の特許提案動向

第12章　制振材料に関する最近の特許動向とその主な内容

西澤　仁*

1　はじめに

高分子制振材料の技術動向を知る上で特許の提案動向を見ることは，現状及び今後の動向を知るためには一つの有効な方法である。現在，日本特許，国際特許に関して多くの検索ソフトがある。今回は，その中の有効な検索ソフトの一つであるJPNetを使用して，2006年～2018年の日本国内特許の中から約13年間のキーワードを制振材料に設定した検索を行い，その中から高分子制振材料の技術動向を調査したので，その結果を報告したい。

2　特許動向，調査方法の概要

①検索キーワードと検索期間：高分子制振材料，2006～2018年
②検索ソフト：JPNet
③検索した件数と主な内容：件数155件（主な内容は制振材料及び応用機器及び部品）
④報告様式：155件の中から制振材料に関する特許を選択し，その中から最近の技術動向を知るために有効だと考えられる31件を取り上げて内容を紹介。

3　調査した特許31件の概要と注目される特許の内容

表1に31件の特許の概要と主な内容を示す。

高分子制振材料の基本技術は，大きく分けて粘弾性特性の損失係数の大きさ，温度特性を利用した技術，粘弾性特性と誘電特性を利用した技術があるが，最近の技術は，制振特性に影響する分子構造の種類を変化，ポリマーアロイの分散単位の微細化，多様化，弾性率の異なる無機粒子との相互作用の多様化を狙った内容が主流を占めている。IPNポリマーの研究，ナノコンポジットの研究は少ない。複合型制振材の中で分散相の表面処理による界面制御を行い，海島構造による粘弾性特性の制御だけではなく界面の制御の研究が見られる。今後の研究の中で注目したいのは，高分子モノマーのベース高分子の中への多様な結合による化学構造の制御による粘弾性

*　Hitoshi Nishizawa　西澤技術研究所　代表

挙動，誘電特性の制御による制振特性の向上，複合制振材の界面結合力の制御による制振特性の向上技術，ナノコンポジットスケールでのポリマーアロイ等である。

表1　制振材料に関する特許の概要

No	公開番号	発明の名称	出願人	内容の概要
1	特開 2006-336786	マイクロカプセル組成物	DIC	樹脂からなるシェル部分に高粘性流体が包含された制振材，防音材。 シェルは，ウレタン，ゼラチン，メラミンACN，メタアクリルニトリル等を使用する。 粒子径は，50～500 μm。高粘性流体は，25℃の粘度が500～1万ポイズの粘度を有する液体，例として日石ハイゾーSAS2961等がある。 特性例，1 kHz，損失係数0.05以上可能。実施例として0.12は達成。
2	特開 2006-52377	高制振性組成物	三菱ガス化学	ジカルボン酸成分とジオール成分からなるPET系ポリマーにカーボンブラックまたは他のフィラーを混合分散した組成物。損失係数が0.05～0.09。
3	特開 2006-199759	制振材料とその製法	神戸製鋼所	高分子材料と異なる材質の楕円体粒子を分散させた（アスペクト比0.01～0.1－，ただし拘束の場合，非拘束の場合はアスペクト比1.0以下）制振材料。 広範囲の温度範囲で優れた制振特性材料を提供できる。 母材のせん断弾性率と楕円体粒子のせん断弾性率の比率が0.2～0.3である。 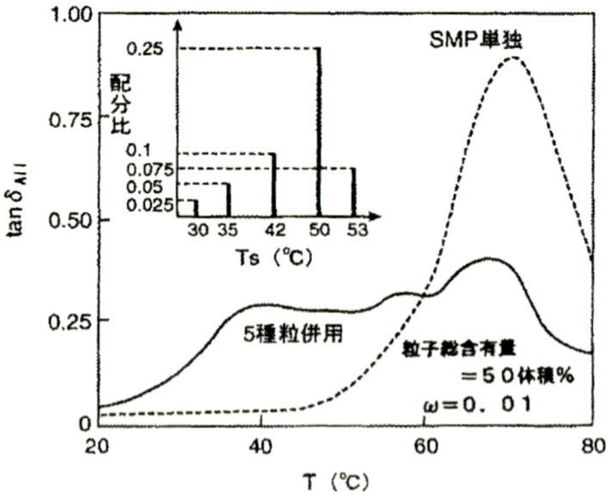

（つづく）

（つづき）

No	公開番号	発明の名称	出願人	内容の概要
4	特開 2006-335938	水性アクリルエマルジョン発泡制振塗料	DIC	20～60℃の広い範囲で損失係数が高い水性エマルジョンベースの制振材料。 20℃で 2.0×10^8～7.0×10^8 Paの貯蔵弾性率と 1.0×10^8～2.0×10^8 Paの損失弾性率及び60℃で 2.5×10^5～3.5×10^5 Paの貯蔵弾性率と 1.0×10^5～2.0×10^5 の損失弾性率をそれぞれ有し，且つ20～60℃での温度範囲で1.6以上のtan δ の最大値を有するアクリル重合体を使用する。 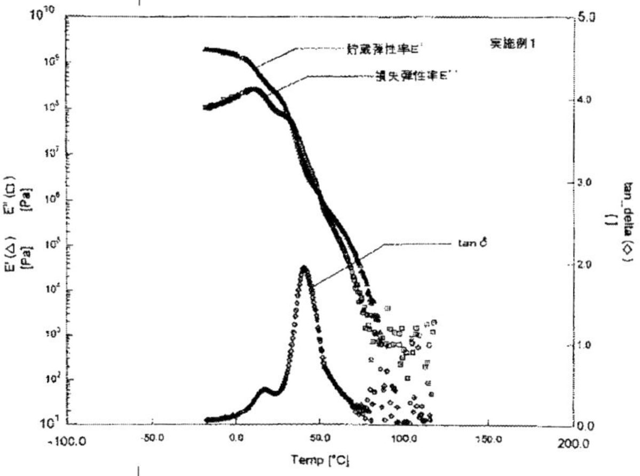
5	特開 2006-249413	塗布型制振材	アイシン化工	水性塗布型制振材アクリルエマルジョンをベースとしたマイカのような鱗片状フィラーを分散させた（40部）20～60℃で損失係数が0.09以上の曲げ剛性率の高い制振材料である。
6	特開 2007-162010	エラストマー組成物	三井・デュポンポリケミカル	広範囲の温度範囲でtan δ の大きな材料。 （A）エチレンアクリル酸エステル重合体（30～70部） （B）スチレン系エラストマー（70～30部）のポリマーアロイ。 特性例 （A）50部　（B）50部ポリマー tan δ （－20℃）0.18（20℃）0.96 （A）40部　（B）60部ポリマー tan δ （－20℃）0.14（20℃）0.83
7	特開 2007-23258	ゴム組成物	JSR	広範囲の温度範囲で制振特性の優れた材料。 特性例 100 rad/sec，損失係数－60～－30℃に少なくとも一つ，0～40℃の間に少なくとも一つのピーク値を有し，tan δ の値が0.1以上である。

（つづく）

（つづき）

No	公開番号	発明の名称	出願人	内容の概要
8	特開 2008-174704	有機減衰材料	AS，R&D 合同会社	単独で優れた制振特性を有する材料である。ポリマー中にP（Pトルエンスルホニルアミド）ジフェニルアミン，4,4'ビス（αα'ジメチルベンジル）ジフェニルアミン等の1種類もしくは2種以上の化合物からなる分散相を有することを特徴とする構造を有する材料。 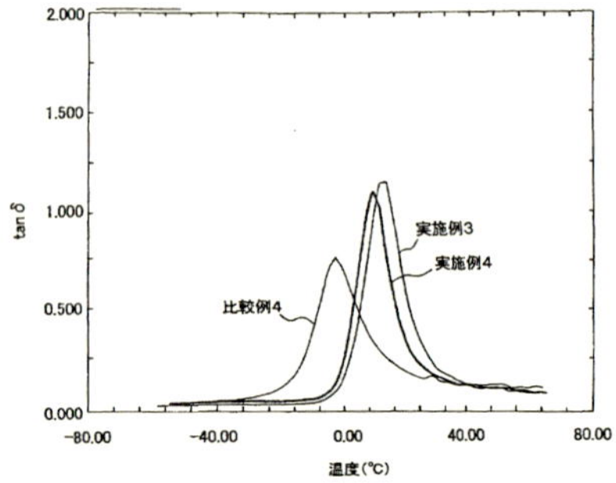
9	特開 2008-133394	発泡性制振用水性塗料及び制振材	DIC	カルボキシル基含有アクリル-スチレン重合体(A)エマルジョン発泡剤（B)無機充填剤（C）を有する発泡性制振性塗料から得られるフィルムのトルエンゲル含有量が1重量%以下で tan δのピーク値が2.5以上で，且つ tan δのピーク値が現れる温度が25～55℃であることを特徴とする制振性発泡塗料。

	実施例			
	1-1	1-2	2-1	3-1
水性 エマルション	a-1	a-1	a-2	a-3
樹脂	100	100	100	100
フィラー	300	300	300	300
分散剤	1.5	1.5	1.5	1.5
発泡剤	2.7	2.7	2.7	2.7
消泡剤	0.5	0.5	0.5	0.5
増粘剤	1.2	1.2	1.2	1.2
膜厚（mm）	4	2	4	4
損失係数				
30℃	0.07	0.05	0.10	0.04
40℃	0.14	0.08	0.18	0.12
50℃	0.20	0.16	0.14	0.24
損失係数計	0.41	0.29	0.42	0.40

No	公開番号	発明の名称	出願人	内容の概要
10	特開 2009-96933	制振材料及び製造法	神戸製鋼所	シリコンオイル及びラジアン径が10μm以下の板状粒子及びラジアン径が10μm以下の球状粒子を含む充填剤が制振材中20～50重量部を含有することを特徴とする制振材料。球状粒子はヒュームドシリカを含有することを特徴とする。 特性としては，制振材料として十分な貯蔵弾性率，損失係数を有し，その温度特性が小さいことを特徴とする。

（つづく）

（つづき）

No	公開番号	発明の名称	出願人	内容の概要
11	特開 2008-13728	熱可塑性エラストマー組成物	カネカ	(a) 末端アルケニルを有するイソプレン系重合体 (b) PP系樹脂 (c) ヒドロキシリル基含有化合物により動的架橋された樹脂組成物 (A)。 (d) PE系ブロック共重合体 (a) 末端アルケニル基を含有するイソプレン重合体をヒドロキシリル重合体化合物により動的架橋された樹脂組成物 (B) (c) イソプレン系ブロック共重合体の存在下で (a) 末端アルケニル基を有するイソブチレン共重合体を (c) ヒドロキシル基含有化合物により動的架橋された樹脂組成物 (C) のうち少なくとも2種類を含有する熱可塑性エラストマーである。制振材料及び医療用キャブラーナー，医療用薬栓に使用される材料。
12	特開 2009-1151118	複合型制振材	木曾興業	制振材料に必要な形状安定性を有し，振幅歪みの大きな領域まで高度な減衰能を有し，且つ振幅歪みの小さな領域においても減衰能を発揮する振動制御が可能な制振材料。 制振合金板の間に設置されて使用される。高分子制振層は，下記の構造で示されるフェノール化合物が高分子マトリックスの中に含まれている。高分子層をシート状に成形して使用する。 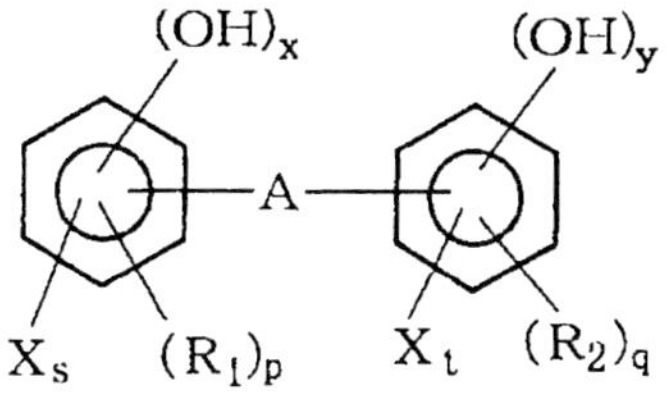 $(OH)_x$　$(OH)_y$　A　X_s　$(R_1)_p$　X_t　$(R_2)_q$
13	特開 2009-102566	PU制振材料	出光クレイバレー	耐水性，耐湿熱性に優れたPU系制振材料。 (A) 1,4結合率が50%以下であり分子末端に水酸基を有する共役ジエン系ポリマー及び (B) 1,4結合率が60%以上であり分子末端水酸基を有する共役ジエン系ポリマー並びに (C) ポリイソシアネート化合物を含有する組成物，および組成物を硬化して得られる硬化物

（つづく）

（つづき）

No	公開番号	発明の名称	出願人	内容の概要
14	特開 20011-99032	制振性樹脂組成物	北川工業	(A)フッ素ゴム　100部 (B)95～150℃の軟化点のロジン系樹脂 5～10部 (C)気相成長炭素繊維　5～10部 耐熱性，耐久性制振材料
15	特開 2011-157438	制振性組成物	三菱ガス化学	メタキシレンとホルムアルデヒドを酸触媒存在下で反応させて得られた樹脂を使用し，樹脂成分と無機充填剤は合計80%以上とし，樹脂成分に対して無機充填剤は1.0～5.0である組成物。優れた制振性と容易な製造法に特徴がある。
16	特開 2011-252097	制振性，難燃性樹脂組成物	旭化成ケミカルズ	(a)ポリフェニレンエーテル樹脂10～70部 (b)スチレン系樹脂0～70部 (c)水添共重合体5～40部 (d)有機リン化合物1～40部 水添共重合体が動的粘弾性特性においてtan δのピーク値が50℃以上，150℃未満の範囲で少なくとも一つ存在し，有機リン化合物が次の式で示される難燃剤であることを特徴とする制振材料。 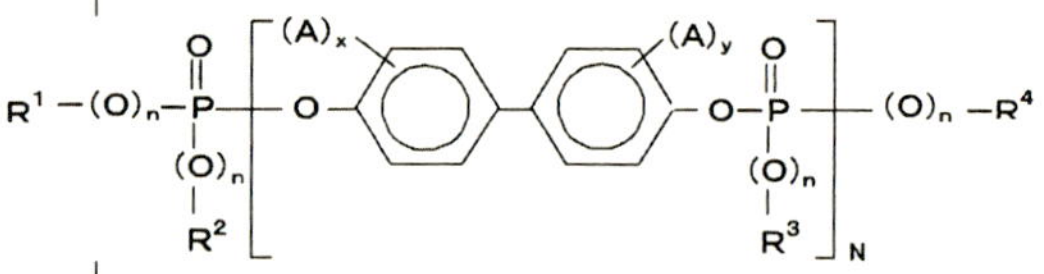 $R^1-(O)_n-P(=O)(-(O)_n-R^2)-\left[O-C_6H_4(A)_x-C_6H_4(A)_y-O-P(=O)(-(O)_n-R^3)\right]_N-(O)_n-R^4$
17	特開 2012-043426	分岐高分子を有する制振材料組成物	カネカ	本特許は，常温付近（−20～20℃）且つ低い周波数（数Hz）の振動に対し，更に非常に高い，減衰（エネルギー減衰）を示し，低周波数，高周波数，特定の周波数領域での制振特性に優れた材料を提供する。 分岐高分子（B）樹脂を含有し，分岐分子の含有量が分岐高分子と樹脂の総量100部に対して15～85%である制振材料である。

動的粘弾性特性（温度分散測定）測定周波数5（1/sec）	tan δ（−20℃）	0.70	0.89	1.15	0.80	0.85
	tan δ（−10℃）	0.65	0.85	1.03	0.70	0.73
	tan δ（0℃）	0.55	0.67	1.27	0.85	1.10
	tan δ（10℃）	0.37	0.40	1.35	0.91	1.20
	tan δ（20℃）	0.25	0.25	1.15	0.75	0.85

（つづく）

（つづき）

No	公開番号	発明の名称	出願人	内容の概要
18	特開 2012-171989	制振樹脂組成物と製造法	古河電気工業	広範囲の温度範囲で安定した制振特性を示す制振材料は，複数のポリマー成分を使い，複数のtan δ値とそのピーク値を示す可能性を持つポリマー成分を反応，連結させることを目指した制振材料組成物と製造方法に関する特許。
19	特開 2012-97249	制振ダンパー用材料	三井化学	4-メチル-1-ペンテン・プロピレン共重合体（A）を少なくとも含むことを特徴とするダンパー用制振材料で制振性及び耐薬品性，耐加水分解性が優れている材料。
20	特開 2012-207168	制振材料並びに制振塗料	シーシーアイ	10～100℃の広範囲の温度で優れた制振性を示す。 アクリル系樹脂のマトリックス中に1μm～500μmの直径を有するCNTが分散されており，CNT表面に分散剤がコーテングされていることを特徴とする制振材である。 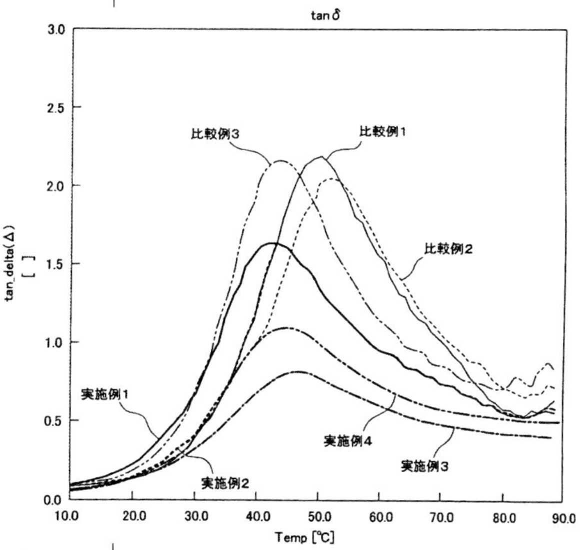
21	特開 2013-10929	制振性と遮音性を有する制振材料	三菱ガス化学	ジカルボン酸とジオールの成分からなるPET樹脂に硫酸Ba，マイカ鱗片を分散させてなる制振材料。更に流動性を改善するための改質剤を含有する成形材料であって，ポリエステル中のカルボン酸成分とジオール成分の合計量等を調整して成形性に優れた制振材料としたことを特徴とする。

（つづく）

（つづき）

No	公開番号	発明の名称	出願人	内容の概要
22	特開 2013-159654	制振性塗料	高圧ガス工業	ポリマー主剤100部に少なくとも1種の飽和脂肪酸塩を1～50部含んでいる制振塗料。また樹脂性多孔性基体にこの制振性塗料を含浸させたことを特徴とする制振材料。
23	特開 2013-228097	複合制振材料	タイテックスジャパン	従来の制振材料より効果的な制振性能を発揮することのできる制振材を提供できる。下図に示すように本制振材料は，マトリクス高分子材料2の中に二酸化チタンからなる高誘電率誘電体3と，有機材料からなる圧電性繊維4とが混合されたものであり，好ましくは，更に無機材料からなる扁平状のフィラー5と，導電性微粒子6が混合されたものである。圧電性繊維4はセルロースファイバーからなるものを好適に使用することができる。

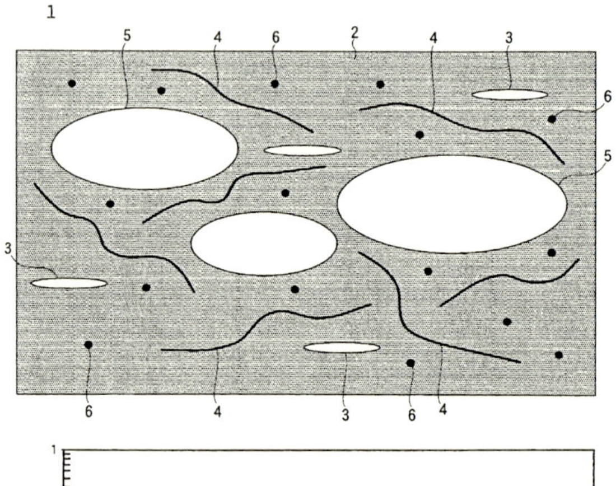

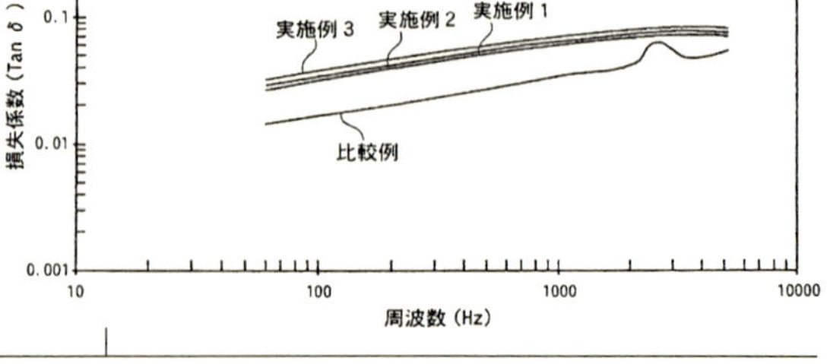

No.22の損失係数

	損失係数		
	20℃	30℃	40℃
実施例1	0.18	0.23	0.12
実施例2	0.14	0.25	0.27
実施例3	0.15	0.22	0.13
実施例4	0.18	0.22	0.11
比較例1	0.16	0.17	0.10
比較例2	0.09	0.10	0.05
比較例3	0.22	0.28	0.16

（つづく）

（つづき）

No	公開番号	発明の名称	出願人	内容の概要
24	特開 2014-210900	プラスチゾル組成物	アイシン化工	可塑性樹脂，可塑剤，充填剤，接着性付与剤を配合したプラスチゾルにおいて，可塑剤としてアルキルベンジルフタレート，可塑剤の第二成分として芳香族エステルのアルキルフタレートを使用するプラスチゾル組成物。樹脂は，アクリル系樹脂，塩化ビニル系樹脂を用いることができる。 特徴は制振性に優れ，チッピング性にも優れた制振材料を提供できる。 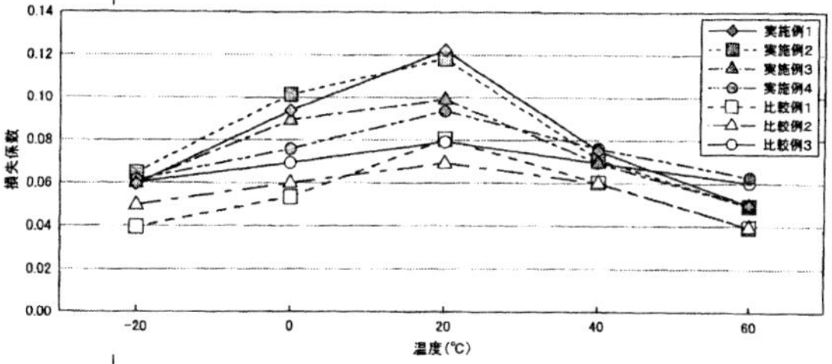
25	特開 2015-215066	制振，複合構造体	ブリヂストンケービーシー	モーター等内部に振動源，発熱源等を有する構造体に使用してその振動を低減することができる制振，振動減衰材に関する特許であり，ゴム，PVCの中に水酸化AL，硫酸Ba等の充填剤を配合し，ゴムはアクリルゴム等制振性に優れた材料をベースに使用する。振動エネルギーを熱エネルギーに変換する効果が高い制振材料。
26	特開 2015-54883	制振性に優れた水性樹脂組成物	サイデン化学	安全環境性に優れた水性エマルジョンにガラス転移点が40〜140℃の樹脂製の中空粒子を含む制振材料。
27	特開 2016-53145	制振材料	花王	ポリ乳酸系樹脂，可塑剤，有機結晶核剤，及び無機材料をポリ乳酸100部に対して1〜50部配合した制振材料である。曲げ弾性率が高くて制振特性に優れた材料。
28	特開 2017-197773	軟質PU樹脂を用いた防音，制振耐衝撃性材料	ポリシス	ポリオール成分，ポリイソシアネート成分を反応させた組成物から製造したPU樹脂において，ポリオール成分が官能基数2.5〜3.5，分子量が4,000〜7,000，の末端にヒドロキシル基を有するポリオールと，末端に活性ヒドロキシル基を有するハイパーブランチポリマーと，ポリイソシアネート成分が，官能基数2.3〜3.5のポリオキシプロピレンポリオールとポリイソシアネート化合物の反応から得られる末端に活性イソシアネート基を有するポリマーからなる組成物。 防音，制振，耐衝撃性に優れた振動減衰材料。

（つづく）

（つづき）

No	公開番号	発明の名称	出願人	内容の概要
29	特開 2017-201172	ファン用振動減衰制振材料	花王	曲げ弾性率が高いにもかかわらず優れた制振性を発揮する制振材料。PA樹脂に可塑剤としてポリアミド系可塑剤，エステル系可塑剤，及びアミドエステル系可塑剤を7～35部，板状充填剤及び針状充填剤からなる配合剤を1種または2種，以上を15～80部を含有したファン用制振材料。 以下に騒音測定装置と測定結果を示す。 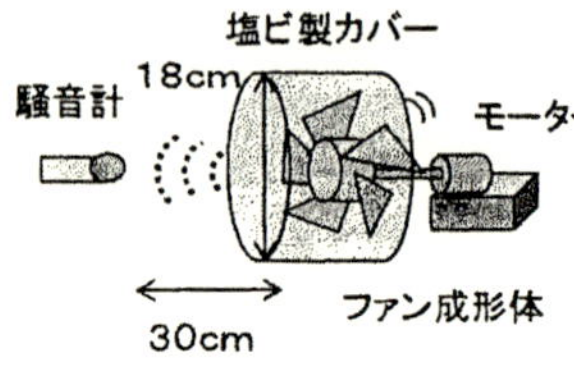 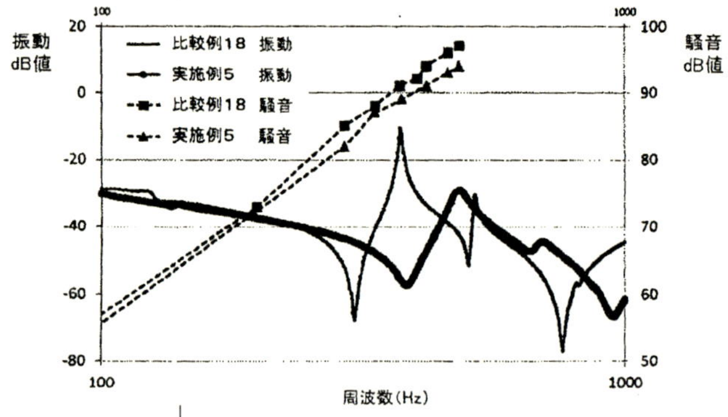 塩ビ製カバー 騒音計 18cm モーター ファン成形体 30cm 振動dB値 騒音dB値 比較例18 振動 実施例5 振動 比較例18 騒音 実施例5 騒音 周波数(Hz)
30	特開 2018-132104	高制振性，高粘性組成物及び減衰装置	JXTGエネルギー	粘度平均分子量が45,000～75,000であるポリイソブチレンが43.0～57.0部，および数平均分子量が2,500～4,500である低分子量ポリイソブチレンが43.0～57.0部を含んだ高粘性炭化水素流体100部に対して酸化防止剤0.01～5.0部を含む振動エネルギー減衰材料である。 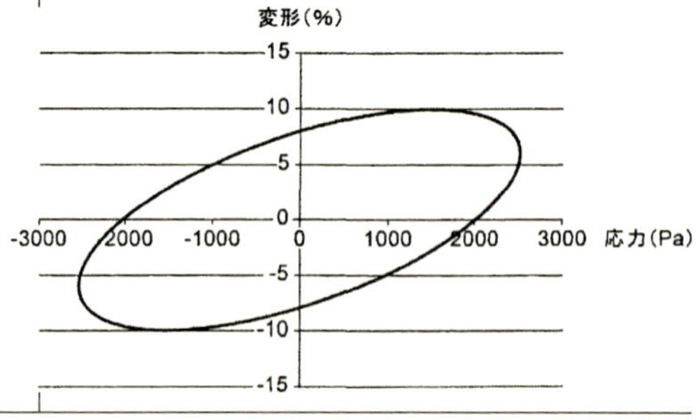 変形(%) 応力(Pa)

（つづく）

（つづき）

No	公開番号	発明の名称	出願人	内容の概要
31	特開 2018-111838	衝撃吸収用樹脂組成物	高圧ガス工業	ガラス転移温度が30℃以上の重合体成分A1，ガラス転移温度が0℃以下の重合体成分A2とを含む重合体Aと，この重合体A1と相溶性のある重合体Bと，この重合体Bと相溶性のある，または重合体Bに分散するフィラーCを含む組成物。

特性例

	B+C+A		
	厚さ（mm）	衝撃吸収率（%）	tan δ
実施例1	0.2	18	0.32
実施例10	1	24	0.32
実施例11	2	31	0.32
比較例1	0.2	4	0.32
比較例5	1	17	0.32
比較例6	2	30	0.32

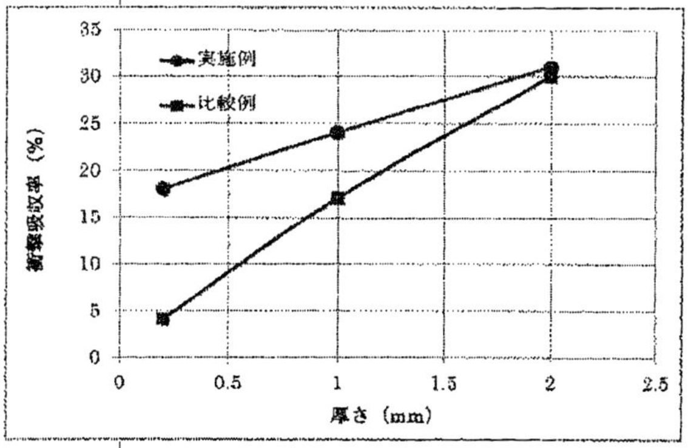

〈第Ⅵ編〉
市　場　編

第13章　高分子制振材料の開発と市場

シーエムシー出版　編集部

1　高分子制振材料の今後の展望

1.1　制振性能と音響性能

1.1.1　制振性能の解析方法

制振材料は，基材（鋼，木，コンクリート，プラスチック等）に樹脂系，ゴム系，アスファルト系，金属系などの粘弾性材料の制振材を貼り合わせたもので，貼り合わせ方法によって「非拘束型（基材＋制振材）」と「拘束型（基材＋制振材＋拘束材）」に分けられる（図1）。

制振性能を表す一般的な指標は損失係数（tan δ）で，代表的な損失係数の測定法には半値幅法，減衰率法，機械インピーダンス法などがある。これらの測定法はいずれも共振周波数付近で測定する共振法である。

1.1.2　音響特性（多孔質弾性材料中の音の伝搬）の解析方法

吸音材の開発においてあらかじめ音響特性を予測することは効率的な材料開発のために不可欠である。音響特性を予測したうえで開発を行うことにより，音響特性に最適な影響を与える材料のある物性値を把握して試作することで，製造段階での明確な目標設定を行うことができ，効率的に材料を開発できる。

弾性を持つ骨格（固体）部分とその間の空隙から構成され，その空隙が媒質（一般的には空気）で満たされている多孔質弾性材料における代表的な音の伝搬モデルにはEquivalent fluidモデル，Biotモデルの２つの解析モデルがある（表1）。

騒音発生源から空気中を伝わり多孔質材料表面に入射した音波は，骨格の隙間の空隙（空気層）を粗密波として伝搬し，多孔質材料裏面に透過する際に狭い隙間の壁との摩擦（粘性抵抗）よって熱エネルギーに変換されて減衰する。

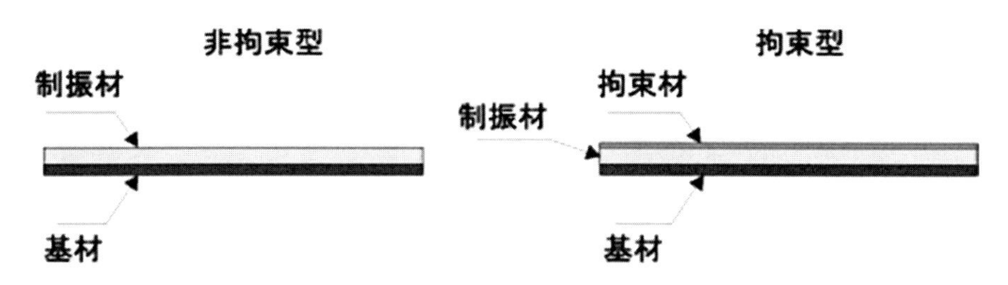

図1　非拘束型制振材料と拘束型制振材料の構成
（小野測器ホームページ）

表1　Equivalent Fluid モデルと Biot モデルの違い

モデル名	モデル	素材
Equivalent Fluid モデル	空気の部分のみモデル化 (骨格の振動を無視)	グラスウール フェルト ウレタン（膜なし）
Biot モデル	材料中の空気伝搬音と固体伝搬音を同時に考慮 (骨格の振動を考慮)	繊維材料 (無機繊維，有機繊維) フォーム材料 (発泡ウレタン，発泡ゴム) ※表面に非通気膜のある素材全般

Equivalent fluid モデルは入射音波が多孔質中の固体骨格には影響を及ぼさず，空気伝搬のみを考慮したモデルである。流れ抵抗が比較的小さい一般的な単層繊維系吸音材料の場合（多硬度が1に近い場合）には解析が十分可能で，設計ツールとして使用できる。しかし，繊維系吸音材料でも著しく通気性の小さい（流れ抵抗の大きい）材料や非通気性材料，積層された材料のように振動伝搬の割合が大きくなる場合には，多孔質材料中の固体骨格を伝わる振動のエネルギー減衰を考慮しないことから吸音性能を解析できなかった。

Biot（ビオー）モデルはヨーロッパで1990年代半ばにほぼ確立されたモデルである。Biot という研究者が1950年頃に水中の泥の中の音の電波をモデル化したものがもとになっていることから Biot モデルと名づけられており，フランスの Allard らがさまざまな改良を加えて，空気を媒質とした多孔質弾性材料に適用したことで現在のモデルが構成されている。主にウレタンフォーム（特に膜が残っているもの）に対して用いられてきたが，繊維系材料でも表面に非通気膜が付いている場合は非通気膜を空気伝搬音が伝わらず，固体伝搬音が繊維系材料に伝わるため Biot モデルが用いられている。

Biot モデルは，Equivalent fluid モデルと異なり，材料に音が入射したときに材料の空隙部分だけでなく，骨格部分も音が伝搬すると考え，骨格部分を伝わる音（固体伝搬音に相当する）と隙間の空気を伝わる音（空気伝搬音に相当する）および空気の粘性や慣性力による相互作用を考慮した解析モデルである。

現在では，Biot モデルは異なる材料が複雑に入り混じったマトリクス中の振動伝搬を取り扱う際の基礎モデルとして，地震波解析，土木工学，人体模型，音響振動学など幅広い分野で活用されており，繊維材料（無機繊維，有機繊維）やフォーム材料（発泡ウレタン，発泡ゴム）の解析にも使用されている。

1.2　高分子制振材料の応用展開

1.2.1　自動車用途

(1) 概要

技術的に成熟したといわれていた自動車業界において，ハイブリッド車や電気自動車など動力源の電動化という自動車の根幹を変えるような動きが世界的に進行している。また，消費者の求める品質のレベルが年々上がっており，自動車においても安全性，耐久性，静粛性などの品質を常に改善していくことが重要になっている。

ハイブリッド車や電気自動車においては，従来の内燃機関の寄与は小さく，もしくはゼロになり，自動車の振動騒音レベルは全体的に小さくなると期待される。しかし，内燃機関に起因する騒音によるマスキングがなくなったことで，ロードノイズや風切り音など他の騒音が目立つようになってくる。そのため，これらの騒音をコントロールする高度な振動騒音低減技術の必要性がこれまでにも増して高まっている。

一方，車体構造や防音材には高性能化に加えて，年々増加する搭載電子機器やハーネスなどの重量に対して，自動車全体の重量を抑えるうえから一層の軽量化が求められている。自動車全体に対する質量比率は大きくない吸遮音材においても，軽量かつ高性能というトレードオフに対する解を求める技術が求められている。

それに加えて，2016年に自動車および二輪車の車外騒音の規制値が引き上げられ，エンジンやタイヤから発せられる放射音の抑制やエンジンルーム内の吸音・遮音性能の検討，向上がこれまで以上に求められている。すでに，一部の自動車ではエンジンを防音材によりカプセル化し，エンジン放射音を低減するとともに，断熱性を向上させて夜間のエンジンオイル温度低下を抑制し，始動直後の燃費向上もあわせて実現する取り組みや，エンジンルームやフロアパネルの下部に吸音性能や遮音性能を付与したアンダーカバーを設置して車外騒音を低減する取り組みが実用化されている。

自動車の騒音にはさまざまな音源（起振源）があり，これらの起振源から車室内に伝達される音の大小は加速中やクルーズ走行中あるいは路面状態などの走行状況や自動車の種類によって異なる（表2）。走行中の車室内騒音を低減するには，すべての起振源に対する騒音対策を施すことが理想であるが，その場合多大な手間，時間を要するだけでなく，車両重量が増し，燃費性能

表2　自動車騒音の主要な音源

音源	概要
エンジン音	エンジンが運動することによって発生する音。クランク－ピストン系の運動による惰性力や燃焼に起因する音，動弁系やギアなどの機械音などがある。
吸気音	エンジンの吸気に伴う脈動音。吸口や空気感などから放射され，特に急加速時に大きな音を発する。
排気音	排気に伴う振動音。排気口やマフラーから放射され，低周波の音が生じる。排気システムの振動が要因となる場合もある。
モーター音	モーターが作動する際に発生する騒音。モーターの極数は発生する音の周波数に影響を及ぼす。
ロードノイズ	走行中に路面からの入力によって発生する騒音。タイヤのパターンによるパターンノイズやタイヤ内の空洞によって増大される気柱共鳴音などがある。粗い路面を走行時に車室内騒音増大の主要因となる。
ウインドノイズ	走行中に風が車体にあたることで発生する騒音。高速走行時などで大きく発生する。

（シーエムシー出版『自動車制振・遮音吸音材料の最新動向』，p.1 を図表化）

や運動性能を大きく低下させることにつながりかねない。そのため，自動車騒音の対策においては，他機能への影響を考慮し，車室内騒音に影響の高い部品を把握したうえで，必要最低限の対策を施すことが効率のよい車室内騒音対策となる。

自動車における騒音の制御は，構造の固有値とモード形の適切な設計，防振機構の採用，制振材の利用など振動にかかわる対策と，遮音材と吸音材など直接的に音を低減する対策によって実施されている。また，振動を抑える対策は最終的には騒音の抑制を目的としていることが多い。起振源となっているユニットは複数の車両で共用されるのが一般的であり，個別の車両の開発においては振動よりも騒音の抑制に多くの時間が割かれている。

騒音対策は固体伝搬騒音と空気伝搬騒音に分けて検討される。固体伝搬騒音は力が構造を加振する騒音であり，加振力は力である。空気伝搬騒音は音が構造を加振する騒音であり，加振力は体積変化である。騒音低減の手段は，低い周波数については車体の特性の適正化，中周波と高周波については防振，制振，吸遮音の組み合わせで行われている。代表的な遮音材には防音パッケージを構成するダッシュインシュレーター，フロアカーペットなどがあり，車体パネルが振動しても遮音材表面の振動レベルを低く保つことで騒音の放射を抑えている。遮音材の性能は材料の特性よりもシステムとしての特性に依存しており，遮音材を構成するバネ（吸音材）の吸音率と遮音性能は一般的に比例しない。遮音材だから遮音特性，吸音材だから吸音特性を把握しているだけは自動車の遮音対策は万全ではなく，どの周波数でどのような影響があるかに関する解析方法と対策に熟知していることが重要となっている。

一方，車室内の音環境設計においては，車室内で発生する音を「騒音」（不快で好ましくない音）と定義して不要な音を除去，制御するアプローチに加えて，音の価値を積極的に活用する「サウンドデザイン」からのアプローチの重要性が指摘されている。現在でも環境的要請から駆動系騒音は低減されつつあるうえ，今後電気自動車やハイブリッド自動車，燃料電池車などの次世代電動駆動車両では，駆動系由来の音はますます小さくなっていく。また，燃費向上の目的での狭幅タイヤの利用普及や道路騒音対策のためのタイヤ路面騒音の規制強化などに伴い，タイヤ路面系の騒音も低減される可能性もある。その結果，これまで駆動系，タイヤ路面系の走行騒音によってマスクされていた音（空調系や冷却系の稼働音など）が顕在化し，不快音を誘発するという問題が指摘されており，適切な相応音を車内に提供することで不要な音をマスクし，不快感の低減や自快適な車室内音環境を実現する設計が期待されている。

車室内音環境の構成要素としては情報提供のためのサイン音も重要となる。より短時間で，言語によらず車両側から運転者に提供するチャネルとして聴覚を用いることは運動行動を阻害しないという点で有利であり，サイン音を利用して目的に応じた情報を伝達することは有益な手段である。そのためには，確実に聞き取ることができ，かつ大きすぎず快適に聴こえ，緊急性や重大性などその意味が適切に理解されるサイン音のあり方が求められる。また，付加的性能として美しさや感性的質感が感じられることなど，些細な点にまで配慮された適切なデザインが求められる。

先進運転支援システム（ADAS）や自動運転技術の発展に伴い，運転者に提供される情報量は増加し，その一部を音で知らせるサイン音の利用も増加すると考えられる。情報提示の手段としてはセンターコンソールのディスプレイやヘッドアップディスプレイ，ドアミラーからの光による警告機能などの新しい提示方法が実現しているが，その多くは視覚を介した情報提示である。一方，聴覚による情報デザインについての検討は十分に進んでおらず，適切なサイン音デザインに関する検討が求められている。

(2) 制振，防音対策

自動車用吸音材では不織布を中心とする有機系素材の比率が高まっている。不織布には多数の製造方法があり，それに応じて幅広い形態や特性が実現されているが，使用する原料や製法によるコスト面での差異が大きい。自動車用吸音材ではニードルパンチ製法による不織布が最も多用されており，それ以外の製法も顧客ニーズの変化に対応して徐々に利用度が高まりつつある。

不織布の吸音機構は，連続発泡体などと同様の多孔質型に分類され，細孔内部構造との摩擦による粘性抵抗や繊維自体の振動により音のエネルギーを熱エネルギーに変換し減衰させる仕組みである。吸音特性は一般に低音域で小さく高音域で大きいが，吸音材および空気層の厚みに応じて低音側の性能が向上する傾向がある。同じ多孔質吸音材でありながら，不織布と発泡体は各々の素材や構造特性に違いを反映した吸音特性を示すため，用途に応じた使い分け，あるいは両者を複合して効果を組み合わせる必要がある。

自動車用不織布系吸音材の代表的な製品は，スイスのオートニウム社の「リエタ・ウルトラライト」や3M社の「シンサレート」などである。オートニウム社は長い間協力関係にあったトヨタ紡織，日本特殊塗料との間で，2017年に自動車内外装システムのNV評価，解析，先行開発を行うATNオートアコースティクスをトヨタ紡織大口工場（愛知県丹羽郡）内に設立している。

不織布は自動車の内装（フロアーカーペット，天井など）や，エンジン周辺（フードインシュレーター，ダッシュインシュレーターなど吸音対策部品など）の性能向上のために広く使用されるようになっており，最近ではエンジンカバーなどでも静音設計が行われ始めている。今後，低騒音化，静音化が進む一方で，EVやHVの普及拡大に伴う電磁動作音や小さな音圧の騒音が増加するにつれて，自動車用吸音材には多様な騒音，異音への対応が求められている。その他，車種それぞれにふさわしい音響性能の追求，エンジン周辺騒音の車室内への侵入防止などへの対応も求められており，音響性能の追求ではノイズキャンセリング機能を有するダッシュサイレンサーなどが開発されている。

一方，エンジン周辺騒音の車室内への侵入防止では，メルトブロー製法により不織布を表面層として吸音特性の向上を図る複合吸音材の使用が増加しており，メルトブローする不織布もポリエステルなど耐熱性の高いものが開発されるようになっている。また，エンジン近傍では高い難燃性も必要となることから，ポリエステル系をはじめアラミド繊維を用いた不織布系吸音材などより高い耐熱難燃性を指向する開発が進んでいる。

一方，金属板への孔加工技術の進展に伴い，孔を細孔化して粘性減衰効果を高めることにより繊維系吸音材と同等以上の吸音性能を発揮する微細多孔板による吸音構造の実用化が進んでいる。最近では騒音を放射している構造の表面に空気層を介して金属製多孔板を設置することによって大幅な騒音低減する事例も現れている。

塗料系制振材料は，1954年に自動車用アスファルト系制振シートが上市されボディパネルの車室内部に施工されたことを契機として，主にボディパネルの室内側に施工され，制振性付加による防音効果の向上を目的として拡大してきた。その後，COP3京都議定書等によって，CO_2排出が規制され，自動車の燃費すなわちCO_2排出量に大きな影響を与える自動車重量の低減が進むにつれて，シート系制振材よりも施工工法や材料構成の自由度が大きい制振塗料への代替が急速に進み，現在では自動車用制振材料全体の70%程度を占めるまでに拡大している。

通常，制振塗料はラッカーエナメル，エマルション系塗料などの揮発成分が離脱するグループ，エポキシ，ポリエステル，ポリウレタン系塗料などの重合，架橋グループ，紛体塗料，ホットメルト接着剤などの溶融グループ，酸化反応グループ（調合塗料），ゲル化グループ（プラスチゾル塗料）の5グループに分類される。その中で，現在では環境負荷が少ない水系塗料層主成分が選定されることが多くなっている。また，塗工方法も刷毛塗りからコテ塗り，エアスプレー，圧縮ポンプを使ったエアレススプレー，スリットノズルまで対象物ごとにさまざまな工法が採用されている。自動車製造現場では，厚塗りが可能で数百メートル離れた貯蔵タンクから塗装現場まで塗料を圧送して塗装ロボットを使って自動塗装できる大量生産に適したスリットノズルを使用する方法が数多く採用されている。

自動車用制振塗料は，自動車重量の低減要請，施工場所の最適化を可能にするシミュレーション技術の急速な発展，塗工方法の改良などを背景としてシート型制振材を代替してきたが，将来的にも進化を継続し，自動車の室内空間の快適化と燃費改善に寄与する材料として拡大していくものと推測されている。

1.2.2　建築用途

(1) 概要

建築物の振動問題は2種類に大別できる。1つは地震や強風など建築物自体を破壊してしまうほどの大変形振動であり，もう1つは空気伝搬音や固体伝搬音など建物利用者の快適性にかかわる微小変形振動である。物理量的に見た場合，これらは入力エネルギーの大小や振動の周波数の違いとなる。そのため，どのような制振材料を使用するかについては，入力振動の周波数に依存している（表3)。また，快適性に関しては利用者の主観の関与が大きく，明確な境界は存在しない。

建築分野では制振問題は振動と騒音が主要関心事であり，1995年に阪神淡路大震災が発生するまでは免震，制震はほとんど関心を持たれていなかった。

建築における音対策においては，空間容積と重量に比較的自由度が高い。そのため，音環境の改善では必要に応じて背後空気層を十分に確保して吸音性を強化したり，重量材料の追加で遮音性を高めたりしている。また，難燃性要求は自動車よりも厳しく，特に有機素材の使用可能範囲

表3　入力振動に対する使用部材

入力振動	振動源	地震・風		微振動・騒音
	周波数	～数Hz		数Hz～数kHz
部材		免震用ゴム	制振ダンパー	遮音材，吸音材，防振装置材
設置場所		建物の基礎・床下に接地	建物の柱，梁などに設置	建物内部の振動源，対象物の周囲に設置
効果		建物を自然災害から守る	居住者の快適性を向上させる	

（シーエムシー出版『高分子制振材料・応用製品の最新動向Ⅱ』，p.116）

に制約がある。建築用途ではグラスウール系素材が現在でも吸音材の主流を占めている。

(2) 地震・風対策部品（免震／制振材料）

地震や風対策の制振材料には主に有機材料や金属材料が使用されている。有機材料の制振部材には免震用積層ゴムや電力などのエネルギーの入力を一切必要としないパッシブ系制振部材などがあげられる。また，金属部材には鋼材ダンパーをはじめ鉛ダンパー，鉛プラグ入り積層ゴムなどの材料がある。

免震用積層ゴムは地震による振動エネルギーが直接建物に伝わらないように設計された免震構法において基礎部と上部構造の間に絶縁体（アイソレータ）として配置される。天然ゴム系積層ゴム，鉛プラグ入り積層ゴム，高減衰積層ゴム，弾性すべり支承などの種類がある。

天然ゴム系積層ゴムは天然ゴムを使用した積層ゴムで，減衰性が低く（等価減衰定数で2～3%程度），線形性に優れ，安定した復元力特性を示す。別途ダンパーを併用する必要があるが，ダンパーの種類や減衰量の設定を微調整することが可能になっている。

高減衰積層ゴムは減衰性の高いゴムを使用した積層ゴムで，ゴム材料自体でばね機能と減衰機能を発揮する。一般にダンパーが不要となり，設置コンパクト性に優れている。履歴曲線が比較的滑らかなため，建物だけでなく，建物内部の精密機器などへの免震効果も期待できる。

鉛プラグ入り積層ゴムは天然ゴム系積層ゴムの中心部に鉛プラグを封入した積層ゴムで，天然ゴム系積層ゴム部がばね機能を，鉛プラグ部が減衰機能を発揮する。一般にダンパーが不要で設置コンパクト性に優れており，弾塑性的な履歴特性を示し，鉛プラグ径を増減させることにより，減衰量の設定を微調整できる。

弾性すべり支承は天然ゴム系積層ゴムの端面にすべり材（PTFE系材料）を装着した積層ゴム部分と，SUS材を主体とするすべり板部分により構成されている。小変形時には積層ゴムが変形し，変形が増大するとPTFE材とSUS材の間ですべりが発生し，変形に追従する。すべりが発生すると復元機能がなくなるため，通常は天然ゴム系積層ゴム，高減衰積層ゴム，鉛プラグ入り積層ゴムと併用される。

オイルダンパーは油の粘性を利用して衝撃や振動をやわらげる装置で，建築物だけでなく自動車や航空機などにも使用されている。一般に免震は建物の下に免震装置を設置して地震の揺れが建物に伝わらないようにするもので，多くの場合，建物と基礎の間に免震装置を置いた基礎免震が使われており，上下には硬く水平には軟らかい積層ゴムで建物を支えて，地盤の揺れに比べて建物の周期を長周期にして共振を避け，揺れにくくしている。しかし，地盤の揺れ方によっては建物が大きく揺れる場合があり，それに備えて揺れが早く減衰するように鉛ダンパー，鋼材ダンパー，摩擦ダンパー，オイルダンパーなどが組み合わせて使われている。免震に使用されるオイルダンパーは水鉄砲のようなもので，水の代わりにオイルを使用している。

一方，建物そのものの揺れを早く減衰させるために建物に付加的に減衰の仕組みを入れる制振は，多くの場合高層ビルに使われている。高層ビルは減衰が小さく，共振すると大きく揺れが増幅するため，長周期地震動対策用に制振が使われている。建物に付加的な減衰装置を入れたパッシブ制振が主に用いられており，壁やエレベーターシャフトの中などにオイルダンパーをはじめとする各種ダンパーが使われている。また，高層ビルの風対策用には質量同調ダンパー（TMD）が屋上に設置されている。

オイルダンパーのメリットは，積層ゴムと比べ取り換えに手間がかからないことにある。積層ゴムは建物の重さを支えているため，ジャッキアップした上で取り替える必要があるが，オイルダンパーはボルトで固定しているだけなので取り替えが比較的容易に行える。特に免震の場合には，地下の免震層での作業になることから，業務などへの影響もなく，1日で数本の取り換えが可能である。一方，制振の場合はオイルダンパーが壁やエレベーターシャフトの中などにあるため，壁を取ったり，エレベーターを止めたりする必要が生じ，長い工事期間が必要になる。

建物用のオイルダンパーの難点は，自動車用の小型ダンパーとは異なり製作に時間がかかることである。自動車用は自動化した生産ラインで効率よく製造されるが，建物用は年間に千本程度しか製造されない大型装置であり，一品生産の手づくりに近い方法で製造されている。

粘性ダンパーは粘性体の流動抵抗を利用したダンパーで，粘性減衰機構によりエネルギーを吸収して揺れを吸収する。地盤と建物の間に設置される免震装置の一種で，シリコーンオイルなどの粘性流体を密閉封入したシリンダーとピストンで構成され，建物に伝わる地震の揺れを粘性流体の摩擦抵抗により低減する。シリンダー内に充填された粘性流体中をピストンが移動することで抵抗力を発揮する。微細な風揺れから大地震まで制振効果を発揮する一方で，温度の影響を受ける。また，ダンパーに使用されているオイルに可燃性のものが多く，安全面での配慮が必要になる。特殊なオイルを使用し複雑な構造をしているものが多く一般的に高価であるなどの短所がある。

粘弾性ダンパーは鋼板が平行移動する際，鋼板の間に挟み込まれた特殊なゴムの粘弾性体がせん断変形して抵抗力を発揮し，振動や地震エネルギーを吸収して建物の水平揺れを低減する制振装置（材料）である。小変形から大変形まで対応することが可能で，自己修復性があり，変形後すみやかに元に戻るのでメンテナンスが不用となる。新築だけでなく，老朽化の進んだ建物の耐震補強や補修などにも用いられている。

金属材料の鋼材ダンパーは，鋼から特殊な合金まで金属材料を用いたダンパーの総称である。金属材料に力を加えて変形させるとある時点から急に柔らかくなり変形が進んでいく（降伏）。

降伏するまでは力を抜くことで元の形状を回復するが，降伏以降は力を抜いても元の形状にまで戻らず，降伏以降に変形した分だけ変形が残る。変形が残るということは金属を変形させたエネルギーが金属内に留まっているということであり，金属材料は降伏により建物の振動エネルギーを熱エネルギーに変換することでエネルギー吸収を行っている。

鋼材ダンパーは他のダンパーのように複数の材料を組み合わせたり，複雑な機構を持ったりすることがないため，メンテナンスフリーかつ安価で製造できるメリットがある。一方，金属が吸収できるエネルギーには限界があることから，巨大な地震に何回も遭遇したり，台風により何時間も繰り返し変形させられたりするとダンパーの限界を超え，エネルギー吸収を行えなくなる場合がある。有機系ダンパーよりも耐久性が劣っているため比較的大きな揺れに対してしかエネルギーを吸収しないように設定する場合が多く，微小な揺れには効果がなくなるなどの短所がある。

摩擦ダンパーは材と材の摩擦を利用してエネルギー吸収を行うダンパーである。一般的な摩擦ダンパーでは特殊な摩擦材を重ね合わせて摩擦面を構成し，ボルトにより締め付けることで摩擦面に力を導入している。摩擦係数と締め付ける力を調整することで，ダンパーの特性を変化させることができる。ダンパーを引っ張る摩擦力（「摩擦面の摩擦係数」×「締め付ける力」）を超えると摩擦面に滑りが生じる。滑って変形したあとは力を抜いてもダンパーは元には戻らず，滑った分だけ変形が残る。

摩擦ダンパーは鋼材ダンパーに比べると複雑な機構であるが，使用しているのは金属だけでありメンテナンスの必要がほとんど生じない。また，ボルトの締め付け具合によりダンパーの特性を変化させることができることも，最適な摩擦力が建物ごとに変化する建築物の制振において使い勝手がよい。

反面，摩擦ダンパーでは摩擦面にはボルトの締め付けにより非常に大きな圧がかかっており，それが何度も繰り返し滑るため，摩擦材の表面に傷がついていく。そのため摩擦係数が変化し，想定した摩擦力を発揮しなくなる場合がある。摩擦ダンパーの耐久性は鋼材ダンパーよりは高いものの，他のダンパーと比べると劣っている。また，あまり小さな揺れから滑り出すように設定すると，大きな揺れに対する力が不足するため，鋼材ダンパー同様，風揺れや小地震にはエネルギー吸収させないのが一般的である。

建物の免震や制振に多く使用されているのは従来から金属材料を使用した鋼材ダンパーであるが，最近ではオイルダンパーの使用量が増加しつつある。また，制振材の用途は高層ビルなどの建築物から戸建て住宅などの一般建築まで広がっており，主にパッシブ系制振材が使われている。

(3) 微振動・騒音対策部品

騒音対策で対象となる音には空気伝搬音と固体伝搬音があり，空気伝搬音対策では遮音（エネルギー反射）と吸音（エネルギー吸収），固体伝搬音では防振（エネルギー反射）と制振（エネルギー吸収）が必要となる。

一般的に遮音材には鋼板，セメント板，軟質遮音シートなどが使用されており，吸音材には多孔質型吸音材を中心に有孔ボード，複合多孔質材料などが使用されている。一方，防振対策には振動絶縁材料としてゴムなどの弾性体や各種ばね，制振対策にはブチルゴム，粘弾性体などの高分子材料，拘束型制振鋼板などが使用されている。

遮音材は音をできるだけ多く反射させて音をさえぎることを目的とする材料で，抜ける音が小さいものほど遮音性が高い。軟質遮音シートの代表的な材料の1つはゼオン化成の「サンダムシート」で，隣室との壁・天井防音用，マンション排水騒音防止用，空調ダクト用などの製品がラインアップされており，その他に特殊用途として空港基地周辺民家防音用の製品がある。

多孔質型吸音材料は，骨格部分と空隙（空気層）で構成される多孔質材料に入射した音のエネルギーの一部が，空隙中で骨格部分の周壁との摩擦や粘性抵抗，骨格の振動などによって熱エネルギーに変換されることで吸収されるメカニズムを利用している。グラスウール，フェルト類，ウレタンなどの材料があり，住宅には断熱材のグラスウールが吸音の目的でも用いられている。また，フェルト類やウレタンフォームは自動車をはじめとする産業機械などの遮音，吸音に用いられている。

グラスウールは他の材料と比べて難燃性という利点がある一方で，ガラス繊維が飛散して肌に刺さることがあり，人目に触れる場所やガラス繊維が飛散してはならない場所では飛散防止策が施されて使用される。

有孔ボードは石膏ボードなどの板に直径5～15 mm程度の孔を多数あけた孔あき吸音材料である。音がこの孔を通るときに，孔のまわりで摩擦が発生，音が熱エネルギーに変換されて吸音される。そのため，孔あき板の背後には空気層があり，背後の空気層を含めて「孔あき板吸音構造」といわれている。石膏ボードのほかにもストレートボード，ハードファイバーボードなどが使われている。

複合多孔質材料では原材料にPET繊維100%のフェルトをはじめポリエステルを使用した断熱・吸音材が普及している。ホルムアルデヒドやVOCなどの有害物質を発生せず，次世代省エネ基準に対応している。高性能グラスウールと同等以上の断熱性能を有しており，グラスウールと同じように施工できる。グラスウールのような刺激性がないため，資産防止策も不必要である。建材だけでなく，自動車のドアやエンジンルークの吸音材としても使用されている。

アルミ繊維吸音材はバインダーを使わずに圧力プレスのみでアルミ繊維をアルミエキスパンドメタルで挟んだ吸音材料である。アルミニウム100%であるため，耐食性に優れ，非常に軽量であり，リサイクルも可能である。特に高音域で効果が高く，低音域には空気層を設けて効果を向上させている。屋外，屋内の環境が悪い箇所でも効果を発揮し，水に濡れてもすぐ乾き，乾けば吸音効果が持続する。また，油分は洗剤で洗い取ることができる。グラスウールやロックウール，スポンジ状のウレタンフォームなどや裏面の特殊アクリル繊維を原料とした不燃樹脂不織布と組み合わせて空気層をプラスすることでより高い吸音効果を実現できる。

建築用途では自動車用途とは異なり，多孔質体とは異なる特性を持つ板や膜などの反射系材料を組み合わせることにより，低周波域の吸音特性を向上させる試みが行われている。また，不織布と1mm以下の微細多孔を持つ板やシートを重ねることで，中高音域＋特定周波数域を対象とする高性能吸音材が研究成果として数多く発表されている。

一方，防振対策の中心は振動絶縁材料であり，ゴムなどの弾性体やコイルばね，空気ばねなどの各種ばね材料がある。また，制振対策にはブチルゴムや粘弾性体，拘束型制振鋼板などさまざまな材料が幅広く使われている。

1. 2. 3　鉄道関連用途

(1) 鉄道騒音／振動の種類

鉄道では車両走行に伴うさまざまな騒音，振動が発生しており，それらの低減は重要な課題となっている。騒音およびその発生源である振動の原因は多様であるが，制振，吸音，防振対策において各種高分子材料が重要な役割を担っている。

鉄道は多様な騒音発生源を有しており，それぞれの特性に応じた対策が採用されている。音源のパワーは速度によって異なるので，新幹線と在来線では音源のパワーが異なっている。在来線では一般的に，車両走行に伴い車輪とレール間で発生する転動音と構造部の部材振動に起因する構造物音の2音源が卓越しており，一部の車種ではモーターファンなどの車両機器音も問題となる。一歩，新幹線では速度依存性が大きいため，高速域では寄与度が高まる車両空力音および集電系騒音が転動音と並んで主要な音源となる。

転動音は在来線，新幹線ともに主要な音源で，車両走行に伴い車両とレールとの周期的，衝撃的接触により励起される両部位の振動に起因する騒音である。この騒音はレール頭頂面と車輪踏面における凹凸の状態に依存し，レール頭頂面や車両踏面の形状変化によって変化する。また，曲線通過時に発生するきしり音やレールの継ぎ目やポイントなどレールの不連続点から発生する音なども大きな騒音となる。

主電動機の冷却用ファンから発生する空力音であるモーターファン騒音も問題となる。特に問題が大きいのはディーゼル走行する気動車で，車両が力行加速条件で走行するとき大きなエンジン音が発生する。その他，車両機器音には駆動装置のギア音，インバータの電磁音などの車両搭載機器の騒音があるが，それらはモーターファン騒音と比べるとパワーが小さい。そのため，沿線騒音への影響は小さいが，車内においては問題となる場合もある。

構造物音はコンクリート孔加工や鋼橋の部材の振動に起因する騒音であり，そのパワーは列車の速度に依存している。構造物音の大きさは転動音同様レール頭頂面と車輪踏面の凹凸の状態に依存し，同時に軌道と構造物の振動絶縁の程度にも依存している。

車両空力音は走行時に車体が風を切る音であり，パワーは車両速度の約6乗に比例する。車両速度が遅い在来線では小さいが，新幹線では大きな騒音となり，車用空力音の低減が新幹線の速度向上を行ううえでの大きな課題となっている。

集電系騒音は車両走行時にパンタグラフおよびその周辺部材が風を切ることにより発生する集電系空力音やパンタグラフ舟体とトロリ線の摺動に伴う摺動騒音，パンタグラフ舟体とトロリ線が離線する際にアッセイするアーク騒音などで構成される。集電系空力音のパワーも速度依存性を有するため，新幹線では大きな課題となる。

(2) 騒音／振動対策

鉄道沿線の騒音対策では従来から軌道，構造物に対する対策が中心的役割を担ってきた。軌道や構造物に対する対策は，鉄道騒音の中で大きな割合を占める転動音や構造物音の低減に直結している。また，車両機器音や車両下部から発生する空力音の沿線への伝搬を低減する対策にも結びついている。

軌道，構造物における騒音伝搬対策は主として防音壁の設置と吸音材の適用で行われている。防音壁の設置は沿線騒音に対する基本的な対策であり，沿線騒音対策の中心を担ってきた。防音壁には優れた遮音効果や耐候性に加えて，吸音性や周囲の環境を損なわない環境適合性などが求められている。現在ではパネル各部材の接合部の気密性を向上するとともに，騒音吸収孔と吸音材による吸音タイプやポリカーボネート板やアクリル板を使用した透光性遮音タイプなどの製品が開発されている。また，パネルの外板にはアルミ板と高耐候性めっき鋼板または亜鉛鉄板などが使用されているほか，吸音材のポリエステルには特殊撥水クロスなど用い，グラスウールは特殊フィルムで保護するなど耐候性が強化されている。また，グラスウールに代えて発泡プラスチック材などが適用されるようになっている。さらに，環境適応では防音壁設置箇所の周辺環境にマッチした配色，透光性を有したタイプが使用されているほか，壁形状のデザインによる景観対策も施されるようになっている。

電車走行時や線路補修時の騒音の低減は，車両および軌道双方からのアプローチが実施されており，車両ではステンレス車体への置き換え，パンタグラフのシングアーム化など車両の軽量化を通じた騒音，振動の軽減，ブレーキ時に発生するフラットと呼ばれる車輪の磨耗を低減し，騒音低減，ブレーキ性能を向上させる滑走防止制御装置（ABS）の導入，カーブの通過時に車輪の振動により発生するきしり音の低減を目的とする振動吸収素材が入った防音車輪の導入などの施策が採られるようになっている。

一方，軌道側ではレールの削正，ロングレール化，消音バラストなどの一般的な対策に加えて，夜間線路の砕石を突き固めて線路のゆがみを生成する保守作業に防音壁付きマルチプルタイタンパーを採用したり，カーブ通過時のきしり音の低減を目的としてソーラーシステム塗液装置を導入し，電車の通過をセンサで認識させるとともに塗油の代わりに環境にやさしい水溶性の塗液を使用したりするなどの施策が開発されている。

さらに，高架橋などではバラストに代えて，コンクリート道床上に弾性材（ゴム）を介して枕木を固定する弾性枕木直結軌道が採用されている。スラブ軌道が敷設された区間の分岐器の部分や高架の継目がスラブの長さと合わない箇所，高架の継目と線路が直交していない箇所などにも敷設されている。バラスト軌道は列車の重量や振動などによる軌道の狂いが生じやすいため定期的な保守管理を必要とするが，弾性枕木直結軌道は弾性材を用いるため軌道の狂いが起こりにくく，保守管理の手間が低減されるメンテナンスフリーの省力化軌道である。最新のＤ型は従来の弾性枕木直結軌道とは異なり，道床を破壊せずに弾性材を交換できるほかスラブ軌道よりも騒音・振動が少ない特長があり，つくばエクスプレスや福岡市地下鉄で全面採用されている。

転動音については，レールの制振により車両とレールの共振を防止するレールダンパーが開発されている。この制振デバイスを使用することで，レール振動の共振ピークが抑制され，レールの共振化で特に重要な700 Hz～1,500 Hzに対して約10dB低減することができる。

現在では車両速度の向上に伴い，沿線騒音対策に加えて快適な車内環境を実現する車内騒音対策の重要性が増している。車内騒音対策は制振，吸音，遮音などの防音機能の付与を中心に取り組まれている。車内騒音の音源は車体から発生する風切音や車体の転動音，台車の振動が車体に伝搬して上床や内装など振動させることで発生する音などさまざまな原因がある。これらの音は空気伝搬音，固体伝搬音，流路伝搬音（直接音）に大別される。空気伝搬音は風切音や転動音などの車外騒音が抗体，窓などを透って侵入したものであり，固体伝搬音は台車，床下機器などで発生した振動が構体を伝わり，上床や内装を振動させて車内空間で発音したものである。また，直接音である流路伝搬音は空調機器などの発生音やダクト内の気流音がダクト空間や隙間から侵入して発生する。

高速走行する新幹線では，床部対策としては発泡樹脂入りアルミ床板の開発や上床の弾性支持方式の改良および根太の切り欠き，側面および天井対策ではコストの上昇や重量の増加につながらない吸音材の開発，窓対策では空気層を厚くした複層ガラスの開発などが実現している。その他にも消音空調ダクト，床下機器（主変圧器）のゴムによる弾性支持方式などが開発，採用されている。

高速鉄道を中心に車両対策として浮床構造が採用されており，床構造体と床材の間には浮床防振材が挟み込まれている。これらの防振材にはゲッツナー社の「シロマー」，「シロディン」などの熱可塑性エラストマーが用いられており，車内の騒音防止に役立っている。また，起振源である車両部品には車両台車の軸箱の両側に縦に設置し，縦（上下）に柔らかく，左右（前後左右）に堅い円筒積層ゴム，車体と台車を支えるリンク棒に両端の振動，摩耗を防ぐ一本リンク緩衝ゴム，蛇行動を抑えるダンパーの動きを緩衝するヨーダンパー用緩衝ゴム，車体の下に設置し，台車の振動を車体に伝えるのを軽減する床用防振ゴムなどの各種防振ゴムが開発されており，新幹線や在来線の車両に広く採用されている。さらに，「鉄道に関する技術上の基準を定める省令」やREACH規制，RoHS2.0指令に対応した鉄道用難燃性制振シート（ゴム，熱可塑性エラストマー）なども広く使用されており，クロロブレン系ゴムシートを中心に使用箇所や用途に応じてシリコーン系やフッ素ゴム系制振シートなどが利用されている。

1. 2. 4　船舶用途

(1) 概要

船舶では振動減衰技術が多くの箇所で適用されており，制振材料も多くの種類の材料が使用されている（表4）。船舶における振動，騒音の低減の目的には船内居住環境の改善，海洋調査のためのハイテク機器への影響低減，水中音響放射音の低減などがあげられる。船舶に先端技術を

表４　船舶における振動減衰箇所と使用されている制振材料

振動減衰箇所	制振材料
エンジンの基礎部	防振ゴム，制振材料
エンジンからスクリューへの伝達部	防振ゴム，フレキシブルカップリング，防振材
各種配管	吊下げ式防振ゴム，制振材料
発電機，空調機，冷凍機	機器支持防振ゴム，制振材
照明	吊下げ防振ゴム
浮き床，内装材，床	防振ゴム，制振材，防振パット
船体内層鉄板	制振材

（シーエムシー出版『高分子制振材料・応用製品の最新動向Ⅱ』，p.141）

利用したハイテク制御が導入されるにつれて，これらの技術や機器に対する振動による影響を防止する観点から，制振材料の多様化や高度化が進められている。船舶の振動減衰技術には，各種防振，制振，吸音，遮音技術が取り入れられており，全体の騒音レベルの低減が図られている。

船舶の主要な発生源は主機関（エンジン），プロペラ，発電機，空調機，冷凍機などで，これらから発生する騒音が空気中を伝わったり，構造体を伝搬したりして船全体に伝わることで発生する。主要な騒音は固体伝搬音で，構造体を通じて伝搬している。エンジンやフロア自体の騒音低減策はとられているものの，それのみでは限界があり，構造体の防振，制振，吸音，遮音技術を適用して低減されている。

船舶の制振では，鋼板のうえにエポキシ樹脂系塗料を塗布したり，制振シートを貼りつけたりする非拘束型の構造と，鋼板と鋼板，樹脂板と樹脂板の間に粘弾性材料からなる制振材を挟み込む拘束型の構造および積層型の構造が採用されている。また，制振材料の開発は材料の損失係数や弾性率など指標として進められている。

さらに，船舶では制振性能に加えて耐火性能を確保する必要がある。船舶用制振材料の難燃化にはハロゲン，有害性物質に配慮して難燃化した環境対応型の難燃性制振材料と有害性物質にそれほど配慮しない非環境型難燃性制振材料がある。

(2) 主な制振材

制振材には塗布型製品，シート型製品，積層製品がある。塗布型製品の主材料はエポキシ樹脂が使われており，シート型製品の材料にはエポキシ樹脂系，合成ゴム系，エポキシ樹脂と拘束板，合成ゴムとアスファルト，合成ゴムと特殊合成樹脂，エポキシ樹脂とポリアミド樹脂などの複合材料などがある。また，積層製品はステンレス＋粘弾性減衰材などで構成されている。昭和電線ケーブルシステムは塗布型製品，シート型製品など複数の制振，遮音材を上市している。合成ゴムベースの製品とエポキシ樹脂ベースの製品があり，吸音材と併用することで防音カバーなどからの騒音放射を効果的に低減する（表5）。

各種制振材を船舶の鉄部（0.6トン以上の構造体）に施工することは，特に低周波に対し最大効果を発揮する。大晃産業と日本特殊塗料は共同で高級国産車に標準採用されている制振材を特別に船舶用に改良，改質し，「オーシャンダンパー（表面仕上げ材）」と「オーシャンコンフォー

表5　船舶用制振材料

区分	製品名	主材料	標準寸法（mm）	接着方法	規格取得履歴
シート型製品	ショウダンプ® R-1	合成ゴム系	810×970×t3	感圧式 接着処理品	—
	ショウダンプ® R-3	合成ゴムおよび特殊合成樹脂	1000×1000×t2, t3		UL94V-0取得
塗布型製品	ショウダンプ® NH-1	エポキシ系樹脂（二液性）	主剤　10 kg 缶入 硬化剤　5 kg 缶入	接着	国土交通省（JG） 旧「難燃性表面床張り材」 東海検第55号
塗布型製品（防火対応）	ショウダンプ® NH-2	エポキシ系樹脂（二液性）	主剤　10 kg 缶入 硬化剤　5 kg 缶入	接着	国土交通省 表面燃焼性試験（FTP code Part5） 表面仕上材 型式承認番号 第F-249号
		ガラスクロスおよび金属箔	幅1 m×10 m×7 mm	接着	

（昭和電線ケーブルシステムホームページ）

ト（一次甲板床張り材）」として上市している。オーシャンコンフォートは金属拘束層，制振材層，粘着材層の3層構造で構成されており，粘着材層があることで簡単に施工できる特長を有している。起振源より発生する50 Hz~500 Hz付近の中低周波にも有効な仕様にチューニング，設計されており，船内のエンジンルームから居室にいたるすべての鋼板部位の固体伝搬音対策として利用できる。両社では千葉県のエヌデーシーが開発したアルミ吸音材「NDCカルム」と組み合わせて船舶の騒音低減対策の提案を強化している。

NDCカルムは自動車部品製造で培われてきた焼結技術を世界に先駆けて吸音材に応用して開発された世界最高レベルの吸音効果を誇るアルミニウム吸音板で，国土交通省認定の不燃材であり，東北，上越新幹線などの防音壁にも採用されている。アルミ粉末を焼結し，体積の45%が空孔で空気を通すが，水分と油分は通しにくく熱にも強い。これらの性質が船舶の機関室やダクトなどへの応用でも強みとして機能している。

デンマークのロックウールインターナショナル社の船舶用不燃性防火構造材料「SeaRox」は，船舶防火用材の防火構造材料および不燃性材料として型式承認を取得しており，保温，断熱，吸音材として広く使用されている。中でもA60構造は$Rw \geqq 45$の遮音性能を有している。カッターナイフ，ハサミなどで簡単に切断でき，軽量で柔軟なため複雑な形状にも適用できる。各クラス防火区画の防火構造，パネル，フローティングフロア，換気ダクト内のサイレンサーなどの用途に使用されている。

グラスフェルトはガラス繊維に熱硬化性樹脂を加え，フェルト状，ボード状，円筒（カバー）状に成型した不燃性材料で，非常に軽量で，弾力性に優れている。また，熱伝導率が小さいため断熱性，保温性に富み，多孔構造のため吸音性にも優れている。船舶防火用材の不燃性材料として型式承認を取得しているほか，不燃性材料試験（2010FTP Code Part1）に適合しており，一般防熱区画の防熱，ダクト，配管の断熱および保温，通信室などの吸音材として使われている。

エーアンドエーマテリアルの「マリライト G-PH」はけい酸質原料，石灰質原料および補強繊維を主原料とした不燃性材料である。ロックウールより高密度であることから遮音性に優れ，加工性も容易である。表面にダップおよびポリエステル樹脂加工を施すことにより意匠性が向上し，客室，レストラン，エントランスホールなどの内装化粧基材や客室の床基材などに使用されている。また，「マリライト VL」は特殊合成樹脂と鋼板からなる難燃性の船舶用制振材で，床や壁に貼ることで振動エネルギーを吸収し，優れた騒音低減効果を発揮する。薄くて軽量であり，粘着剤付きのため貼るだけで施工できる。一次甲板床張り材や難燃性上張り材として使用されている。RoHS 指令による鉛，カドミウム，水銀，六価クロム，臭素の許容基準値をクリアしており，床，壁面の制振材料として使われている。

日本ゲッツナーの「Sylomer®Marine（シロマーマリン）」は船舶および海上プラットフォーム専用の制振材である。同製品は国際海事機関（IMO）の火災基準および海上における人命の安全のための国際条約（SOLAS 条約）ガイドラインに準拠する難燃剤として認定されており，同社は船舶用機器指令適合証明書「舵輪マーク」の認定を取得している。優れた静的対動的剛性比を有しており，数十年経過しても優れた材料特性を維持できる。また，厚みを抑えており，床構造の高さを削減できる利点もある。水，塩水，油，グリースへの耐性が高く，軽量で持ち運びと設置が簡単に行える。

船体内部を外部と完全に切り離すことができるので，ヨットの造船では壁や床に加えて，航行システム，エンジン，ポンプ，空気調和機，ジャグジーなどの騒音原因への対策として従来から広く使用されている。また，クルーズ船などの壁や床に防振振材として設置することで，エンターテイメントエリアの騒音と客室を完全に分離でき，快適な船旅を提供できる。作業船では乗組員エリア，操舵室，作業台を船舶の残りの区画から分離することにより，宿泊および作業条件を改善できる。また，輸送車が荷降ろしする区画を防振処理すれば，傷つきやすい物品の保護を併せて行うことができる。

2　高分子制振材料を取り巻く環境規制の動向

制振材料に関連する主要な環境規制法令には，騒音規制法と振動規制法がある。騒音は音波の空気伝搬により広域範囲に及び多数の人の健康面に影響を与えることから，大気汚染，水質汚濁（地下水を含む），土壌汚染とともに環境基本法の環境基準の１つに定められている。騒音規制法が環境基本法を根拠として定められているのに対して，振動は地盤構造による振動伝搬の特殊性および地域性により狭い地域での個別問題となるため，環境基準には含めず，別途振動規制法が定められている。騒音規制法，振動規制法はどちらも国民の生活環境を保全し，建康の保護に資することを目的としている。また，政府の目標として定められた騒音についての環境基準を達成するための対策であり，騒音や振動の地域住民からの苦情や相談に対処するためにも活用される法律である。

2.1　環境基準

環境基準は維持されることが望ましい基準として定められる行政上の政策目標で，その基本は大気汚染，水質汚濁，土壌汚染，騒音に係る環境上の条件として，環境基本法第16条に基づき定められている。環境基本法に基づくもの以外には，ダイオキシン類の環境中濃度の基準がダイオキシン類対策特別措置法に基づき設定されている。

大気汚染に係る環境基準の対象物には，二酸化硫黄，一酸化炭素，浮遊粒子状物質，光化学オキシダント，二酸化窒素，ベンゼン，トリクロロエチレン，テトラクロロエチレン，ジクロロメタン，ダイオキシン類，（非メタン炭化水素），微小粒子状物質が指定されている。大気汚染防止法が制定され，煤煙，揮発性有機化合物，粉塵，有害大気汚染物質，自動車排出ガスの5種類について規制している。大気汚染防止法は工場および事業場における事業活動や建築物の解体などによる煤煙，揮発性有機化合物，粉塵などの排出を規制して有害大気汚染物質対策の実施を推進するとともに，自動車排出ガスに関する許容限度を定めることなどにより，大気汚染からの国民の健康保護，生活環境の保全，建康被害が生じた場合における事業者の損害賠償の責任などを定めている。

水質汚濁に係る環境基準は，水質の人の健康に関する環境基準，水質（河川）の生活環境の保全に関する環境基準，水質（湖沼）の生活環境の保全に関する環境基準，水質（海域）の生活環境の保全に関する環境基準，地下水の水質汚濁に係る環境基準によって構成されており，それぞれに対象物が定められて水質汚濁防止法によって規制されている。水質汚濁法は，工場および事業場から公共用水域に排出される水の排出と地下に浸透する水の浸透を規制するとともに，生活排水対策の実施の推進などを通じて，公共用水域と地下水の水質の汚濁の防止を図るものである。また，工場や事業場から排出される汚水や廃液により健康被害が生じた場合の事業者の損害賠償の責任について定められている。

土壌汚染に係る環境基準は，土壌汚染による人の健康被害の防止を目的とする環境基準で，カドミウム，シアン，鉛，六価クロム，砒素，水銀などの人体に対する有害性物質を対象物としており，土壌汚染対策法が定められて土壌汚染状況の把握，土壌汚染による健康被害の防止が図られている。

ダイオキシン類についてはダイオキシン類対策特別措置法に基づき，大気，水質，水底の底質（底質の環境基準），土壌の環境媒質に関して濃度の基準が設定されている。

2.1.1　騒音に係る環境基準

騒音に係る環境基準は，一般騒音，道路交通騒音について定められており，その他に航空機騒音，新幹線鉄道騒音に対する環境基準が別途定められている。一般騒音，道路交通騒音については地域の類型および時間の区分ごとに表1～表3の基準値が定められており，各類型をあてはめる地域は都道府県知事により指定される。

また，一般地域，道路に面する地域，幹線交通を担う道路に近接する空間での騒音レベルは，睡眠影響および会話影響に関する科学的知見を踏まえて答申された中央環境審議会の屋内指針を踏まえて設定されている（表4）。

表4-1　一般地域

地域の類型	基準値	
	昼間	夜間
AA	50デシベル以下	40デシベル以下
AおよびB	55デシベル以下	45デシベル以下
C	60デシベル以下	50デシベル以下

① 時間の区分は昼間：午前6時～午後10時まで　夜間：午後10時～翌日の午前6時
② AAをあてはめる地域は療養施設，社会福祉施設等が集合して設置される地域など特に静穏を要する地域とする。
③ Aをあてはめる地域は専ら住居の用に供される地域とする。
④ Bをあてはめる地域は主として住居の用に供される地域とする。
⑤ Cをあてはめる地域は相当数の住居と併せて商業，工業等の用に供される地域とする。

表4-2　道路に面する地域

地域の区分	基準値	
	昼間	夜間
a地域のうち2車線以上の車線を有する道路に面する地域	60デシベル以下	55デシベル以下
b地域のうち2車線以上の車線を有する道路に面する地域及び c地域のうち車線を有する道路に面する地域	65デシベル以下	60デシベル以下

備考：車線とは1縦列の自動車が安全かつ円滑に走行するために必要な一定の幅員を有する帯状の車道部分をいう。

表4-3　幹線交通を担う道路に近接する空間

基準値	
昼間	夜間
70デシベル以下	65デシベル以下

備考：個別の住居等において騒音の影響を受けやすい面の窓を主として閉めた生活が営まれていると認められるときは，屋内へ透過する騒音に係る基準（昼間にあっては45デシベル以下，夜間にあっては40デシベル以下）によることができる。

表4-4　騒音影響に関する屋内指針

	昼間（会話影響）	夜間（睡眠影響）
一般地域	45デシベル以下	35デシベル以下
道路に面する地域	45デシベル以下	40デシベル以下

2. 1. 2　航空機騒音に係る環境基準

航空機騒音に係る環境基準は，昭和48年に環境庁により告示され，平成19年（2007年）12月に改正され，平成25年4月1日に施行されている。地域の類型ごとに表5の基準値が定められており，各類型をあてはめる地域は都道府県知事が指定する。平成19年の改正は航空機騒音の評価指標の変更で，最大騒音レベルを調査するWECPNL（加重等価平均感覚騒音レベル）からWECPNLでは対象にならなかった定常的な航空機騒音も測定・評価するLden（時間帯補正等価騒音レベル）に変更されたものである。

また，達成期間は飛行場によって異なり，表6のように規定されている。

表5　航空機騒音に係る環境基準

<table>
<tr><th rowspan="2">地域の類型</th><th colspan="2">基準値</th></tr>
<tr><th>Lden（H.25.4.1～）</th><th>WECPL（～H.25.3.31）</th></tr>
<tr><td>I</td><td>57デシベル以下</td><td>70以下</td></tr>
<tr><td>II</td><td>62デシベル以下</td><td>75以下</td></tr>
</table>

（注）Iをあてはめる地域は専ら住居の用に供される地域とし，IIをあてはめる地域はI以外の地域であって通常の生活を保全する必要がある地域とする。

表6　飛行場の区分と環境基準の目標達成期間

<table>
<tr><th colspan="3">飛行場の区分</th><th>達成期間</th><th>改善目標</th></tr>
<tr><td colspan="3">新設飛行場</td><td rowspan="2">直ちに</td><td rowspan="2"></td></tr>
<tr><td rowspan="5">既存飛行場</td><td colspan="2">第三種空港およびこれに準ずるもの</td></tr>
<tr><td rowspan="2">第二種空港（福岡空港を除く）</td><td>A</td><td>5年以内</td><td>—</td></tr>
<tr><td>B</td><td rowspan="2">10年以内</td><td rowspan="2">5年以内に，70デシベル未満とすることまたは70デシベル以上の地域において屋内で50デシベル以下とすること。</td></tr>
<tr><td colspan="2">成田国際空港</td></tr>
<tr><td colspan="2">第一種空港（成田国際空港を除く）および福岡空港</td><td>10年を超える期間内に可及的速やかに</td><td>1　5年以内に，70デシベル未満とすることまたは70デシベル以上の地域において屋内で50デシベル以下とすること。
2　10年以内に，62デシベル未満とすることまたは62デシベル以上の地域において屋内で47デシベル以下とすること。</td></tr>
</table>

備考：① 既設飛行場の区分は，環境基準が定められた日における区分とする。
② 第二種空港のうち，Bとはターボジェット発動機を有する航空機が定期航空運送事業として離着陸するものをいい，AとはBを除くものをいう。
③ 達成期間の欄に掲げる期間および各改善目標を達成するための期間は，環境基準が定められた日から起算する。

2.1.3 新幹線鉄道騒音に係る環境基準

新幹線鉄道騒音に係る環境基準は，平成12年（2000年）に最新の改正が実施されている。主に住宅地として供される地域とそれ以外の地域に区分され，それぞれ基準値が設定されている（表7）。また，達成目標期間は表8のように定められている。

表7　新幹線騒音に係る環境基準

地域の類型	基準値
Ⅰ	70デシベル以下
Ⅱ	75デシベル以下

（注）Ⅰをあてはめる地域は主として住居の用に供される地域とし，Ⅱをあてはめる地域は商工業の用に供される地域等Ⅰ以外の地域であって通常の生活を保全する必要がある地域とする。

表8　新幹線鉄道騒音に係る環境基準の目標達成期間

<table>
<tr><th colspan="3" rowspan="2">新幹線鉄道の沿線区域の区分</th><th colspan="3">達成目標期間</th></tr>
<tr><th>既設新幹線鉄道に係る期間</th><th>工事中新幹線鉄道に係る期間</th><th>新設新幹線鉄道に係る期間</th></tr>
<tr><td>a</td><td colspan="2">80デシベル以上の区域</td><td>3年以内</td><td>開業時に直ちに</td><td rowspan="4">開業時に直ちに</td></tr>
<tr><td rowspan="2">b</td><td rowspan="2">75デシベルを超え80デシベル未満の区域</td><td>イ</td><td>7年以内</td><td rowspan="2">開業時から3年以内</td></tr>
<tr><td>ロ</td><td>10年以内</td></tr>
<tr><td>c</td><td colspan="2">70デシベルを超え75デシベル以下の区域</td><td>10年以内</td><td>開業時から5年以内</td></tr>
</table>

備考：①　新幹線鉄道の沿線区域の区分の欄のbの区域中イとは地域の類型Ⅰに該当する地域が連続する沿線地域内の区域をいい，ロとはイを除く区域をいう。

②　達成目標期間の欄中既設新幹線鉄道，工事中新幹線鉄道および新設新幹線鉄道とは，それぞれ次の各号に該当する新幹線鉄道をいう。

(1) 既設新幹線鉄道　東京・博多間の区間の新幹線鉄道

(2) 工事中新幹線鉄道　東京・盛岡間，大宮・新潟間及び東京・成田間の区間の新幹線鉄道

(3) 新設新幹線鉄道（1）および（2）を除く新幹線鉄道

③　達成目標期間の欄に掲げる期間のうち既設新幹線鉄道に係る期間は，環境基準に定められた日から起算する。

2. 1. 4　在来鉄道騒音に係る環境基準

在来鉄道騒音については，平成 7 年（1995 年）に「在来鉄道の新設または大規模改良に際しての騒音対策の指針」が公表されている（表 9)。また，平成 27 年（2015 年）には「在来鉄道騒音測定マニュアル」が公表されている。指針では，新幹線とは異なり，等価騒音レベルを評価量として採用しており，新幹線鉄道騒音の環境基準が騒音レベルの最大値を評価量としているのと異なっている。

指針は普通鉄道および線路構造が普通鉄道と同様の軌道で，新規に供用される区間（新線）および大規模改良を行った後供用される区間（大規模改良線）における列車の走行に伴う騒音を対象としている。一方，住宅を建てることが認められていないまたは通常住民の生活が考えられない地域，地下区間，防音壁の設置およびロングレール化が困難な区間，事故等通常と異なる運行をする場合は適用しないことになっている。

また，在来鉄道騒音測定マニュアルは，在来鉄道の新設または大規模改良に際しての騒音対策の指針において示されている騒音の測定・評価方法が既設の在来鉄道に対しては適用されず，沿線地域において騒音の発生状況や暴露状況を統一的に把握することが困難となっている状況を改善するため，騒音対策指針が適用されない在来鉄道からの騒音の測定を行う場合の標準的な方法を示したものである。

表 9　在来鉄道の新設または大規模改良に際しての騒音対策の指針

新線	等価騒音レベルで昼間（6～22 時）は 60 デシベル以下，夜間は 55 デシベル（A）以下とする。住居専用地域等居住環境を保護すべき地域にあっては，一層の低減に努めること。
大規模改良線	騒音レベルの状況を改良前より改善すること。

2.2 騒音規制法

騒音規制法は工場および事業場における事業活動並びに建設工事に伴って発生する相当範囲にわたる騒音について必要な規制を行う法令である。また，自動車騒音に係る許容限度を定めること等により生活環境を保全し，国民の健康の保護に資することを目的としている。騒音規制法の規制対象は，工場・事業場（特定工場等）の騒音，建設作業音（特定建設作業），自動車騒音，深夜騒音などに分けられる。

地域の指定は広域的見地から都道府県知事が行うこととされており，その際，地域の実情に詳しい市町村長に聞くことになっている。また，この事務は地方自治法で規定する指定都市，中核市，特例市の長および特別区の長が行うこととされている。

(1) 特定工場等に関する騒音の規制基準値

工場・事業者の騒音は機械プレスや送風機など著しい騒音を発生する施設を設置する工場や事業場を対象としている。騒音規制法施行令により指定地域内で表10に示した特定施設を設置する工場および事業場は市町村長に対する届け出が必要とされており，それによって遵守義務，改善勧告，改善命令の規定が課せられる。また，特定工場等における規制基準値については，時間の区分および区域の区分ごとに定められている（表11）。都道府県知事は基準値の範囲内において，市町村長の意見を参考にして規制基準を設定する。

(2) 特定建設作業に関する騒音の規制基準値

建設作業音は建設工事として行われる作業のうち，くい打機など著しい騒音を発生する作業であって政令で定める作業を規制対象としている（表12）。工場騒音と同様に都道府県知事や市長が規制地域を指定するとともに，環境大臣が騒音の大きさ，作業時間帯，日数，曜日等の基準を定めており，市町村長は規制対象となる特定建設作業に関し，必要に応じて改善勧告などを行い，従わない場合は改善命令を出すことができる。

また，緊急時などを除いて，騒音の大きさや作業時間等は表13のように定められている。

表10　騒音規制法施行令第1条別表1の特定施設

1		金属加工機械
	イ	圧延機械（電動機の定格出力の合計が22.5 kW 以上のものに限る）
	ロ	製管機械
	ハ	ベンディングマシーン（ロール式のものであって，原動機の定格出力が3.75 kW 以上のものに限る）
	ニ	液圧プレス（矯正プレスを除く）
	ホ	機械プレス（呼び加圧能力が294キロニュートン以上のものに限る）
	ヘ	栓残基（原動機の定格出力が3.75 kW 以上のものに限る）
	ト	鍛造機
	チ	ワイヤーフォーミングマシン
	リ	ブラスト（端部ラスト以外のものであって，密閉式のものを除く）
	ヌ	タンブラー
	ル	切断機（と石を用いるものに限る）
2		空気圧縮機および送風機（原動機の定格出力が7.5 kW 以上のものに限る）
3		土石用または鉱物用の破砕機，摩砕機，ふるいおよび分級機（原動機の定格出力が7.5 kW 以上のものに限る）
4		機械（原動機を用いるものに限る）
5		建設用資材製造機械
	イ	コンクリートプラント（気泡コンクリートプラントを除き，混練機の混練容量が0.45 m 以上のものに限る）
	ロ	アスファルトプラント（混練機の混練重量が200 kg 以上のものに限る）
6		穀物用製粉機（ロール式のものであって，電動機の定格出力が7.5 kW 以上のものに限る）
7		木材加工機械
	イ	ドラムバッカー
	ロ	チッパー（原動機の定格出力が2.25 kW 以上のものに限る）
	ハ	砕木機
	ニ	帯のこ盤（製剤用のものにあっては原動機の定格出力が15 kW 以上のもの，木工用のものにあっては原動機の定格出力が2.25 kW 以上のものに限る）
	ホ	丸のこ盤（帯のこ盤と同じ）
	ヘ	かんな盤（原動機の定格出力が2.25 kW 以上のものに限る）
8		抄紙機
9		印刷機（原動機を用いるものに限る）
10		合成樹脂用射出成型機
11		鋳型造型機（ジョルト式のものに限る）

表 11　特定工場等の規制基準値

	昼間	朝・夕	夜間
第 1 種区域	45〜50 デシベル	40〜45 デシベル	40〜45 デシベル
第 2 種区域	50〜60 デシベル	45〜50 デシベル	40〜50 デシベル
第 3 種区域	60〜65 デシベル	55〜65 デシベル	50〜55 デシベル
第 4 種区域	65〜70 デシベル	60〜70 デシベル	55〜65 デシベル

備考　第 1 種区域：良好な住居の環境を保全するため，特に静穏の保持を必要とする区域
第 2 種区域：住居の用に供されているため，静穏の保持を必要とする区域
第 3 種区域：住居の用にあわせて商業，工業等の用に供されている区域であってその区域内の住民の生活環境を保全するため，騒音の発生を防止する必要がある区域
第 4 種区域：主として工業等の用に供されている区域であって，その区域内の住民の生活環境を悪化させないため，著しい騒音の発生を防止する必要がある区域

表 12　騒音規制法における特定建設工事

1　くい打機（もんけんを除く），くい抜機またはくい打くい抜機（圧入式くい打くい抜機を除く）を使用する作業（くい打機をアースオーガーと併用する作業を除く）
2　びょう打機を使用する作業
3　さく岩機を使用する作業（作業地点が連続的に移動する作業にあっては，1 日における当該作業に係る 2 地点間の最大距離が 50 m を超えない作業に限る）
4　空気圧縮機（電動機以外の原動機を用いるものであって，その原動機の定格出力が 15 kW 以上のものに限る）を使用する作業（さく岩機の動力として使用する作業を除く）
5　コンクリートプラント（混練機の混練容量が 0.45 m 以上のものに限る）またはアスファルトプラント（混練機の混練重量が 200 kg 以上のものに限る）を設けて行う作業（モルタルを製造するためにコンクリートプラントを設けて行う作業を除く）
6　バックホウ（一定の限度を超える大きさの騒音を発生しないものとして環境大臣が指定するものを除き，原動機の定格出力が 80 kW 以上のものに限る）を使用する作業
7　トラクターショベル（一定の限度を超える大きさの騒音を発生しないものとして環境大臣が指定するものを除き，原動機の定格出力が 70 kW 以上のものに限る）を使用する作業
8　ブルドーザー（一定の限度を超える大きさの騒音を発生しないものとして環境大臣が指定するものを除き，原動機の定格出力が 40 kW 以上のものに限る。）を使用する作業

表 13　騒音の大きさ，作業時間等の規制基準

規制の種類／区域	第 1 号地域	第 2 号地域
騒音の大きさ	敷地境界において 85 デシベルを超えないこと	
作業時間帯	午後 7 時から午前 7 時に行われないこと	午後 10 時〜午前 6 時に行われないこと
作業期間	1 日あたり 10 時間以内	1 日あたり 14 時間以内
	連続 6 日以内	
作業日	日曜日，その他の休日でないこと	

備考　第 1 号区域：良好な住居の環境を保全するため，特に静穏の保持を必要とする区域他
第 2 号区域：指定地域のうちの第 1 号区域以外の区域

(3) 自動車騒音に要請限度

自動車騒音については，指定地域内における自動車騒音が要請限度（環境省令で定められている限度）を超過していることにより，周辺の生活環境が著しく損なわれていると認められるときには，市町村長は都道府県公安委員会に対して改善等の要請をすることができる（表14）。公安委員会への要請には，公安委員会による交通規制の実施，警察官による交通規制の実施，最高速度の制限，徐行すべき場所の指定，整備不良車両の運転の禁止などの措置がある。また，国土交通大臣，地方運輸局など自動車運送事業を所轄する道路管理者に対して，道路構造や舗装の改良，遮音壁の設置など自動車騒音を減少する事項について意見を述べることができる。さらに，自動車が単体で一定の条件で運行する場合の自動車騒音については，許容限度を定めることで生産販売等の段階でも規制を行っている（表15）。

表14　自動車騒音の要請限度

時間区分／指定地域		a区域		b区域		c区域
		1車線	2車線以上	1車線	2車線以上	1車線以上
昼間	午前6時～午後10時	65デシベル	70デシベル	65デシベル	75デシベル	75デシベル
夜間	午後10時～午前6時	55デシベル	65デシベル	55デシベル	70デシベル	70デシベル

備考　a区域：専ら住居の用に供される区域
　　　b区域：主として住居の用に供される区域
　　　c区域：相当数の住居と併せて商業，工業等の用に供される区域

表15　自動車単体規制値

自動車単体騒音規制値

自動車の種別				定常走行騒音				
				規制年				
				昭和26年規制	46年規制	平成10～13年規制		
大型車	車両総重量が3.5トンを超え，原動機の最高出力が150キロワットを超えるもの	全輪駆動車，トラクタ及びクレーン車		85	80 (84.0)	83《△1.0》	［平成13年］	
		トラック				82《△2.0》	［平成13年］	
		バス					［平成10年］	
中型車	車両総重量が3.5トンを超え，原動機の最高出力が150キロワット以下のもの	全輪駆動車			78.0 (82.0)	80《△2.0》	［平成13年］	
		トラック				79《△3.0》	［平成13年］	
		バス					［平成12年］	
小型車	車両総重量が3.5トン以下のもの	軽自動車以外	1.7t ＜GVW		74 (78.0)	74《△4.0》	［平成12年］	
			GVW≦ 1.7t				［平成11年］	
		軽自動車	キャブオーバ				［平成12年］	
			ボンネット				［平成11年］	
乗用車	専ら乗用の用に供する乗車定員10人以下のもの	乗車定員6人超			70 (74.0)	72《△2.0》	［平成11年］	
		乗車定員6人以下					［平成10年］	
二輪自動車	二輪の小型自動車（総排気量0.250ℓを超えるもの）及び二輪の軽自動車（総排気量0.125ℓを超え，0.250ℓ以下のもの）	小型			(78.1) 74	72《△6.1》	［平成13年］	平成25年までで廃止
		軽			(75.1)	71《△4.1》	［平成10年］	
原動機付自転車	第二種原動機付自転車（総排気量0.050ℓを超え，0.125ℓ以下のもの）及び第一種原動機付自転車（総排気量0.050ℓ以下のもの）	第二種			(71.1) 70	68《△3.1》	［平成13年］	
		第一種			(69.6)	65《△4.6》	［平成10年］	
使用過程車	全車			85	85	85		二輪自動車及び原動機付自転車は平成25年までで廃止

(注) 1. 定常走行騒音の46年規制の欄中（　）内の数値は，測定速度及び測定位置の変更による現行規制値の換算値を示す。
2. ［　］内は，規制年を示す。
3. 平成10～13年規制の《　》内は，定常走行騒音にあっては旧規制値の換算値からの削減量，近接排気騒音及び加速走行騒音にあっては旧規制値からの削減量を示す。
4. 〈　〉内は，リヤエンジン車を示す

	排気騒音		近接排気騒音		加速走行騒音						
	規制年				規制年						
	昭和26年規制	46年規制	61～元年規制	平成10～13年規制	46年規制	51·52年規制	54年規制	57～62年規制	平成10～13年規制	平成26年規制 車両区分	
	85	80	107 ［元年］	99《△8》 ［平成13年］ ［平成13年］ ［平成10年］	92	89 ［51年］	86	83 ［61年］ ［60年］ ［59年］	82《△1》［平成13年］ 81《△2》 ［平成13年］ ［平成10年］		
		78	105 ［元年］	98《△7》 ［平成13年］ ［平成13年］ ［平成12年］	89	87 ［51年］	86	83 ［58年］	81《△2》［平成13年］ 80《△3》 ［平成13年］ ［平成12年］		
		74	103 ［元年］	97《△6》 ［平成12年］ ［平成11年］ ［平成12年］ ［平成11年］	85	83 ［52年］	81	全輪駆動車［60年］ 78 トラック・バス［59年］	76《△2》 ［平成12年］ ［平成11年］ ［平成12年］ ［平成11年］		
		70	103 ［63年］	96〈100〉 《△7》《△3》 ［平成11年］ ［平成10年］	84	82 ［52年］	81	78 ［57年］	76《△2》 ［平成11年］ ［平成10年］		
		74	99 ［61年］	94《△5》［平成13年］ 94《△5》［平成10年］	86 84	83 ［51年］	78	75 ［62年］ ［60年］	73《△2》 ［平成13年］ ［平成10年］	PMRが50を超えるもの（クラス3）	77
										PMRが25を超え,50以下のもの（クラス2）	74
		70	95 ［61年］	90《△5》［平成13年］ 84《△11》［平成10年］	82 80	79 ［51年］	75	72 ［61年］ ［59年］	71《△1》 ［平成13年］ ［平成10年］	PMRが25以下のもの（クラス1）	73
	85	85	新車と同一	新車と同一							

5. 元年規制以前については，「150キロワット」を「200馬力」と読み替える。
6. 近接排気騒音規制は，排気騒音規制に替えて導入された。
7. 近接排気騒音の規制値の欄中，使用過程車についての「新車と同一」とは，車種ごとに新車時に適用された数値と同じ数値が，その車が使用過程に入った段階においても適用されることを示す。
8. 平成26年規制のPMR（Power to Mass Ratio）の算出方法は，PMR＝最高出力（kW）/（車両重量（kg）＋75kg）×1000。

（環境省）

2.3 振動規制法

振動規制法は，環境規制法同様，生活環境を保全し，国民の健康の保護に資することを目的として制定されている。振動規制法は工場および事業場における事業活動並びに建設工事に伴って発生する相当範囲にわたる振動について必要な規制を行うとともに，道路交通振動に係る要請限度を定めている。

振動規制法の地域指定は広域的見地から都道府県知事が行うこととされており，その際には地域の実情に詳しい関係市町村長に聞くこととなっている。また，事務作業は地方自治法で規定する指定都市，中核市，特例市の長および特別区の長が行うこととされている。指定された地域では生活環境を保全するために，工場等の振動の規制，建設作業振動の規制および道路交通振動の測定に基づく養成などが行われる。

指定地域内において工場や事業場に特定施設を設置する場合や，特定建設作業を行う場合には届出義務が発生する。特定施設は設置する 30 日前まで，特定建設作業は作業を行う 7 日前までに市町村長や特別区長に届出を行わなければならず，届出を怠ると罰則を受ける可能性がある。また，市町村長や特別区長は，規制基準や要請限度を超える振動により周辺の生活環境が著しく損なわれていると認める場合，改善勧告や都道府県公安委員会への要請を行うことができる。

(1) 特定工場等に関する振動の規制基準値

騒音規制法同様，振動規制法においても指定地域内で特定施設を設置している工場や事業場から発生する振動を規制しており，著しい振動を発生する施設が特定施設として定められている（表 16）。また，特定工場等における規制基準値については，時間の区分および区域の区分ごと

表 16　振動規制法施行令第 2 条別表 1 による特定施設

1	金属加工機械	
	イ	液圧プレス（矯正プレスを除く）
	ロ	機械プレス
	ハ	せん断機（原動機の定格出力が 1 kW 以上のものに限る）
	ニ	鍛造機
	ホ	ワイヤーフォーミングマシン（原動機の定格出力が 37.5 kW 以上のものに限る）
2	圧縮機（原動機の定格出力が 7.5 kW 以上のものに限る）	
3	土石用または鉱物用の破砕機，摩砕機，ふるいおよび分級機（原動機の定格出力が 7.5 kW 以上のものに限る）	
4	織機（原動機を用いるものに限る）	
5	コンクリートブロックマシーン（原動機の定格出力の合計が 2.95 kW 以上のものに限る）並びにコンクリート管製造機械およびコンクリート柱製造機械（原動機の定格出力の合計が 10 kW 以上のものに限る）	
6	木材加工機械	
	イ	ドラムバッカー
	ロ	チッパー（原動機の定格出力が 2.2 kW 以上のものに限る）
7	印刷機（原動機の定格出力が 2.2 kW 以上のものに限る）	
8	ゴム練用または合成樹脂練用のロール機（カレンダーロール機以外のもので原動機の定格出力が 30 kW 以上のものに限る）	
9	合成樹脂用射出成型機	
10	鋳型造型機（ジョルト式のものに限る）	

に定める基準の範囲内において定めることとされている（表17）。

(2) 特定建設作業に関する規制基準値

指定地域内で行われる特定建設作業に伴って発生する振動を規制しており，著しい振動を発生する建設作業が特定建設作業として定められている（表18）。また，振動の大きさや作業時間などは災害時や緊急時などを除いて表19のとおり定められている。

表17　特定工場等における振動の大きさや作業時間の規制基準値

区域／時間	昼間	夜間
第1種区域	60～65デシベル	55～60デシベル
第2種区域	65～70デシベル	60～65デシベル

昼間および夜間とは，下記の範囲内において都道府県知事や市長・特別区長が定めた時間をいう。
昼間　午前5時～午前8時の間から午後7時～午後10時の間まで
夜間　午後7時～午後10時の間から翌日午前5時～午前8時の間まで
第1種区域：良好な住居の環境を保全するため，特に静穏の保持を必要とする区域および住民の用に供されているため，静穏の保持を必要とする区域
第2種区域：住居の用に併せて商業，工業等の用に供されている区域であって，その区域内の住民の生活環境を保全するため，振動の発生を防止する必要がある区域および主として工業等の用に供されている区域であって，その区域内の住民の生活環境を悪化させないため，著しい振動の発生を防止する必要がある区域

表18　振動規制法に定められている特定建設作業

1	くい打機（もんけんおよび圧入式くい打機を除く），くい抜機（油圧式くい抜機を除くまたはくい打くい抜機（圧入式くい打くい抜機を除く）を使用する作業
2	鋼球を使用して建築物その他の工作物を破壊する作業
3	舗装版破砕機を使用する作業（作業地点が連続的に移動する作業にあっては，1日における当該作業に係る2地点間の最大距離が50 mを超えない作業に限る）
4	ブレーカー（手持式のものを除く）を使用する作業（作業地点が連続的に移動する作業にあっては，1日における当該作業に係る2地点間の最大距離が50 mを超えない作業に限る）

表19　特性建設作業における規制基準値

規制の種類／区域	第1号地域	第2号地域
振動の大きさ	敷地境界線において75デシベルを超えないこと	
作業時間帯	午後7時から翌日午前7時に行われないこと	午後10時から翌日午前6時に行われないこと
作業期間	1日あたり10時間以内	1日あたり14時間あたり
	連続6日以内	
作業日	日曜日，その他の休日でないこと	

備考　第1号区域：良好な住居の環境を保全するため，特に静穏の保持を必要とする区域
住居の用に供されているため，静穏の保持を必要とする区域
住居の用に併せて商業，工業等の用に供されている区域であって，相当数の住居が集合しているため，振動の発生を防止する必要がある区域
学校，保育所，病院，患者の収容施設を有する診療所，図書館及び特別養護老人ホームの敷地の周囲おおむね80 mの区域内
第2号区域：指定地域のうち第1号区域以外の区域

表 20　道路交通振動の要請限度

区域／時間	昼間	夜間
第 1 種区域	65 デシベル	60 デシベル
第 2 種区域	70 デシベル	65 デシベル

ただし，都道府県知事（令第 5 条に規定する市にあっては，市長），道路管理者および都道府県公安委員会の協議により学校，病院等特に静穏を必要とする施設の周辺の道路における限度は表に定める値以下，当該値から 5 デシベル減じた値以上とし，特定の既設幹線道路の区間の全部または一部における夜間の第 1 種区域の限度は，夜間の第 2 種区域の値とすることができる。

第 1 種区域：良好な住居の環境を保全するため，特に静穏の保持を必要とする区域および住民の用に供されているため，静穏の保持を必要とする区域

第 2 種区域：住居の用に併せて商業，工業等の用に供されている区域であって，その区域内の住民の生活環境を保全するため，振動の発生を防止する必要がある区域および主として工業等の用に供されている区域であって，その区域内の住民の生活環境を悪化させないため，著しい振動の発生を防止する必要がある区域

(3) 道路交通振動に関する規制基準値

指定地域内における道路交通振動が要請限度を超過していることにより，道路の周辺の生活環境が著しく損なわれていると認めるときは，市町村長，特別区長は道路管理者，都道府県公安委員会に対して改善等の要請をすることができる（表 20）。

2. 4　船舶に対する騒音規制

国際的な航海を行う船舶については，安全確保や海洋汚染防止などさまざまな観点から世界統一的なルールを作成する必要があり，ロンドンにある国際海事機関（International Maritime Organization; IMO）がルールづくりを行っている。IMO は船舶の安全および船舶からの海洋汚染の防止等，海事問題に関する国際協力を促進するための国連の専門機関として 1958 年に設立された（設立当時は「政府間海事協議機関」（IMCO），1982 年に国際海事機関（IMO）に改称）。日本は設立当初に加盟国である。

IMO は船舶の安全，海洋汚染防止，海難事故発生時の適切な対応，被害者への補償，円滑な物流の確保などのさまざまな観点から，船舶の構造や設備などの安全基準，積載限度に係る技術要件，船舶からの油，有害物質，排ガス等の排出規制（地球温暖化対策を含む）等に関する条約，基準等の作成や改訂を随時行っている。

船舶に対する検査は各国の船級協会が行っており，日本では（一法）日本海事協会（NK）が 1899 年（明治 32 年）の創立以来，事業を実施している。同会は船級協会として技術規則を制定し，建造中と就航後の船舶および海洋構造物がこれらの規則に適合していることを証明する検査を国内外に展開した約 130 の事業拠点を通じて実施している。規則対象は船体構造のみならず，推進機関，電気および電子システム，安全設備，揚貨装置，各種材料，航海機器など多岐にわたっている。また，国際条約や船籍国の国内法に基づき，100 カ国以上の政府に代わって検査・審査を行い，関連する証書を発行している。

2012年11月，IMOにおいて騒音に起因する船員の健康被害，操船時における指示伝達の阻害による安全性への影響を最小限にするため，欧州27カ国が2007年に提案した船内騒音コードを強化する改正案が採択されるとともに，同コードを強制化する海上人命安全条約（SOLAS条約）の改正が採択された。改正された船内騒音コードは，以下のいずれかに該当する総トン数1,600トン以上の新造船に適用されている（日本では内航船にも適用される）。

① 2014年7月1日以降の建造契約

② 2015年1月1日以降の起工（建造契約がない場合）

③ 2018年7月1日以降の引渡し

船内騒音コードでは，航行中に主機関等の各機器から発せられる騒音について，居住区域および制御区域等における騒音計測が義務づけられ，騒音基準値を満たす必要がある。また，それに加えて，隣室および通路からの音を遮断するための居室等の仕切りについても防音が求められている。

日本海事協会では，改正船内騒音コードの概要および一般的な騒音防止対策およびこれまでの検討内容を取りまとめた「船内騒音コード強制化に関するガイドライン」を発行している。また，船内騒音対策チームを発足させて対外的な窓口を一本化するとともに，国内関係者の船内騒音コードへの円滑な対応を支援するため，指針の知見を反映した技術サービスを開発，提供している。

新しい騒音規制では，区画ごとの最大騒音レベルの遵守と，居住区域に用いる仕切り材に一定以上の遮音性能を持つ遮音材の使用を義務づけている。騒音は主機関等の騒音源からの音や振動によりその区画で聞こえる音の煩わしさの度合い，一方，遮音は隣室や通路での話し声などをどれだけ遮ることができるかの度合いを表しており，これらの基準の両方を満たすことが求められている。

騒音レベルの基準値は区画ごとに満足すべき騒音レベル（A特性重み付けの等価騒音レベル）が規定されている（表21）。改正コードでは総トン数10,000トンを境に異なる基準値が定められており，主に総トン数10,000トン以上の船舶の居住区域に対して，旧コードの基準値よりも5デシベル強化されている。

一方，居住区画の遮音については隣り合う区画が表22にあてはまる場合には，その境界（壁・床）重み付き音響透過損失（Rw）規定値以上を満足する仕切り材を設けることとされている。

表21　最大許容騒音レベル（A特性重み付け等価騒音レベル）

（単位：dB）

区域	改正コード		旧コード
	1,600GT ～10,000GT未満	10,000GT以上	Res.A468（XⅡ）
①作業区域			
機関区域[注1]	110	110	110
機関制御室	75	75	75
機関室区域外の工作室	85	85	85
特に規定されていない作業区域（その他の作業場所）	**85**	**85**	**90**
②航海業務に充当する区域			
船橋および海図室	65	65	65
船橋ウイングおよび窓を含む監視場所	70	70	65
無線室（無線機器は作動状態であるが，音が発生していない状態）	60	60	60
レーダー室	65	65	65
③居住区域			
居室および病院	**60**	**55**	**60**
公室	**65**	**60**	**65**
娯楽室	**65**	**60**	**65**
娯楽用の開放区域	75	75	75
事務室	**65**	**60**	**65**
④業務区域			
調理室（調理器具が使用されていない状態）	75	75	75
配膳室	75	75	75
⑤通常無人状態の区域			
3.14に規定されている通常人員がいない区域	90	90	90

注1：機関区域内にある「工作室」は機関区域とする。
太字は改正された基準値

（ClassNK「IMOにおける船内騒音規制の動向」2013年）

表22　改正船内騒音コードにおける「居住区画の遮音」

隣接する区画の組合せ	規定値（単位：dB）
居室と居室の間	Rw ＝ 35
食堂，娯楽室，公共および娯楽区域と居室および病室の間	Rw ＝ 45
通路と居室の間	Rw ＝ 30
居室と連絡扉のある居室の間	Rw ＝ 30

（ClassNK「IMOにおける船内騒音規制の動向」2013年）

3　高分子制振材料関連主要メーカーと製品

3. 1　制振材料の概要

制振材料は騒音や振動の発生あるいは伝播を抑制するために使用される減衰能の高い材料である。減衰能は振動など外から加えられた力学的エネルギーを材料内部で熱エネルギーに変換する能力であり，力を加えた時にゆがみが時間的に遅れて発生すること（粘弾性）により生じる。粘弾性は特にプラスチックやゴムなどの高分子物質に顕著に見られる性質で，一般に粘性は液体，弾性は固体の性質と考えられる。どちらもそれぞれにおける変形のしやすさ（しにくさ）を表している。固体は加えられた力に応じて変形するが，加えた力がなくなれば元の形に戻るのに対して，液体は変形した後に力がなくなっても元には戻らない。それに対して，ビニールなどは引っ張ると伸びるが，力を抜いてもすぐには戻らず，ゆっくりと元に戻る物質が存在する。このような挙動は物質が粘性と弾性を兼ね備えているために生じると考えることができ，粘弾性体と呼ばれている。

ある物質が粘弾性体か，あるいは粘性体または弾性体に近いのかは，その物質に一定のひずみを与えたときの応力緩和（応力の時間変化）の経過を見ることで判別できる。緩和時間が観測の時間スケールに対して十分短ければ粘性体，長ければ弾性体，同等のスケールであれば粘弾性体として扱われる。緩和時間と観測時間スケールの比はデボラ数と名付けられ，判別の目安として用いられている。

粘弾性体は，弾性体と粘性体の間の性質を有している。力を加えて変形させ，その応力（力÷面積）を一定に保つとひずみ（変形長さ÷元の長さ）は徐々に大きくなる。このとき，ひずみ速度（ひずみ÷時間）は時間経過に伴い大きくなる。言い換えれば，ひずみを一定に維持しようとするとき，必要な応力は加速度的に小さくなる。完全弾性体では応力とひずみは比例関係にあり，応力を一定に保つとひずみは変化しない。完全粘性体に力を加えるとエネルギーは熱となり失われる。ひずみが一定のとき，応力はなくなる（0になる）。

粘弾性体として減衰能の高い材料であるプラスチック，ゴムなどの高分子化合物（重合体）は，制振能力に富んだ代表的な材料といえる。一方，力を加えたり，除いたりしたときに生じるゆがみに差（ヒステリシス）があるときにも減衰能が生じる。強磁性の合金や熱弾性マルテンサイト変態する合金にはヒステリシス型の高減衰能を示すものがあり，強度を求められる制振材料として，郵便物自動区分機のシューター，精密測定機器歯車などに用いられている。また，鋼とプラスチックを張合わせた制振鋼板は，電気洗濯機などに用いられている。

3. 2　高分子制振材料

重合体（ポリマー）は，網目構造の差異によりエラストマー（ゴム），熱硬化性樹脂，熱可塑性エラストマー，熱可塑性樹脂の4種類に分類されている。

一般にゴムとも呼ばれるエラストマーは，化学的に架橋結合された素材で，非常に優れた弾力性を有している。巨大分子がコイル状に架橋結合しているため，加硫工程後は成形できなくなる。エラストマーは圧力をかけて圧縮すると，一時的に変形させることが可能であり，加圧を止めるとすぐにもとの構造（形）に戻る性質がある。

熱硬化性樹脂は加熱により重合する高分子である。しっかりと架橋結合された重合体で，高温下でも溶解せずにその網目構造を維持するが，室温（常温）では硬く脆くなる特徴がる。

熱可塑性エラストマーの分子は，熱可塑性のある末端ブロック（例：ポリスチレン）と弾性のある中間ブロック（例：エチレン・ブチレン）で構成されており，この構造が易流動性の成形可能な素材を生み出している。素材が冷やされると弾性のあるブロックが剛性の高い3次元の網目構造に結合し，物理的な架橋が形成される。そのため，熱可塑性エラストマーは，エラストマーの特性を持ちながら熱可塑性プラスチックと同じ方法で加工することができる。

熱可塑性樹脂の分子は，長い直線状になった1次元のポリマー鎖で構成され，分子間の相互作用のような物理的に弱い力で結合している。熱やせん弾力を加えることで流動性に優れた（易流動性の）成形可能な素材になり，冷却すると再び硬化する。この変化は純粋に物理的な作用であり，必要に応じていつでも繰り返すことができる。

3.3　ゴム／熱硬化性エラストマー

3.3.1　概要

本来，ゴムは植物体を傷つけるなどして得られる無定形かつ軟質の高分子物質のことであるが，現在では天然ゴムや合成ゴムのような有機高分子を主成分とする一連の弾性限界が高く弾性率の低い材料（弾性ゴム）を指すことが多い。一般的にゴムはある一定の範囲において，熱を加えても軟化することがなく，比較的耐熱性が高いエラストマーを指しており，原材料に加硫剤を混練した後加熱して得られる加硫ゴム（狭義のゴム）と一部のウレタンゴム，シリコーンゴム，フッ素ゴムなどの熱硬化性樹脂系エラストマー（合成ゴム）に分けられる。

弾性ゴムは弾性限界が大きい高弾性材料である。一方，ゴムの弾性率は小さく，“高弾性限界，低弾性率”の材料である。分子間を共有結合で結合し，3次元網目構造を形成する高分子は，ガラス転移温度以上ではゴム弾性という特殊な性質を示すゴム状態となる。ゴム弾性とは一見やわらかく塑性変形を起こしやすそうに見えるが，元に戻る応力が大きく，変形しにくいといった性質を指し，次のような特徴を持っている。

- 通常の固体の弾性率は1～100 GPaであるが，ゴムの弾性率は1～10 MPaと非常に低い。そのため，弱い力でもよく伸び，5から10倍にまで変形する一方で，外力を除くとただちに元の大きさまで戻る。また，伸びきった状態では非常に大きな応力を示す。
- 弾性率は絶対温度に比例する。また，急激に伸長すると温度が上昇し，その逆に圧縮すると温度が降下する。
- 変形に際し，体積変化が極めて少なく，ポアソン比が0.5に近い。

ゴムの弾性はエントロピー弾性と呼ばれ，本来規則構造を持たない（非晶質）分子の配列が，外部からの力により規則的（結晶組織）になり，これが元の不規則な配列に戻ろうとするときの力によるもので，応力によるエントロピーの低下が元に戻ろうとする力による弾性である。

通常，天然ゴム（NR）は生体内での付加重合で生成された *cis*-ポリイソプレンを主成分とする物質で，ゴムノキの樹液中では水溶液に有機成分が分散したラテックスとして存在している。ラテックスを集めて精製し，凝固乾燥させたものが生ゴムで，生ゴムの多くは加硫により架橋し，広い温度範囲で軟化しにくい弾性ゴムとして使用されている。一方，イソプレンを重合して製造される合成ゴムのポリイソプレンには，現在のところ天然ゴムとは異なりシス体に少量のトランス体が含まれている。また，天然ゴムにはポリイソプレンのほかに微量のタンパク質や脂肪酸が含まれているが，合成イソプレンにはそのような不純物は含有されていないという違いがある。

合成ゴムは使用目的に合わせてさまざまな種類が開発されており，「主鎖の二重結合の有無による分類」，「用途による分類」，「JIS K 6397」による分類分子の組成や構造による分類などが存在している。主鎖の二重結合の有無による分類では，主鎖に二重結合を含むジエン系ゴム（原料モノマーとしてジエン系モノマーを使用）と二重結合を含まない非ジエン系ゴムに分けられる（表1）。中でブチルゴム（IIR）は主鎖に架橋サイトとしてイソプレンをわずかに共重合しているが，非ジエン系ポリマーとして扱われている。

スチレンブタジエンゴム（SBR）は弾性，強度特性，耐摩耗性などの性能バランスに優れ，加工性がよく比較的低価格であるため，現在最も多量に生産，消費されている汎用合成ゴムである。自動車用タイヤを主用途として防振ゴム，ホース，コンベアベルト，履物などの一般工業用品材料として大量に使用されている。

ノルボルネンゴム（NOR，ポリノルボルネン）はエチレンとシクロペンタジエンのディールス・アルダー反応で得られるノルボルネンをモノマーとして，メタセシス触媒を利用して開環重合することで得られる高分子材料で，トランス含量が70～80％で主鎖に二重結合を持っている（図1）。そのためジエン系ゴムと同様に硫黄および有機過酸化物架橋が可能である。一般性状はガラス転移点が＋35℃と高く，光透過性がある。分子量（300万以上）が極めて高い合成ゴムの

表1　主鎖の二重結合の有無による分類

ジエン系ゴム	非ジエン系ゴム
（天然ゴム（NR））	ブチルゴム（IIR）
イソプレンゴム（IR）	エチレンプロピレンゴム（EPM，EPDM）
ブタジエンゴム（BR）	ウレタンゴム（U）
スチレンブタジエンゴム（SBR）	シリコーンゴム（Q）
クロロプレンゴム（CR）	クロロスルホン化ポリエチレン（CSM）
アクリロニトリル・ブタジエンゴム（NBR）	塩素化ポリエチレン（CM）
ノルボルネンゴム（NOR）	アクリルゴム（ACM）
	エピクロロヒドリンゴム（CO，ECO）
	フッ素ゴム（FKM）

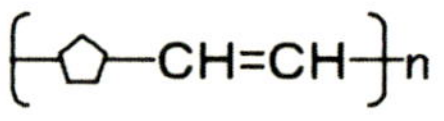

$$\left[\text{⌬} - CH{=}CH \right]_n$$

図1　ノルボルネンゴム（NOR）の構造式

一種で，弾まないゴムとして有名である。ノルボルネンゴムは日本ゼオンが上市していたが，現在では製造中止となっている。

粉末（NOR そのもの）は多量のオイルを吸収し，NOR だけを加熱成形した樹脂状物は形状記憶性を示す。オイルを吸収させたゴム状架橋物は高強度であり，オイルの選択で反発弾性を制御できる。また，衝撃吸収性や遮音性などに優れ，制振材，防振材，防音材などに用いられる。また，低転がり抵抗タイヤのトレッド・ゴムにブレンドする場合もある。

これらの性質を利用して，用途としては玩具，靴の中敷などに使用されるほか，粘弾性，特に減衰特性と弾性特性，低硬度でも高強度である特性を利用して防音，防振，衝撃吸収ゴム，給紙用ロール，ミニチュアカーレース用タイヤ，スタッドレスタイヤ用グリップ向上材などにも使用される。

天然ゴムおよび合成ゴムの用途は約 50％が自動車用のタイヤで占められており，その他ではゴム底布靴および総ゴム靴その他（16.7％），ゴムベルト（3.1％），ゴムホース（63.1％），工業製品（32.3％），医療用品（2.2％），スポーツ用品（0.7％）などに使用されている（2017 年）。また，2017 年のゴム製品の総出荷額は 2 兆 2,203 億 7,600 万円に達している。

制振材料としては，自動車の内外装部品をはじめとする工業製品や，建築物の免震，制振材料，オーディオ製品のインシュレーター（絶縁材）などに多く使われている。免震は構造設計の概念で，一般的に建物の固有周期を伸ばし，建物が受ける地震力を抑制することによって構造物の破壊を防止することを意味している。また，比較される概念である耐震は地震力を受けても破壊しないという意味であり，構造的に頑丈であること，偏心が小さいことなどを目指して安全をはかることである。すなわち，免震は地震力をなるべく受けない（免れる）ことを指し，耐震は地震力を受けても壊れない（耐える）ことを指している。一方，制振は構造体内部に震動を吸収する装置を組み込むことで構造物の破壊を防止することを指している。近年の大型建築物などでは免震，制振，耐震すべてを考慮し，技術を組み合わせることで安全性を高めている。

オーディオ製品のインシュレーターは，スピーカーやアンプなどの各機器から生じる振動を，設置面または他の機器との間で干渉させないために用いられる。振動の吸収を目的としたものと振動を速やかに逃すのを目的としたものがある。材質や形状もゴム等の弾性素材のほか石材，金属等の硬質素材など多岐にわたっており，構造や形状もさまざまな物が製作，販売されている。オーディオ用のインシュレーターは，狭義では 3 点支持や 4 点支持など機材を点で支える物とされ，面で支える板状の物はオーディオボードなどと呼ばれて区別されている。インシュレーターとオーディオボードは組み合わせて使用される場合もある。また，レコードプレーヤーにおいてはハウリングを抑止する効果がある。

制振ゴムは音や振動，衝撃を熱エネルギーに変換して吸収する特長を有するゴムで，OA機器やパソコンの電子機器をはじめ，輸送機器や機械設備などで使用されている。

3. 3. 2　主要メーカーと製品

(1) 内外ゴム

内外ゴムの「ハネナイト」は，衝撃および振動吸収性に優れた制振ゴムで，外力を受けてもほとんど反発せずエネルギーを吸収する。静音，低振動製品の部材として多くの実績があり数多く採用されている。

ハネナイトは常温域（5～35℃）で優れた制振性能を発揮し，反発弾性は10％未満（CP-S以外）である。さまざまな特性を付与された製品がラインアップされている中で，「GP-L」はハネナイト中最高の制振性能を有し，着色ゴムも製作できる。その他にも，－20℃までの低温域で使用可能な「CP-S」，永久歪みが小さい「AP」などの製品がある。また，加工性に優れており，一般ゴムと同様に成形でき金属との強力な接着可能なことから，自由な形状の部品を製作できる。CP以外の製品はシート材の切断，打抜き加工にも対応している。一方，比重0.3の独立気泡制振スポンジシートは部品の軽量化を実現している。環境対策も万全で，「GP35L」，「GP60L」，「AP30」，「AP50」はカドミウム，鉛が5 ppm未満に抑えられている（ICP-MS法）。

ハネナイトは主に空調機，冷凍機用モータコイルの含浸用，密閉式モーターのコイル含浸用などの用途に使用されているほか，制振シートとしてハンディVTR内臓モーター部の振動吸収，ゴルフシューズや高級婦人靴の中底や野球グラブの内部クッションなどの緩衝材における衝撃吸収など，防振，制振，緩衝，衝撃吸収を必要とする多くの用途に使用されている（表2）。

(2) デュポン

80年以上にわたりエラストマーを製造してきたデュポンは，汎用ゴム業界で使用される熱硬化性エラストマーのカスタム用途から，要求の厳しい化学および自動車関連用途で使用される高性能フルオロエラストマーまで，幅広い分野で事業を展開している。その中で，熱硬化性エチレン・アクリルエラストマーの「ベイマック（Vamac)」は，要求の厳しい自動車用途で多く採用されている製品で，耐熱性，耐薬品性に富み，パワートレイン用途やゴムに似た特殊な性質が求められる用途分野でも実績を積み重ね，世界65カ国以上で使用されている。同材料を使用したエンジンシールやトランスミッションシールは，耐油性に優れ，圧縮下で密封性を保持できる。また，トランスミッション用リップシールは高温と低温の両方で優れた耐圧性を発揮する。その他，自動車の点火コードや伝送線に使用される銅ケーブルの外被，自動車，鉄道および軍事用途の制御ケーブルや信号ケーブル，低電圧用途外被などの用途でも採用実績がある（表3）。

ジアミン硬化ターポリマーである「ベイマックG」は汎用的なポリマーで幅広い用途で使用できるが，二次加硫が実用的でない場合や望ましくない場合はパーオキサイド硬化ジポリマーである「ベイマックDP」を使用する。また，両材料を使用したコンパウンドは，通常50～60％のIRM903油膨潤性を示し，適切に合成された場合は175℃で6週間の連続使用に耐え，50％の伸びを維持できる。また，ガラス転移点は－30℃～－35℃の範囲で，必要な特性範囲に応じて

表２ 「ハネナイト」の使用形態と主な用途

使用形態	対象例	主要機能	用途例
支持部品	精密機器支持材	振動絶縁	OA プリンター脚，ファクシミリ脚
	振動体支持材		VTR モーター・マウント
			洗濯機ゴム脚，産業用ミシン脚
		衝撃絶縁	業務用餅つき機支持脚
		振動絶縁・共振防止	パーツフィーダー防振マット
	浮床支持材	衝撃絶縁	防音・防振床支持ゴム，OA フロア
	AV 機器支持材	振動絶縁・共振防止	VTR ゴム脚，車載 AV 機器防振ゴム
			CD プレーヤー・インシュレーター
積層部材	シューズ中底	衝撃吸収	ゴルフシューズ，高級婦人靴
	スポーツ用緩衝材		野球グラブ内部クッション
	制振シート	振動吸収	ハンディVTR 内蔵モーター部
緩衝部材	振動体保持グリップ	振動絶縁	インパクトレンチ，刈払い機，削岩機
	低反発ストッパー	衝突物低反発停止	自動生産ライン・パーツトレー
			パチンコ玉止め用ゴム
			自販機投入コイン・ストッパー
	低反発クッション	衝撃加速度低減	キーボード，PPC 現像部
			プリンター・ヘッド部
			乗用車センターコンソール部
衝撃絶縁	パッキン	振動絶縁	工業用ミシンテーブル部
			CT スキャナーカメラ取付部
	ホルダー	衝撃絶縁	ハンドマイク内部ホルダー
			ラジカセ内蔵マイクホルダー

（内外ゴムホームページ）

表３ 「Vamac」のグレートと特性

PRODUCT GRADE	ML(1+4)AT 100℃	KEY FEATURE
Vamac G	16.5	General purpose
Vamac GLS	16.5	Low oil swell
Vamac GXF	17.5	Better dynamic properties
Vamac DP	22.0	Peroxide cure
Vamac Ultra IP	29.0	Improved processing
Vamac Ultra LS	30.0	Improved processing and low oil swell
Vamac Ultra HT	29.0	High temperature performance
Vamac Ultra HT-OR	31.0	High temperature performance with low oil swell

（デュポンホームページ）

−25℃～−55℃の範囲で柔軟性を維持するように合成できる。

油膨潤性を抑えた低膨潤グレードの「ベイマック GLS」は，油膨潤性がベイマック G の約半分に抑えられている。反面，油膨潤性が低いため，低温柔軟性は 7℃～10℃まで低下する。ベイマック GLS のガラス転移点はベイマック G より若干高いため，低温柔軟性の範囲は−15℃～−45℃になる。

「ベイマックGXF」のコンパウンドは，ベイマックGよりも高温での引張特性と動的耐疲労性が向上した製品である。また，高粘度の「ベイマックUrtraHT」は機械物性，引裂強度および耐熱性をさらに強化しており，加工性もよくベイマックGやGXFよりも優れたグリーン強度を発揮する。

(3) 信越シリコーン

信越シリコーンはシリコーンゴムコンパウンド各製品を上市している。シリコーンゴムコンパウンドは無機と有機の両方の性質を兼ね備えた特異なシリコーン生ゴムと高純度のシリカを主成分とするゴムコンパウンドで，他の有機系ゴムにはない優れた特長を多様に備えている。シリコーンゴムコンパウンドは150℃ではほとんど特性が変化せず，一般の有機ゴムが脆化する温度でも弾力性を保つことができる。また，長時間紫外線や風雨にさらされても物性の変化がほとんど見られない。その他，高温での耐油性，耐溶剤性，耐薬品性に優れ，極性有機化合物や希酸，希アルカリなどにほとんど侵されない。圧縮永久歪も－60℃～＋250℃の広い温度範囲にわたって安定しており，電気絶縁性も高い。さらに，透明性に優れることから顔料による着色も容易に行える。同社では一般成形用，一般押出用のほかにもキーパットなど疲労耐久性が求められる用途，防振／制振用途，電力コネクタ用途，帯電防止用途，チューブ，O-リングなどの部品用途，電子レンジガスケット用途などそれぞれの分野で求められる特性に応じた各種製品グレードをラインアップしている。

防振・制振用ゴムコンパウンドには，「KE-5550-U」，「KE-501EM-U」の2製品があり，前者は高減衰タイプ，後者は低動倍率タイプである。

(4) 藤倉ゴム工業

ゴム加工メーカーである藤倉ゴム工業は超低硬度材料の超低硬度ゴム（餅ゴム），2液硬化ゲル，熱可塑性ゲルを取り扱っている。餅ゴムは同社独自の技術で開発された超低硬度ゴムで，硬度0°(JIS-A）と非常に柔らかく，圧縮変形によく追従する一方で，スポンジゴムに比べ，熱変形しにくく寸法安定性に優れている。強度，伸び，耐候性に優れており，シート形状だけでなく3次元形状にも対応している。同製品は密封製品のシール材，パッキン，ガスケットなど，IT関連機器の制振材，緩衝材，衝撃吸収材，OA機器のゴムローラーなど使用されている。EPDM，シリコーン，ブチルゴムが揃えられており，価格は一般硬度ゴムと同価格である（表4）。

表4 「餅ゴム」の特性値

項目	特性値				試験方法
材質	EPDM		シリコーン	ブチル	—
硬さ（ショアE）	18	33	20	18	JIS K 6253
伸び（%）	1200	900	1300	1100	JIS K 6251
引張強さ（MPa）	3.50	8.54	2.23	2.94	JIS K 6251
圧縮永久歪み（%）	25	18	27	32	JIS K 6262

※圧縮永久歪み　EPDM・ブチル：70°×22h　シリコーン：120°×22h

（藤倉ゴム工業製品カタログ）

(5) ホッティーポリマー

シリコーンゴムの押出成形を得意とするホッティーポリマーは，高機能ゴム押し出し製品と高機能樹脂押し出し製品を二本柱として事業を展開している。同社の「HOTTY ゲル」はゼリー状の非常に柔らかい性状をした粘着タイプ，非粘着タイプの押出し成形品で，粘着タイプは地震対策として家具やパソコンなどの転倒防止やポンプなど工業用品全般の制振剤や防音材として使用されているほか，汚れとり，吸盤の代替材料としての用途もある。

一方，非粘着タイプはリハビリ用品，衝撃吸収材，防音材，制振材などの用途に使用されている。製品は超低硬度を特徴としており，振動吸収性が非常によく，騒音の低減に役立つ。また，低温特性に優れ－30℃においても，硬さや粘着性が変わらない。透明な特殊エラストマー樹脂であり，透明製品から着色製品まで製造できる。また，連続成形加工なので長尺も可能である。同社では厚さ 1 mm～3 mm，幅 10 mm～100 mm まで対応している。また，異形品や発泡タイプ，高比重タイプの製作も受託している。

(6) 昭和電線ケーブルシステム

昭和電線ケーブルシステムは電力・通信インフラ関連から精密デバイスまで幅広い製品・サービスを展開している企業で，振動・騒音制御分野においてもパイオニア的存在として，豊富な技術とノウハウを駆使して事業を展開している。同社の制音化ノウハウは空気伝搬音および固体伝搬音に関する遮音，防振，制振などの各種デバイスの開発，製造技術およびそれらを支える音響解析，振動解析，設計，施工などの各種技術によって実現している（図 2）。

防振／制振製品では汎用防振ゴムをはじめとして，ストッパ機能付（三方向）防振ゴム，レベリング機能付防振ゴム，コイルスプリング防振材，OA 機器用防振ゴム，などの各種製品を上市している。汎用防振ゴムには丸型防振ゴム（R 型），角型防振ゴム（KA 型，KB 型，KE 型，kgH 型など），吊り型防振ゴム（MSF 型），防振ゴム座（T 型），ウルトラパッド（UP 型）などの各

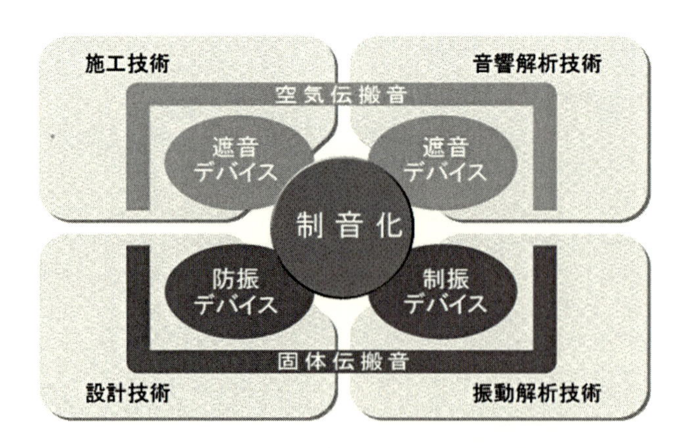

図 2　昭和電線ケーブルシステムの制音化技術
（昭和電線ケーブルシステムホームページ）

製品がラインアップされており，用途に合わせて種々の製品が採用されている。

丸型防振ゴムは，ゴムと金具が一体成型されており，機器の締結ボルトとして使用される。ゴムの材質は建築音響にも適した天然ゴムを使用しており，防振ゴムとしては小～大荷重までに適した最も一般的な製品で固有振動数は8～20 Hzである。固体伝搬音対策として建築音響に使用されるほか，産業機械，変圧器，送風機，冷凍機などに幅広く使用されている。

角型防振ゴムは天然ゴムを材質とする中～大荷重を支持することができる防振ゴムで，多数の金具形状によりさまざまな取合い選択が可能となっている。特性，寸法などが異なる数多くの製品がラインされており，顧客ニーズにきめ細かく対応している。

吊り型防振ゴムは防振ゴムとハンガーが一体に組み立てられているゴム材質の製品で，シングル型とダブル型の製品がある。ゴムと一体化しているハンガー金具がボルトと接触しない構造のため，防振効果を損なわないことを特色としており，シングル型は許容荷重×0.5～0.8支持時の固有振動数が10～13 Hzと防振効果が優れている。また，防振ゴムを2カ所使用したダブル型は許容荷重×0.5～0.8支持時の固有振動数が7～9 Hzとなっている。主な用途は内装天井，各種システム天井，天吊り用空調機器，空調ダクト，配管類などである。

ウルトラパットはゴムパッド内部にスプリングを内蔵した高性能な防振パッドで，スプリングをゴムで被覆しているため，固体伝搬音の原因となる高周波数の振動を絶縁できる。また，設置機器の移動を考慮した設置が可能で，1ブロックあたり4個のコイルスプリングを内蔵しており，専用のアタッチメントを使用することで均一荷重となり特性のばらつきを防止できる。さらに，スプリングは全面を耐候性の高いゴム（EPDMR）で覆っているため錆の心配がなく，屋外で使用する際にも優れた耐久性を発揮する。

一般に広く使用されている防振ゴム座はT-22以下ではスチレンブタジエンゴム，T-23以上では天然ゴムが材質に使われている。

その他，ストッパ付防振ゴムは上金具と下金具の組合せ構造がストッパ機能として働き，せん断方向1.0G，圧縮方向0.5Gの耐震強度を有している。鉛直方向とせん断方向に大きな防振効果があるため，ホール，ホテル，シネコンなどの浮床・浮壁で使用されている。微振動にも適用するため，ゴム材料は天然ゴムを使用している。耐震ストッパ機能を持つ一方で，構造は簡単であり，取り付けも容易に行える。また，レベリング機構付防振ゴムは機械の基礎が不要で簡単に据付けることができるためレイアウトを自由に変更できる。機械のレベル調整も機械のアンカーボルト孔に通したボルトを回すだけで行える。耐候性，耐油性を強化するため，ゴム材質には合成ゴムを使用している。

鉄道関連の防振材は車両の走行に伴い発生する振動や固体伝搬音を防止するための防振材で，一部の製品は「 鉄道車両用材料燃焼試験」の難燃取得品である。車両動力源や床下，空調システムの振動対策に用いられるコンプレッサー取付けゴム座，床下用防振ゴムに加え，建物の周囲と土留めの間に地中連続壁（連壁）をつくり，防振ゴムやゴムパッドなどで保持（支承）し，防振・防音する地中連続壁防振材，最も優れた性能を持つフローティングラダー軌道用の防振装置などの各種防振材を提供している。

(7) 早川ゴム

履物メーカーとして創業し，2019年に創業100周年を迎える早川ゴムは，土木資材，建築用防水材，防音材・産業資材，ファインケミカル，放射線環境製品などの製品を展開している。同社は先進の音響試験設備を完備しており，その設備を活用して住宅をはじめ工場，事務所，自動車，船舶，列車などの室内空間で問題になる騒音および振動をシャットアウトする防音材の開発に取り組んでいる。主力製品の1つである「ハヤダンパー」は耐候性，耐熱性に優れ，高い制振性能を持ったゴム系制振材で，拘束型の「DT-8D-A」，「DA-8D-A」，「DT-HF」および非拘束型の「MTS-21」が上市されている（表5）。

DT-8D-Aは，化学安定性，振動吸収性，環境遮断性に優れたブチルゴムをベースポリマーに亜鉛鉄板を積層した拘束型制振材で，温度に関係なく高い制振性を有し，振動・衝撃による騒音を軽減できる。冬場の建築現場など，低温の悪条件下でも安定した粘着力を発揮する。また，耐久性に優れており，シックハウスの原因となるホルマリンや内分泌撹乱物質，ハロゲン化物，重金属類を含んでいない。間仕切り壁，金属屋根，金属階段，出窓，シャッターボックス，住設機器，家電製品，自動車などの用途で使用されている。また，高粘着タイプのDA-8D-Aはブチルゴムをベースポリマーにアルミ箔を積層している。DT-HFはブチルゴムをベースポリマーとし，高耐食亜鉛メッキ鋼板を積層した拘束型制振材で，船舶の居室，機関室の壁，天井，床，ダクトなどの振動の大きい場所に貼付して使用される。

一方，非拘束型のMTS-21はブチルゴムをベースとした柔軟で裁断加工性に優れた，ノンハロゲン難燃タイプ制振ゴムシートで，高い制振性を有し，振動・衝撃による騒音を軽減できる。

表5 「ハヤダンパー」の製品と特長

品番	構成	規格（厚×幅×長さ）mm	特長
DT-8D-A	亜鉛メッキ鋼板0.25 mm厚 制振ゴム層 セパレータ	1.6×300×600	拘束層に0.25 mm厚の亜鉛メッキ鋼板を使用，剛性，高い制振性能
DA-8D-A	アルミ箔0.1 mm厚 制振ゴム層 セパレータ	1.4×60×1000 1.5×300×600 2.0×300×600 3.0×300×600	拘束層に0.1 mm厚のアルミ箔を使用，追従性良好，打抜き裁断加工が可能
DT-HF	高耐食性亜鉛メッキ鋼板 0.8 mm厚 制振ゴム層 セパレータ	2.2×300×600	拘束層に0.8 mm厚の高耐食性亜鉛メッキ鋼板を使用，剛性，高い制振性能
MTS 21	ゴムシート層 粘着層 セパレータ	1.0×500×1000 2.0×500×100 3.0×500×1000	ノンハロゲン難燃性（UL94 V-0相当＊2 mm厚，3 mm厚のみ）

（早川ゴムホームページ）

2 mm厚，3 mm厚の製品はUL94安全規格によるV-0相当の難燃性を有している。自由な大きさに裁断でき，また，柔軟なシートなので屈曲した箇所にも施工できる点が特色となっている。粘着層ありと粘着層なしの2タイプがあり，目的に合わせて自由に使用できる。主に金属屋根，金属階段，出窓，シャッターボックス，住宅設備機器，家電製品，自動車，建設用機械，農業用機械，産業用機械などの用途に使用されている。

(8) 3M

3Mはビル用，住宅用の制振ダンパーを上市している。従来からの粘弾性ダンパーに加えて，新たに開発した摩擦ダンパーおよびこれらを組み合わせたハイブリッドダンパーなど建物ごとの用途に応じて対応している。制振ダンパーは地震時のエネルギーを吸収し，建物の揺れを低減し建物の損傷を防止するだけでなく，風揺れ対策として居住性を改善したり，床振動（歩行振動）なども改善したりする用途に使われている。同社では建築計画に応じて，ブレース型や間柱型，シアリンク型などさまざまな形態で設置できるように製品化しており，ラインアップした製品形状以外にも自由に形状を設計できる。

ビル用の制振ダンパーには，粘弾性ダンパー，摩擦ダンパー，ハイブリッドダンパーの3種類の製品がある。粘弾性ダンパーはアクリルゴム系の粘弾性体（Visco Elastic Material：VEM）を使用しており，すでに国内外で多くの実績を有している。床振動などの微小な揺れから効果を発揮し，用途に応じて「ISD111」，「ISD111H」などのラインナップから最適な材料および装置を選択できる。粘弾性ダンパーは鋼板に接着された粘弾性体が変形することにより，熱に変えてエネルギーを吸収する。10 μmの微小な変形でも効果を発揮し，風揺れや歩行振動（床振動）などでもエネルギーを吸収することができる。幅広い振動に対応可能，さまざまな形状に設計可能，安定した品質，優れた耐久性などの特徴を持ち，汎用性がある制振ダンパーである。

粘弾性ダンパーは粘弾性体と鋼板を積層した拘束型のシンプルな構造で，微小な変形から数十mmの大変形まで確実にエネルギーを吸収することが確認されている。また，所定の形状に切断した粘弾性体を貼りつける構成となっているため，幅や積層数を変えることで同じ性能の制振ダンパーを自由な形状に設計できる。また，耐久性では1992年に制振ダンパーが設置された建物から別置き試験体を定期的に取り出し，納入時とほぼ同じ性能を有していることを確認している。

製品にはブレース型と壁（間柱）型があり，ブレース型は粘弾性体を鋼板に積層した形状となっている。納まりに応じて幅，厚さなどを比較的自由に設計できる。一方，壁型は壁の厚さ方向に複数枚の鋼板と粘弾性体を積層した形状となっている。また，複数のダンパーを幅方向に並べることにより，大きな容量のダンパーを設置できる。

ビル用摩擦ダンパーは，ローコストで地震時には安定したエネルギー吸収量を発揮する新しい制振ダンパーで，ステンレスと摩擦材をボルトで締め付け，一定の荷重以上で滑りが生じてエネルギーを吸収する仕組みを採用している。履歴型ダンパーとして大きなエネルギー吸収量を発揮するほか，鋼材ダンパーとは異なり繰り返し疲労に対して優れた特性を発揮する。同社では300

サイクルの変形後も滑り荷重に大きな変化がないことを確認している。また，従来のトルク管理ではなく，締め付けボルトの軸力を直接管理する方法で厳密な軸力管理を行い，安定した滑り荷重を実現している。締め付けボルトに最大8本まで同時に軸力を導入することが可能であり，均等な摩擦力を得ることができる。さらに，シンプルな構成のため制振装置をローコストで設置できることも利点の1つとなっている。

粘弾性ダンパーと同様，製品にはブレース型と壁（間柱）型があり，ブレース型では十字断面の各プレートに摩擦材を配置している。2000 kN タイプで幅，奥行とも 350 mm 以下に抑えている。一方，壁型は複数枚の摩擦材を鋼板間に積層した形状であり，1000 kN タイプで幅 860 mm，厚さ 250 mm 程度とコンパクトな形状になっている。

ハイブリッドダンパーは摩擦ダンパーと粘弾性ダンパーを組み合わせた制振ダンパーで，風揺れや地震時の後揺れなどに対しては，粘弾性ダンパー部がエネルギーを吸収し，地震発生時には摩擦ダンパー部に滑りが生じ，履歴型ダンパーとして機能する。風揺粘弾性ダンパー部には一定値以上の変形が生じないため，風揺れ用に薄い粘弾性体を使用しても大地震で破断することなく効率よく使用できる。

粘弾性体の量を調整することにより小振幅では必要な付加減衰を確保しながら，地震時の滑り荷重を別々に設計できるため，小振幅用の剛性と地震時の耐力を個別に設計することで，建物に応じた最適な設計を行える。摩擦ダンパー部は締め付けボルトの軸力を直接管理することにより，安定した滑り荷重を実現しており，地震時には温度依存性がない履歴型ダンパーとして機能する。一方，剛性，エネルギー吸収量の大きい粘弾性体を使用し，小振幅でも大きな 付加減衰を実現している。また，風揺れにも確実に効果を発揮するよう，ダンパー両端の接合部は摩擦接合としてガタなく設置できるようにしており，施工現場では通常の鉄骨と同様に取り扱える。

ブレース型では粘弾性ダンパー部と摩擦ダンパー部がブレースの軸方向に直列に配置されており，実績がある粘弾性ダンパー部と厳密な軸力管理による摩擦ダンパー部で安定した性能を発揮することができる。一方，壁型はブレース型と同様に，2種類のダンパーが直列に配置されており，1000 kN タイプで幅 1000 mm，厚さ 300 mm 以下を実現して，コンパクトな形状での設置が可能になっている。

住宅用制震ダンパーは大地震発生時の建物の揺れを抑えるだけではなく，地震後に繰り返し起こる余震に対しても大きな効果を発揮する。FR ダンパー，粘弾性ダンパーの2種類の制震ダンパーから選択できる。FR ダンパーは木造軸組用摩擦ダンパーで，壁倍率 5.0 倍を取得することで，耐力壁などの耐震要素として 組み込むことを可能にしている。自動車のブレーキと同じ原理で機能する制振ダンパーであり，一定の力を超えると摩擦材が滑り出し，熱に変えることでエネルギーを吸収する。履歴型ダンパーの1つで，かつ繰り返し振動に対しても強みを発揮する。

住宅用粘弾性ダンパーはアクリルゴム系の粘弾性体の VEM を使用している制振ダンパーである。VEM は複雑に絡み合った分子により構成された粘弾性体で，VEM が変形すると分子間で摩擦が生じながらエネルギーを熱へと変換し振動エネルギーを吸収する。そのため，10 μm 程度の微小な振動から大地震にいたるまで，幅広い振動に対してエネルギーを吸収することができる。

(9) 積水ポリマテック

積水ポリマテックの「ジーポルスター（G-Polstar）」は，振動の低減や衝撃を緩和することに特化した熱硬化性ラバーで，良好な耐熱性と圧縮永久歪，幅広い硬度と減衰性バリエーションを有している。また，RoHS指令に対応しており環境負荷物質を使用していないことに加えて，低分子量シロキサン，硫黄などの接点不良を起こす素材も不使用である。一部の製品は難燃化基準のUL94を取得しており，シート状から3D形状まで広く対応している。厚さが0.3 mm～5 mmまでのシート加工が可能なほか，他の素材との複合でき，複雑な形状でも成形できる。

製品は汎用シリーズである「FF-5100T系」に加えて，ハロゲンフリーの高減衰シリーズの「FF-7500Z系」，高減衰・難燃化シリーズの「FF-7500NF系」などの製品があり，汎用シリーズをハロゲンフリー化した「FFR-59000系」や高減衰シリーズのFF-7500Z系の耐寒性を強化した低温特性改善シリーズの「FFR-77300系」などの製品も上市されている。各シリーズの主要特性（硬さタイプ，損失係数（tan δ）など）は以下の通りである（表6，表7）。

表6 「ジーポルスター」の主要特性

シリーズ	特性
汎用シリーズ（FF-5100T系）	硬さタイプ　A20～70 損失係数　0.4
ハロゲンフリーシリーズ（FFR-59000系）	FF-5100T系のハロゲンフリー化 硬さタイプ　A10～80 損失係数　0.4～0.7
ハロゲンフリー・高減衰シリーズ（FF-7500Z系）	硬さタイプ　A10～70 損失係数　0.5～1.0
低温特性改善シリーズ（FFR-77300系）	FF-7500Z系の耐寒性の向上 硬さタイプ　A20～40 損失係数　0.5
高減衰・難燃シリーズ（FF-7500NF系）	ハロゲン含有 硬さタイプ　A30～70 損失係数　0.5 難燃性　UL94 V-0

（積水ポリマテックホームページ）

表７ 「ジーポルスター」の主要製品仕様

〈FF-5100T 系（汎用シリーズ）〉

Item	Unit	FF-5120T	FF-5130T	FF-5140T	FF-5150T	FF-5160T
硬さ Hardness	JIS TYPE	A20	A30	A40	A50	A60
引張強さ Tensil strength	MPa	5.1	9.3	9.6	11.9	12.7
伸び Elongation	%	880	870	790	500	390
100%引張応力 100%Modulus	MPa	0.3	0.6	0.7	1.2	2.1
引裂強さ Tear strength	N/mm	13.8	17.0	24	25	26.0
圧縮永久歪み Compression set	% (70℃×22h)	8	8	11	9	12
損失係数 tan δ Loss factor tan δ	(23℃／30Hz)	0.36	0.44	0.38	0.38	0.38
難燃性 Flame retardancy	UL94	HB	HB eqiuv.	HB eqiuv.	HB eqiuv.	HB eqiuv.

（積水ポリマテックホームページ）

〈FF-7500Z 系（ハロゲンフリー。高減衰シリーズ）〉

Item	Unit	FF-5120T	FF-5130T	FF-5140T	FF-5150T	FF-5160T
硬さ Hardness	JIS TYPE	A20	A30	A40	A50	A60
引張強さ Tensil strength	MPa	5.1	9.3	9.6	11.9	12.7
伸び Elongation	%	880	870	790	500	390
100%引張応力 100% Modulus	MPa	0.3	0.6	0.7	1.2	2.1
引裂強さ Tear strength	N/mm	13.8	17.0	24	25	26.0
圧縮永久歪み Compression set	% (70℃×22h)	8	8	11	9	12
損失係数 tan δ Loss factor tan δ	(23℃／30Hz)	0.36	0.44	0.38	0.38	0.38
難燃性 Flame retardancy	UL94	HB	HB eqiuv.	HB eqiuv.	HB eqiuv.	HB eqiuv.

（積水ポリマテックホームページ）

(10) イイダ産業

飯田産業は発泡技術に強みを持つ化学メーカーで，ゴム，樹脂などの材料を発泡させることで軽量化を可能にする独自の技術で，吸音効果，断熱効果などを高めた各種材料を生み出している。「OROTEX」は発泡技術を生かした自社ブランドで，同社の売上げ構成の約80%を占める自動車用防音材，制振材，補強材などの自動車関連部品であるが，新幹線車体の外壁アルミハニカム内や工場，住宅の防音材などにも採用されており，市場を拡大している。

自動車関連製品の主力は，前席横のAピラー（柱）の中に1,500%を超えるような高発泡率のゴムを充填して風切り音を防止する防音材，ルーフヘッダのチャンネル内に中発泡率のゴムを充填した制振&防音材，車体中央部のBピラーの中に高強度の樹脂を入れ，制御した発泡率で車体剛性を向上させる発泡充填剤などであり，発泡技術を駆使して「軽くて硬い」材料化することで自動車の軽量化に貢献している。

また，近年では，アスリート向けの膝のサポーター「GELSUPPO」やフォトフレームの「G.E.L」など，生活関連用品の充実にも力を入れており，ジェル状のエラストマーを使用した衝撃吸収クッション，パソコンのキーボードやマウスの使用時に腕の疲れを軽減，ジェルでリラックスする「Jelelax」，墓石と台座の間に挟んだ軟質金属の変形を途中で拘束して，その際にできる隙間にエラストマーを配置することで地震のエネルギーを吸収し，墓石の倒壊を防ぐ「はかもり」など，ユニークな製品を次々と開発している。

同社は1995年にタイへ進出したのをはじめ積極的に海外展開しており，現在ではタイに加えて米国，メキシコ，中国，インドの5カ国に6工場を稼働させている。防音材，制振材を主力としてトヨタ自動車をはじめとして国内のほとんどの自動車メーカーに製品を供給しており，自動車分野の防音材，制振材をリードするメーカーの1社として安定的な事業基盤を構築している。

(11) 住友ゴム工業

住友ゴム工業はゴムの研究，開発で培った先進技術により開発した高減衰ゴムをベースとした制振ダンパーを上市している。同社の制振ダンパーは大型橋梁ケーブルや橋桁のダンパーをはじめ，戸建住宅から超高層ビルなどの建築物用の制振材まで幅広い分野で活用されている。中でも橋梁ケーブル用ダンパーは海外でも実績を重ね，世界各地の大型プロジェクトで採用されている。また，国内の斜張橋ではシェアNo.1の実績を有している。同社の制振ダンパーは地震の揺れや風揺れ，交通振動などを抑える安全性の向上に加え，構造物への損傷や負荷の軽減による長寿命化を実現する環境技術としても評価されている。同社の制震ダンパーは熊本地震に伴う熊本城の復旧工事でも採用されている。

同社の住宅用制震ユニット「ミライエ」は，ダンパー設置数を最小限に抑え，低価格と優れたエネルギー吸収性能を実現した製品である。ミライエ）は地震のたびに最大70%の揺れを吸収して家の損傷を抑え，住まいの資産価値を防衛する。また，特殊な構造と接着方法を採用することで優れた経年耐久性とメンテナンスフリーを実現している。2×4工法用の「ミライエ2×4」の発売されており製品ラインアップを広げている。

3. 4　熱硬化性樹脂系制振材料

3. 4. 1　概要

従来，自動車や産業機械あるいは家電製品などに使用されるモーター部品やそれらの周辺部品においては，制振性や防音性を付与する方法として制振鋼板を用いたり，あるいははゴムやエラストマーを貼り付けたり，金属部品を樹脂製部品に置き換えたりする方法が一般的に行われている。制振鋼板を用いる場合，それ自身コストが高く，また加工性の面からも微細な構造を有する部分への適用は難しく，適用できる範囲が限定されてしまうという欠点がある。また，ゴムやエラストマーを貼り付ける方法も加工工数や部品点数が増えるためコストアップの要因となる。

一方，制振性が必要な部品を金属部品から樹脂製部品に置き換えると，金属部品に比べ大幅に制振効果が向上するため，フェノール樹脂などの熱硬化性樹脂あるいはPPSなどの熱可塑性樹脂製のギヤケースやブラシホルダー，エンドブラケットなどが開発されて使用されている。一般的に，耐熱性，高寸法精度，寸法安定性が要求されるモーター部品やその周辺部品へ適用するためには弾性率が高くなる無機充填材を多く配合した成形材料を使用されているが，他方，制振性能は弾性率が低いほど優れるため，成形材料の弾性率を下げるための研究開発が進められてきた。熱硬化性樹脂をベースとする防音材，制振材は，樹脂製部品にゴムやエラストマーを貼り付けた設計を代替する目的を有しており，減可塑性樹脂材料とともに研究開発の進展が期待されている。

3. 4. 2　主要メーカーと製品

(1)　利昌工業

利昌工業の制振材「リコカーム」は，同社が長年培ってきたエポキシ樹脂のガラス転移温度に係る知見と，創業時から積み重ねてきた積層技術をもとに開発したエポキシ樹脂（制振層）をアルミ板で覆った拘束型制振材である（図3)。リコカームは軽量&薄型，優れた制振性と遮音性を特徴としており，1 mm 厚のエポキシ樹脂の多層樹脂層を1 mm 厚のアルミ板（拘束材）と離

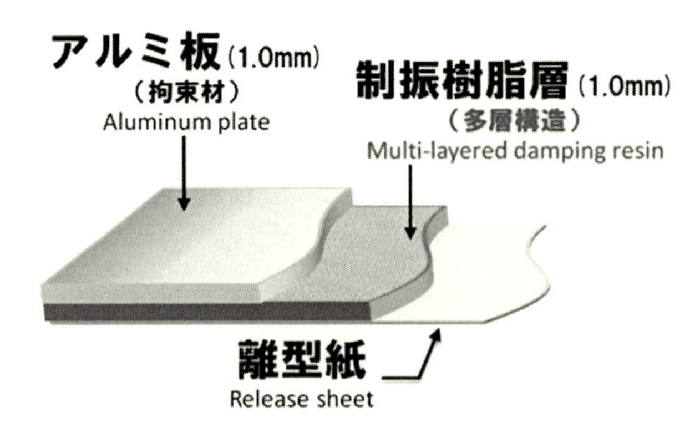

図3 「リコカーム」の材料構成
（利昌工業ホームページ）

型紙で挟み込むことで，損失係数=0.41（JIS G 0602 片持ち梁法 室温20℃ 500 Hz）の制振効果と音響透過損失＝64dB（ASTEM E2611 室温20℃ 500 Hz）の遮音効果を実現している。また，鋼鈑ベースの制振材と比べて40%の軽量化に成功している。

標準仕様は，幅×高さ500×300 mm，厚さ2 mm（アルミ板1.0 mm，制振（樹脂）層10. mm），重量3.8 kg/m^{2}で，粘着力（N/20 mm）は18.27である。

リコカームは優れた難燃性を有しており，（一財）日本海事協会が日本小形風力発電協会規格に定める要件に適合していることを確認するNK認証において，「難燃性上張材」および「一次甲板床張材」の認定を受けている。また，日本鉄道車両機械技術協会（JRMA）が国土交通省に代わって実施している鉄道車両の難燃性試験と燃焼発熱性試験にも合格しており，同社では市場拡大へ向けて精力的に事業を展開している。

(2) サーモセッタ

サーモセッタは熱硬化性樹脂部品の製造を専門とする会社として設立され，自動車部品の開発を主に事業を展開している。同社の「サーモライト」は無潤滑運転ができる歯車をはじめ，ガスケットやインシュレーターなどエンジン等の高温機器からの断熱板，エアモータ無給油式のベーン，軸受けなどの摺動部材，クラッチフェーシングなどの摩擦部材，漏電防止や高電圧システムの絶縁部材，食品機械の攪拌羽根などの食品衛生対応部材，金属粉対策など幅広い用途で使用されている。

自社開発に成功したサーモライトは，金属や従来の樹脂を超える材料として優れた特性を発揮する。サーモライトシリーズは，超耐熱性，超高強度，高潤滑性，バックラッシ調整（組立時の微調整）が不要という特性を有している。同製品は220℃の高温のオイル環境下でも使用することができるほか，衝撃値（アイゾット）は80KJ/m^{2}で，金属調質歯車並み以上の強度を実現している。さらに，動摩擦係数はμ0.07以下で，耐摩耗性に優れており無潤滑運転を行える。その他にも一般樹脂を上回る圧倒的な耐久性や成形収縮率1.2/1,000で成形材料の配向性がない寸法安定性，有機化合物のアウトガスの発生が少ない環境対応力などの特徴を有しているほか，金属に対しては鉄の1/6という軽量性を誇っている。

(3) 東ソー

東ソーのポリウレタン原料やポリウレタン樹脂・エラストマー製品は「コロネート」ブランドで上市されている。熱硬化性ポリウレタンエラストマーはアミン系架橋剤との組み合わせにより，低硬度のゴム領域から高硬度のプラスチックに近い領域にいたるまで幅広く使用可能なプレポリマーで，ポリエステル /TDI（トリレンジイソシアネート）系，ポリエーテル /TDI系のほかMDI（ジフェニルメタンイソシアネート）系の製品もラインアップされている（表8）。

ポリエステル系は，特に耐油性，耐熱性に優れているため，各種ロール，オイルシール，パッキン，ギア，ベルト，防振ゴム，O-リングなどの多用途に使用されている。また，ポリエーテル系は，PPG系，PTG系，PPG/PTGブレンド系があり，アミン系架橋剤との組み合わせにより，耐水性が求められる分野で幅広く使用されている。

表８　熱硬化性ポリウレタンエラストマー「コロネート」の製品特性

製品名	代表特性値							硬化剤	メイン組成	消防法	
	外観	NCO含量	粘度	硬度	引張強さ	引裂強さ	伸び				
		%	mm²/s @75℃	TypeA	MPa	kN/m	%			危険物分類	危険等級
コロネート4076	淡黄色液体	2.4－2.8	2,000－3,500	75	41	57	690	MBOCA	TDI/Ester	指定可燃物	—
コロネート4047	淡黄色液体	4.0－4.2	1,460－1,600	90	50	91	570	MBOCA	TDI/Ester	4-3	Ⅲ
コロネート4048	淡黄色液体	5.9－6.3	800－1,100	95	53	102	430	MBOCA	TDI/Ester	4-4	Ⅲ
コロネート4080	淡黄色液体	2.8－3.1	1,800－2,400	83	33	60	540	MBOCA	TDI/PTMG	4-4	Ⅲ
コロネート4090	淡黄色液体	4.0－4.3	800－1,350	90	42	76	470	MBOCA	TDI/PTMG	指定可燃物	—
コロネート4095	淡黄色液体	5.9－6.7	490－ 560	95	47	88	350	MBOCA	TDI/PTMG	4-4	Ⅲ
DC-6912	淡黄色液体	7.4－7.9	320－ 420	99	46	94	310	MBOCA	TDI/PTMG	4-4	Ⅲ
コロネート4088	淡黄色液体	6.4－7.0	1,400－1,700	71	42	35	360	ニッポラン4038	MDI/Ester	指定可燃物	—
コロネート4362	淡黄色液体	5.1－5.5	1,400－1,900	76	20	35	340	ニッポラン4038	MDI/PTMG	指定可燃物	—

表中の製品以外にも低硬度品（shore A10）から高硬度品（shore D90）まで幅広い製品がある。

（東ソーホームページ）

(4) DIC

DICの注型用ウレタン樹脂「パンデックス」シリーズは，熱硬化性ポリウレタン樹脂である。射出成形では困難な大型成型品の生産にも適しており，耐摩耗性をはじめ機械特性に優れたポリウレタンエラストマー（ウレタンゴム）をつくることができる。同シリーズは，耐摩耗性，引張強度，引裂強度などの機械特性に優れており，耐薬品性，耐溶剤性，耐油性，耐熱性，耐寒性なども良好である。成型時に天然ゴムや合成ゴムのような加圧が不要で，大型製品から複雑な形状の製品まで幅広く成型できる。圧縮永久歪が小さく，繰り返し振動，荷重，屈曲あるいは衝撃を受ける用途に適している。製品にはポリエステル系，ポリカプロラプトン系，エーテル（PPG，PTMG）系の各種製品がラインアップされている（表9）。

ポリエステル系は耐磨耗性など機械特性に優れる製品で，耐薬品性，耐溶剤性，耐油性，耐熱性に優れる特性を持っている。ポリカプロラクトン系はポリエステル系の利点に加えて，良好な耐加水分解性を有している。一方，エーテル（PPG）系は耐水性が良好で，高い反発弾性が得られることを特徴としており，エーテル（PTMG系）は，PPG系の特性に加えて，耐衝撃性に優れ，摩擦による発熱性が低い特長を有している。

また，同社では超低硬度二液硬化型ゲルウレタンシステムの「パンデックスGC」や二液硬化型連続塗工ウレタンフィルム用システムの「パンデックスGWシリーズ」を上市している。パ

表9 「パンデックス」シリーズの主要製品

〈ポリエステル系〉

品番	性状	特性（硬化剤＝MBOCA）			
	80℃粘度 (mPa･s)	硬度 (JIS A)	引張強度 (MPa)	引裂強度 (kN/m)	伸び (%)
パンデックス 372E	3000－8000	71	44	58	800
パンデックス 390E	1000－2500	92	60	110	550
パンデックス 394E	1000－3000	94	60	110	500

〈ポリカプロラクトン系〉

品番	性状	特性（硬化剤＝MBOCA）			
	75℃粘度 (mPa･s)	硬度 (JIS A)	引張強度 (MPa)	引裂強度 (kN/m)	伸び (%)
パンデックス 304	7000>	71	30	53	650
パンデックス 305E	1100－1800	92	45	75	440

〈エーテル（PPG）系〉

品番	性状	特性（硬化剤＝MBOCA）			
	80℃粘度 (mPa･s)	硬度 (JIS A)	引張強度 (MPa)	引裂強度 (kN/m)	伸び (%)
パンデックス P-870	250－ 450	72	14	40	700
パンデックス P-910	900－1600	92	34	90	440
パンデックス P-895	600－1200	96	43	80	420

〈エーテル（PTMG）系〉

品番	性状	特性（硬化剤＝MBOCA）			
	80℃粘度 (mPa･s)	硬度 (JIS A)	引張強度 (MPa)	引裂強度 (kN/m)	伸び (%)
パンデックス 4030	700－1100	91	23	89	350
パンデックス 4110	500－ 900	96	46	63	350

（DIC ホームページ）

ンデックスGCは，独自設計による超低硬度（アスカーC，アスカーF領域），高透明性のゲルウレタン製品で，耐久性のよさ，広い温度領域において高い損失係数を有している。エアギャップなど光学用途の各種緩衝材や衝撃吸収材に使用されている。

一方，パンデックスGWシリーズは，独自設計による高透明性の二液硬化型ウレタン樹脂システムで，ヘイズ0.7％以下，全光線透過率は92％以上の性能を有する無黄変タイプのウレタンフィルムを生産できる。無溶剤タイプで，溶剤系ウレタン樹脂や低粘度のアクリル系樹脂では塗工が難しい200 μm以上のフィルム，シートを1パスで生産できるため，生産性が向上する。ウレタンの特徴である柔軟性は損なわず高耐熱性，ノンフィッシュアイなどの特徴を有しており，広い分野で使用でき，注型加工にも対応している。また，傷がついても翌日には回復する自己修復機能（セルフヒーリング性）があるため，さまざまな外装部材へも展開できる。さらに，独自の架橋設計によって柔軟性と強度の両立を実現している。主な用途は各種光学部材のほか，導光フィルム，導光シート，導光板，エアギャップ充填用シート，OCA（光学用透明両面テープ），保護コーティングフィルムなどである。

3.5 熱可塑性エラストマー系制振材料

3.5.1 概要

熱可塑性エラストマー（TPE）は合成ゴムと熱可塑性樹脂の間を埋める素材として注目されている材料である。加熱すると流動するため，容易に熱可塑性樹脂と同様の成形加工が可能であり，常温ではゴム弾性を示す特性を有している。

TPE はその産業特有の要求に応えながら，さまざまな分野で多種多様な用途に使用されている。自動車では内装の操作系部分，外装の窓枠部分，“ボンネット内部”（エンジンルーム）の密閉部分などで使用されており，工具の持ち手（柄）やケーブルの被膜などの工業製品にも採用されている。また，一般消費財では玩具やスポーツ用品，包装材や梱包材，歯ブラシやかみそりなどの衛生関連用品などにも使用例を見ることができる。さらに，医療用途では非常に厳格な規定に合わせたコンパウンドが開発されており，医療用の TPE 製品には点滴筒（ドリップチャンバー）や密閉装置，医療用ホースなどがある。

一方，スチレンブロック共重合体ベースの TPE は，一般に TPS と呼ばれている。いずれもハードセグメントはポリスチレン（PS）で，ソフトセグメントの違いにより，スチレンとブタジエンを共重合した SBS，スチレンとイソプレンを共重合した SIS，それらを水添した SEBS（スチレン・エチレン・ブチレン・スチレン），SEPS（スチレン・エチレン・プロピレン・スチレン）などに大別されている。TPS は柔軟性，弾力性に優れ，最もゴム的性状を持つ TPE である。

SBS はアスファルト改質や履物，SIS は粘着剤や接着剤が主な用途であり，他方，SEBS と SEPS は耐熱性，耐候性がよいことから軟質成形材料，ポリオレフィンや PS などの樹脂改質，接着剤が主な用途となっている。このうち軟質成形材料としては主にポリオレフィンや軟化剤とコンパウンドしたものが使用され，成形性，柔軟性，機械強度などのバランスに優れることから自動車用途をはじめとして日用品から家電まで幅広い用途に使用されている。また，コンパウンドした材料も TPS として位置づけられている。

3.5.2 主要メーカーと製品

(1) 三菱ケミカル

三菱ケミカルはブロック共重合体を主成分としたポリエステル系熱可塑性エラストマーの「テファブロック（TEFABLOC）」を上市している。同製品はポリカーボネート樹脂，スチレン系樹脂などの硬質樹脂との熱融着性に優れ，耐摩耗性にも優れている。A シリーズと B シリーズがあり，いずれもアロイ化されているため，耐熱性，熱老化性，耐候劣化，耐候変色等の耐久性に優れており，印刷・塗装適性にも優れている。また，弾性率の温度依存性が小さく，低温から

表10 「テファブロックＡシリーズ」が熱融着可能な硬質樹脂

ポリカーボネート樹脂（PC）
スチレン系樹脂（ABS，AES，AS，GPPS，HIPS）
アクリル樹脂（PMMA）
ポリエステル（PET，PBT）
変性PPE樹脂（PPE/HIPS）
ポリマーアロイ（PC/ABS，PC/PET，PC/PBT）
ポリアミド（PA6，PA12）…特殊グレードのみ

（三菱ケミカルホームページ）

高温までほぼ一定の弾性率を保持する。さらに，着色，加工が容易で，汎用の熱可塑性樹脂成形機を使用でき，射出成形，押出成形のいずれにも対応しており，スプレー，ランナー等はリサイクルできる。

Ａシリーズは ABS 樹脂，ポリカーボネート樹脂などの非オレフィン系樹脂との熱融着性に優れている（表10)。一方，Ｂシリーズは耐油性に優れたポリエステル系熱エラストマーであるTPEE（TPC）に特殊ゴムをアロイ化して柔軟にしているため，スチレン系やオレフィン系のエラストマーに比べて高い耐油性を有している。

熱可塑性エラストマーとエンプラ，スチレン系樹脂との二色成形が適用できる部品で特色を発揮でき，主用途であるドアラッチ，サイドモールエンドキャップ，ルーバー，ドアミラー部品などの自動車部品のほかにもペングリップ，歯ブラシグリップ，ボタン，ゴーグルガスケットなどの日用・雑貨用品，筐体衝撃吸収，携帯電話コネクタキャップ，グリップなどの電気，通信部品などに幅広く使用されている。

2017年4月にテファブロックにブランド統合された「ラバロン」は，ベースポリマーにスチレン系ゴム（SBC）を使用した，ゴムに近い物性を持つコンパウンドタイプのスチレン系の熱可塑性エラストマー（TPS）である。圧縮永久歪み，永久伸びおよび機械的強度などに優れているうえ，クロロプレン並みの良好な耐油性を有している。また，ベースポリマーに二重結合を持たないため，耐候性，耐熱性に優れている。さらに，汎用の熱可塑性樹脂成形機が使用でき，射出成形，押出成形を容易に行え，着色も簡単に行えるほか，スプレー，ランナーなどはリサイクルできる。同製品はグロメット，内装材，ガスケット，チューブ類，モールなどの自動車用部品，土木，防水，建材用シート，ホース類，グリップ類，パッキン部品などの一般・工業部品などに使われている。

(2) KRAIBURG TPE

ドイツのヴァルトクライブルクに本社を置く KRAIBURG TPE 社は，TPE を中心に扱う熱可塑性エラストマーコンパウンドの専門企業である。同社では TPE コンパウンドのリーディングカンパニーとしての実力を生かしてグローバルに事業を展開しており，ドイツ（欧州，中東，アフリカ向け）のほか米国のアトランタ，クアラルンプール（アジア，太平洋向け）に生産設備を保有し，香港，上海，ムンバイに支社を開設している。

同社では主にSEBSコンパウンドを製造しており，「サーモラスト（THERMOLAST）」ブランドで上市している。サーモラストコンパウンドは主に水添加スチレンブロック共重合体やポリオレフィン，流動パラフィン（ホワイトオイル，可塑剤），無機充填剤，その他各種の添加剤をベースにしており，顆粒状で利用でき，添加混合しなくても加工できる。一連の製品は表11のような特性を有している。硬度や色，表面特性についての多様性と機械的強度を備えており，顧客の選択利便性は非常に高い。

規格品としては「サーモラストK／V／A／M」の4種類の製品が上市されている。サーモラストKは，ABS，PC，PBT，PETG，ASA，SAN，PmmA，PET，PA 6/6.6/12，POM，PS，HIPSなど多くの素材を組み合わせた二材（二色）射出成形が可能で，押出成形用に最適化されているが，フィルム押出やホットメルト加工にも適したコンパウンドである。市場の需要に合わせて開発されて来た同製品は，現在では事実上すべての産業分野で使用されているほか，多くの産業特有の用途で試験を重ねている。また，同製品は射出成形や押出成形，ブロー成形など多種多様な方法で加工することができる。

「サーモラストM」は，サービスパッケージ化された医療用コンパウンドである。医療用コンパウンドは，USP Class VI（第88章），ISO 10993-4（溶血，人血液中間接），ISO 10993-10（皮内刺激），および ISO 10993-11（急性全身毒性）の医療認定規格，ISO 10993-5（細胞毒性）に

表11 「サーモラストコンパウンド」の主要特性

- 優れた触覚性（触り心地）
- 「0ショアA」から「60ショアD」までの総合的な硬度
- 高い弾力性
- 防滑特性（滑り止め特性）
- 事実上すべての一般的な熱可塑性プラスチックに優れた接着性（二材（二色）射出成形）
- 高い透明性で多種多様な着色も可能
- 文字入れや印刷などに適した表面
- 最適化された圧縮永久歪み
- 卓越した密封性能（シーリング性能）
- 優れた変形回復性
- 高温耐熱性
- 優れた低温柔軟性
- 電気絶縁性
- 優れた防音特性と制振特性（減衰特性）
- 耐加水分解性
- 酸性，耐アルカリ性，耐油性，耐脂性（耐グリース性）
- 100%リサイクル可能
- 殺菌処理可能
- 耐候性と耐紫外線性
- その他

（KRAIBURG TPE社ホームページ）

従って試験済みであり，ドラッグマスターファイルとしてリスティングされている。また，動物ベースの原料は使用していない。さらに，製薬媒体に触れる場合の応用として特別に開発された選択コンパウンドの抽出調査の実施，100%安全な配合と処理手順で製造されており，医療関係資料の収集に基づいて生産基準が最適化されている。サービスパッケージ化により，顧客メーカーは安全条件を確保したうえで，射出成形，押出成形工程の簡素化と短時間サイクル化できる。また，半透明のコンパウンドであり射出成形時のミスの発見が容易，移転の危険性の低減など顧客メーカーはさまざまな製造メリットを享受できる。

「サーモラストV」は自動車製造分野や工業分野で，高温下での使用，動的または静的な圧力のかかる条件下での使用に特化して開発されている。同製品は熱安定性に優れているだけでなく，卓越したヒステリシス挙動（復元力）と圧縮応力緩和を発揮する。140℃までの熱安定性，耐紫外線性，耐候性，耐スクラッチ性，機械的特性，流動性などに優れており，複雑な形状をした部品でも滑らかな表面を維持できる。また，PPとの優れた接着性を発揮し，動的シール，静的シールのどちらにも理想的に対応できる。

一方，「サーモラストA」は，自動車用途に特化し，Vを上回る耐紫外線性，耐候性を実現しているほか，PC，ABS，PC/ABSとの接着性を強化したコンパウンドである。さらに，Kをしのぐ媒体耐性と耐スクラッチ性を有している。Aは架橋前のアクリル酸ブチル共重合体とTPCとのポリマーブレンドで構成されている。また，求める硬度によって連続相を置換し，軟質素材なら共重合体で構成し，硬質素材ならTPCを使用する。架橋前の共重合体であることから押出加工中にそれ以上架橋が起こることもない。

(3) 日本ゲッツナー

日本ゲッツナーはオーストリアのゲッツナー・ヴェルクシュトッフェ社の100%出資法人として設立され，ゲッツナー本社で製造されるポリウレタン防振材を輸入，加工販売している。同社の製品は国内では虎ノ門ヒルズ，GINZA KABUKIZA，ナショナル・トレーニングセンター，パレスホテルなどの建築物や小田急電鉄，近畿日本鉄道などで使用実績を有している。ゲッツナー社の特殊ポリウレタン防振材である「Sylomer（シロマー）」および「Sylodyn（シロディン），「Sylodamp（シロダンプ）」などは世界約80カ国で採用されている。

Sylomerはスプリングとダンパー特性の組合せ，優れた弾性性能，多機能ポリウレタン素材，混合セル型細孔構造を特性としており，高弾性で耐用期間が長く，損失係数は1.0～0.25と制振性も備えている。振幅依存性が極めて小さく，優れた長期挙動と疲労強度を示す。振動・騒音対策分野での優れた素材として定評を得ており，鉄道区間で発生する振動や騒音の低減，メンテナンスコストの大幅な削減を実現できる。また，建築物に使用すれば，振動に悩まされている空間を快適なスペースに転換できる。10種類の異なるタイプが標準品としてラインアップされているほか，難燃性の特注品「Sylomer FR」もあり，特殊なニーズに対しても，素材特性を調整して対応している。また，連続振動にはSylodyn，衝撃振動にはSylomer GSHなど，使用条件により使い分けられている。

Sylodamp は高減衰材の弾性材質で，高い衝撃遮断性能を実現している。さまざまな衝撃負荷の大きさに対応するため，使用レンジの異なる6種類の材質が開発されており，ダンパー材として機械に使用するだけではなく，人や環境を保護するためにも使用されている。混合細孔構造で高いエネルギー吸収能力を有している。

(4) タイテックスジャパン

タイテックスジャパンは東京工業大学大学院の住田雅夫名誉教授がJST（科学技術振興機構）のプレベンチャー支援を受けて開発した有機高分子ハイブリッド制振材料をもとに製品化した大学発のベンチャー企業で，制振材「PIEZON」をベースに事業を展開している。PIEZON はオレフィン系エラストマーやゴムをベースとして，誘電性，圧電性，導電性などを示す材料を分散混合した分散型有機高分子ハイブリッド制振材である。従来の制振材が粘弾性や無機充填剤の摩擦効果により制振するだけで振動吸収効果が低く，振動吸収性能を上げるにつれて質量が重くなるのに対して，同社の製品は粘弾性による機械的損失に加えて電気エネルギー損失も付与するため，従来の制振材と比較して2倍以上の制振効果と100 Hz 以下の低周波域に効果を有し，かつ素材の減量により大幅な軽量化も実現している。

PIEZON にはアクリル，オレフィン系エラストマーをベースとする樹脂系の有機高分子ハイブリッド制振材とゴム系の有機高分子ハイブリッド制振材があり，いずれも高い制振性能を有している（図4）。

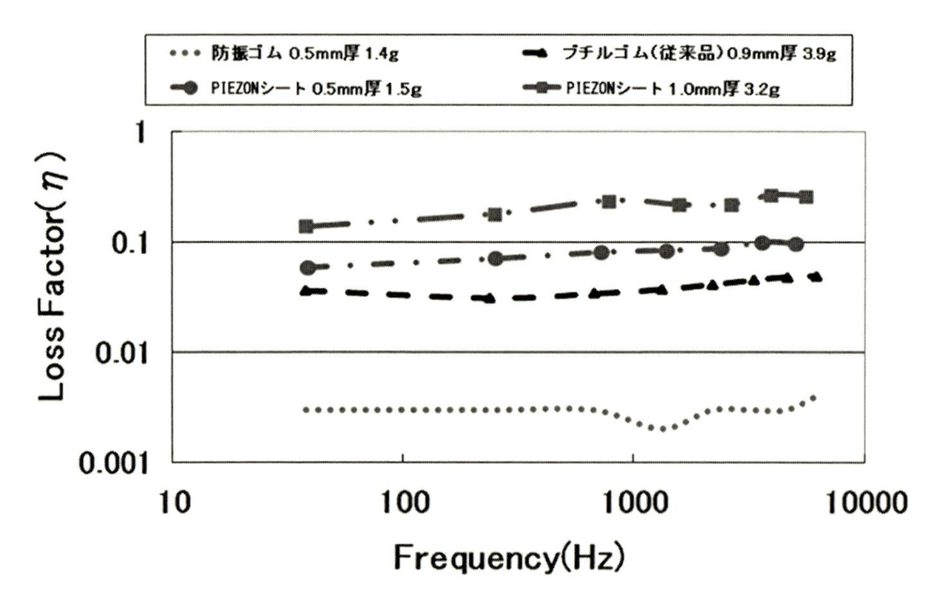

図4　周波数帯域別損失係数の比較
※中央加振法・20℃における測定値
※非拘束型0.8 mm 厚鋼板基板を使用（鋼板サイズ 10 mm×200 mm）
（タイテックスジャパンホームページ）

アクリル，オレフィン系エラストマーをベースとした樹脂系の有機高分子ハイブリッド制振材には，シート加工品およびペレット状製品があり，振動する基材に貼り付けて振動エネルギーを抑制するシート加工品は，粘着加工，カット加工，複合加工（金属，発泡タイ，繊維）に対応しており，0.3 mm 厚から各種厚みに対応している。また，ペレットは各種樹脂に混和して使用することで制振性を付与している。その他にも同社は制振シートの複合製品（吸遮音材やアルミラミ加工品）も上市している。

ゴム系制振材はゴムをベースとした分散型有機高分子ハイブリッド制振材で，低周波数域への制振が対応可能，高圧縮強度，広範囲の使用温度領域，軽量化対策などの特徴を有している。また，同製品は剛性を確保しながら，一方で制振効果を発現できる強みも有している。

一方，アクリルゴム系のエラストマーである「PIEZON-ACMOI」は，戦略的基盤技術高度化支援事業「サポイン」と連携して画期的なエネルギー変換技術を採り入れた高減衰かつ高弾性の最先端の制振ゴムである。幅広い振動の減衰に大きな効果を発揮するため，小型軽量製品や大型製品の低周波対策にも利用できるほか，一般的な防振ゴムと比較して減衰性能が高く，減衰材料の小型軽量化が可能になる。アクリルゴムを基材とした制振ゴムで，架橋を硫黄フリーで成形しているため，材料中に遊離硫黄を含有していない。

同社では開発した高機能性制振材を音響システムの音質調整用アクセサリーとして製品化し，「fo.Q（フォック）」ブランドで販売している。制振材を使用することで，使用していない場合と比較して，非常に短時間で基材の振動を吸収・減衰させることが可能となり，この効果により，音響機器の振動を短時間で効率よく減衰させ，音の解像度の改善，S/N 比の向上を実現させる。同社の製品は従来のゲル状制振材と比較して，2倍以上の制振性能を有しているうえ，歪量が小さくなると制振性能が下がり，最終的にはゼロとなる一般的な制振材に対して，ひずみ量が小さくなればなるほど制振性能が大きくなる。そのため，音響機器に発生する微少な振動を短時間で効率よく減衰させ，よどみのない，澄んだ音色を楽しむことができる。高減衰制振材を応用した fo.Q のオーディオボードは，従来の無機ボードと比較すると，全周波数帯域で平均10倍以上の高い振動減衰性能を持っている。特に 300 Hz 以下の低周波帯域と 4,000 Hz 以上の高周波帯域で振動減衰性能が非常に高いため，低・高周波のノイズを劇的に減衰させることが可能で，聴こえにくかった音の輪郭が明瞭となる。また，音量を上げて聴くときにも音の歪みがなくなる。

2002年に創業した同社は，2009年に木曽興業に経営権を譲渡し，関連会社として研究開発型企業として成長している。

(5) JSR

JSR は自社で開発し，世界で同社だけが唯一市場供給しているオリジナルポリマーである「ポリブタジエン系熱可塑性エラストマーRB」を製品化している。RB はシンジオタクチック 1,2-ポリブタジエンで，1,2-結合を 90％以上含み，平均分子量が 10 数万～20 数万，結晶化度が約 15～35％に調節されたユニークな熱可塑性エラストマーである。従来，高分子量の 1,2-ポリブタジエンは無定形ポリマーか，結晶化度 50％以上の高結晶ポリマーで提供されていた。高結晶ポリマーでは融点が高く，熱安定性の限界を超えているため，一般のプラスチック加工機で加工できない欠点がある。同社では独自技術により結晶化度を17～36%に調節することに成功し，一般のポリマー加工機で容易に成形できるように改質した。RBはプラスチックとゴムの性質を持つ熱可塑性エラストマーで表12のような特徴を有している。その他にもパーオキサイド架橋活性が高いことからEVA，他の加硫ゴムなどの反応助剤としても適している。

RBは体積固体抵抗，絶縁破壊強さ，誘電率などはポリエステルとほぼ同様の電気的性質を備えており，高い破壊電圧を必要としない分野で使用できるが，損失係数は2.5と高い減衰性能が特徴となっている。さらに，他の熱可塑性には見られない反応性のよさも特徴として有していることから，自動車制振材，溶融袋をはじめ幅広い用途分野で使用されている（表13)。

また，オレフィン系熱可塑性エラストマー（TPO）の「エクセリンク」は，動的架橋タイプの製品で，架橋ゴムとの融着性に優れ，複雑な形状や薄い形状に対応できる特徴を有している。また，硬度20～80デュロAの幅広い硬度にも対応でき，自動車用ウェザーストリップ（コーナー材）や各種シール材，ウレタン発泡タイの代替材料などに使用されている。また，「エクセリンク3400～3700」は独自の結晶擬似架橋構造を持った非架橋型TPOである。非架橋型でありながら架橋タイプのゴム弾性（低圧縮永久ひずみ）を有しており，化学発泡により均一発泡セル，高発泡倍率を得ることができる。架橋剤を一切使用していないため，クリーンな弾性体が得られ，パッキン，シール材などの用途がある。

耐油性動的架橋型TPOの「エクセリンク4700」は，耐油性能，低温特性に優れている。独高流動で射出成型できる点が特徴となっている。耐油性能を生かして，耐油性が必要なチューブ，ホース，パッキンなどの用途で多く使用されるほか，NBR（アクリロニトリル・ブタジエンゴム）等の架橋ゴム代替材料としても使用されている。

表12 「ポリブタジエン系熱可塑性エラストマーRB」の特徴

〈熱可塑性エラストマーとしての特徴〉
・軽くてゴムライクかつノンスリップ性を有する。そのため，履物，工業部品分野に適している。
・低融点かつ硫黄加硫可能なため，溶融袋分野に適している。
・ガス透過性，透明性が良好で，可塑剤無添加で成形加工でき，柔軟かつ自己粘着を適度に有するので，各種フィルム，シート分野に適している。
〈加硫ゴムとしての特徴〉
・溶融粘度が他の加硫ゴムに比べて低く，スポンジ分野に適している。
・他の顆粒用ゴムに比べグリーン強度が高く，高硬度，高流動性を有することからゴムの改質材分野に適している。

（JSRホームページ）

表13 「ポリブタジエン系熱可塑性エラストマーRB」の用途と特徴

用途			特徴
熱可塑性エラストマーとしての応用	フィルム	家庭用及び業務用フィルム 溶融袋	透明性，自己粘着性，柔軟性，突き破り強度，ガス透過性，低温ヒートシール性
	各種履物底材	射出成形による ユニットソール，インナーソール，アウトソール	軽い，硬さ，加硫ゴム調の外観，ヘタリのなさ，スナッピー性，モールド意匠の再現性，塗装性，接着性，割れにくさ
	チューブ・ホース	食品搬送用ホース，チューブ，医療用チューブ	透明性，柔軟性
	その他	ブロー成形品 射出成形品 樹脂改質剤	柔軟性，ゴムらしい感触
ゴムとしての応用	各種スポンジ製品	ミクロセルラースポンジ，硬質スポンジ，半硬質スポンジ，軟質スポンジ，クレープ調スポンジ	一段加硫，加硫幅の広さ，高充填可能，弾性，スナッピー性，ヘタリのなさ，耐候性，耐オゾン性，耐熱性，引裂強さ，塗装性，接着性，耐スリップ性，耐摩耗性
	各種高硬度ゴム製品	履物 工業用品 スポーツ用品 雑貨	伸び，引張強さ，高硬度，スナッピー性，流動性，架橋性，耐候性，耐オゾン性，耐熱性，耐スリップ性，耐摩耗性
	インジェクション加硫製品	工業製品	流動性，射出性，架橋性，耐候性，耐オゾン性，耐熱性，耐スリップ性，耐摩耗性，スナッピー性，射出成形性
	各種ゴム改質材	各種ゴム製品	グリーン強度，流動性，押出性，耐候性，耐オゾン性，耐熱性，スナッピー性，透明性，耐候性，耐熱性
	その他	透明加硫ゴム製品	
その他の応用	改質材	SBSとのブレンド	成形品外装改良 （フローマーク，ガスリ解消）， 流動性改良，加硫ゴム調
	反応助剤	ポリオレフィンの架橋助剤	架橋速度，架橋剤の低減
	感光性材料	印刷材料	感光性（光架橋），流動性，低溶液粘度
	熱硬化性樹脂製品	樹脂拘束材	高硬度，流動性

（JSR「ポリブタジエン系熱可塑性エラストマーRB製品カタログ」）

(6) イノアック

イノアックは日本で初めてウレタンフォームを始めたリーディングカンパニーである。現在ではウレタンに加えて，ゴム，プラスチック，複合素材の4分野で事業展開しており，多彩な製品，サービスを市場に送り出している。

「カームフレックス」は同社の吸音／制振材料の総称で，吸音材としてFシリーズ，制振材としてRシリーズがラインアップされており，豊富なグレードによりユーザーの要望に対応している（表14）。これら防音製品はプリンター，コピー機などのOA機器をはじめ，建設機械，自動車部品，オートバイ，家電製品など幅広い分野で使用されている。

Fシリーズは同社がこれまで蓄積した総合技術を生かして設計，開発された製品で，同社の汎用ウレタンフォームに比べ吸音性能が強化されている。豊富なラインアップから種々の騒音発生

表14 「カームフレックス」の主な製品

	品名	燃焼性	特徴
吸音材	F-KL	FMVSS302	超軽量／超音波融着可能
	F-2	UL-94 HF-1	軽量／低価格で幅広い用途に使用
	F-80	UL-94 HF-1	難燃性に特に優れる
	F-6	UL-94 HF-1	吸音性とともに制振性も有する
	F-9L	UL-94 HBF	耐熱性に特に優れる
	F-9M	UL-94 HBF	耐熱性とともに制振性も有する
	半硬質タイプ		
	FEV-15	FMVSS302	超軽量／良好な熱成形性も有する
	グリーン調達適応製品		
	F-2G	UL-94 HF-1	ハロゲン化物，PVCを使用しない吸音材
	F-30G	UL-94 HF-1 HBF	ハロゲン化物，PVCを使用しない吸音材／シール材
	F-4	UL-94 HBF	被膜付き，低中周波吸音性に優れる
	F-4LF		被膜付き，低中周波吸音性に優れる
	F-55		耐候性／吸音性に優れる
制振材	F-140	FMVSS302	制振性／吸音性および作業性に優れる
	RZ-2	FMVSS302　1, 2, 3	環境にやさしく，柔軟性／制振性に優れる
		UL-94V0　2, 3	

（イノアックホームページ）

源，騒音音域に応じた材料の選択が可能となっている。また，優れた難燃性を有しており，各業界で設定された燃焼試験基準に対して合格，適応する材料を幅広くラインアップしている。主な用途は発電機用吸音材，自動車ピラー吸音材，HDDダンパー吸音材，無響室用吸音材などである。

一方，同社の「ターボフレックスⅡ」は特殊エラストマーを超臨界発泡成形させた超高反発弾性発泡素材で，高反発弾性と高い衝撃吸収性を併せ持っていることが大きな特徴となっている。主にスポーツシューズやビジネスシューズのインソールとして使用されているが，自動車や産業機器，電気製品の緩衝材など，幅広い分野での使用が可能な素材である。特殊エラストマー材と独立発泡構造の相乗効果により70％以上と高い反発弾性を発揮するほか，スキン層と発泡層の効果により底着きしにくく高い衝撃吸収性能を発揮する。反発弾性能と衝撃吸収性能を実現する超臨界発泡成形を採用し，化学発泡剤を使わないクリーンな技術により製品化している。スタンダードタイプのサイズは200×200 mm，厚みが9 mmであるが，製品の厚みや比重（発泡倍率）はカスタマイズが可能となっている。

(7) 積水ポリマテック

積水ポリマテックはエレクトロニクスパーツの素材開発から，設計・製造・販売までグローバルにビジネスを展開しており，その製品用途は自動車関連部品，コンピューター，音響機器，スマートフォンなどの通信機器，家庭用電子機器など幅広い分野に広がっている。同社の「エグザゲル」は振動の低減や衝撃を緩和することに特化した熱可塑性エラストマーで，損失係数が0.1

～0.5の汎用シリーズ，0.4～0.9の高減衰シリーズ，0.4～0.7の高減衰・難燃シリーズに分かれている（表15）。汎用シリーズは硬さタイプA0～70までの製品があり，低硬度で優れた成形性を有している。高減衰シリーズは汎用タイプのベースに振動減衰性能を付与したシリーズで，反発弾性が小さく，制振，衝撃効果に優れている。また，高減衰・難燃シリーズは高減衰シリーズに難燃性UL94 V-0を持たせたタイプの製品である。

エグザゲルは非常に柔軟な素材で，低分子量シロキサンや硫黄などの接点不良を起こす素材は使用していない。また，RoHS指令などに定められている環境負荷物質や塩素，臭素などのハロゲン系化合物，赤燐，アンチモンも不使用である。射出成形による連続成形が可能であるほか，

表15　「エグザゲル」の主な製品仕様

汎用シリーズ

Item	Unit	FES-11706	FES-10114	FES-10136-G84	FES-11130-G85	FES-11155-B81	FES-11170-B81
硬さ　Hardness	JIS TYPE	A0/E6	A10/E30	A17/E36	A30	A55	A70
引張強さ　Tensil strength	MPa	1.2	1.4	2.9	3.0	5.2	7.5
伸び　Elongation	%	1100	620	700	800	500	450
100%引張応力　100% Modulus	MPa	0.1	0.3	0.5	0.4	1.9	2.1
引裂強さ　Tear strength	N/mm	5.7	6.7	11.3	10.0	24.9	29
圧縮永久歪み　Compression set	%(70℃×22 h)	22	12	10	70	37	40
損失係数　tan δ Loss factor tan δ	(23℃/30 Hz)	0.13	0.19	0.14	0.28	0.40	0.45
難燃性　Flame retardancy	UL94	—	HB	HB	HB	HB	HB

高減衰シリーズ

Item	Unit	FES-14310-G96	FES-14320-G97	FES-14530-B81	FES-14450-B81	FES-14480-B81
硬さ　Hardness	JIS TYPE	A10	A20	A30	A50	A80
引張強さ　Tensil strength	MPa	0.9	1.6	3.7	8.3	9.6
伸び　Elongation	%	630	560	670	450	460
100%引張応力　100% Modulus	MPa	0.4	0.7	1.2	2.6	3.8
引裂強さ　Tear strength	N/mm	4.2	6.1	15.4	24.1	31.7
圧縮永久歪み　Compression set	%(70℃×22 h)	29	23	95	75	80
損失係数　tan δ Loss factor tan δ	(23℃/30 Hz)	0.47	0.45	0.68	0.85	0.88
難燃性　Flame retardancy	UL94	HB	HB	HB	HB	HB

高減衰・難燃シリーズ

Item	Unit	FES-15030-G98	FES-15050-G96	FES-15070-B81
硬さ　Hardness	JIS TYPE	A30	A50	A70
引張強さ　Tensil strength	MPa	1.5	2.4	3.1
伸び　Elongation	%	520	440	240
100%引張応力　100% Modulus	MPa	0.6	1.1	2.4
引裂強さ　Tear strength	N/mm	8.7	11.4	17.4
圧縮永久歪み　Compression set	%(70℃×22 h)	28	19	22
損失係数　tan δ Loss factor tan δ	(23℃/30 Hz)	0.46	0.68	0.55
難燃性　Flame retardancy	UL94	V-0	V-0	V-0

（積水ポリマテックホームページ）

シート成形から複雑な3D形状まで対応でき，リサイクルも行える。さらに，ポリオレフィン（PPなどの非極性樹脂）との二色成形やインサート成形など異素材との複合成形も可能になっている。

(8) 旭化成

旭化成は水添スチレン系熱可塑性エラストマー（SEBS）の「S.O.E.」シリーズを上市している。同製品は優れた制振性，低反発性，耐摩耗性，耐傷つき性，耐薬品性（酸，アルカリ，アルコール）および極性樹脂との高い相容性，密着性を発現するエラストマーで，「S1605」，「S1606」，「S1611」などの製品のほか試作品の「L609」が開発されている。

S.O.E.シリーズは何よりも制振性に優れることを特徴としており，同社の既存製品である「タフテック」との比較でも極めて優れた減衰性能を発揮する（図5）。また，オレフィン系樹脂，スチレン系樹脂をはじめエンジニアリングプラスチックのいずれとの相溶性にも優れている。それに加えてS1611やL609はエチレン系材料のEVA，EORとの架橋発泡性にも優れている。

S.O.E.シリーズの用途は塩ビ（PVC）の代替材料をはじめ，靴底（低反発発泡体），合成皮革，電線被覆材，医療用チューブ，自動車表皮材，防水シート，家具ソフトエッジ材，TPEコンパウンドへの制振性および耐摩耗性の付与，アスファルト改質剤，保護フィルムの粘着剤など幅広い。

環境問題から発する塩ビ代替材料では，オレフィン系熱可塑性エラストマー，スチレン系熱可塑性エラストマーが代替素材の候補に上がっているが，同社のS.O.E.シリーズは従来のエラス

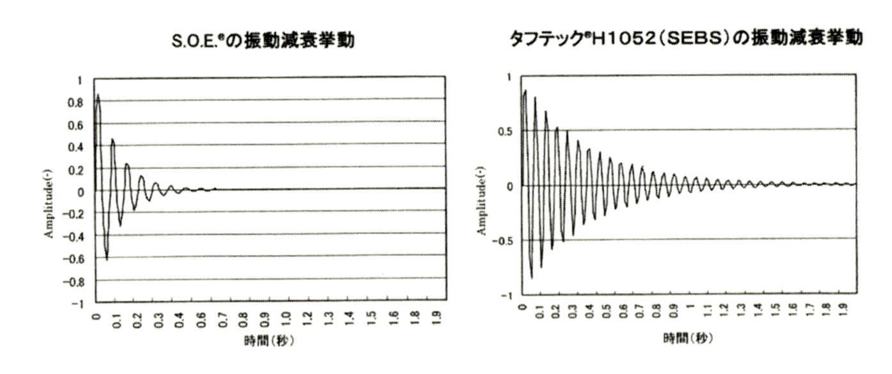

図5 「S.O.E」と「タフテック」の減衰性能の比較
（旭化成ホームページ）

トマー材料の課題である耐傷つき性，耐摩耗性，キンク性を軟質塩ビ並みに高めたスチレン系エラストマーであり，単体での使用だけでなく，オレフィン系，スチレン系をはじめとする各種樹脂，エラストマーに対する優れた相溶性を生かして，オレフィン系，スチレン系エラストマーの制振性，耐傷つき性，耐摩耗性，キンク性を向上させる添加剤としても使用が可能である。また，無機充填剤のローディング性も高いことから多量のフィラーをブレンドすることもできる。それに加えて，非ハロゲン系素材であり安全に焼却できる，可塑剤を含んでいないためブリードの問題がない，耐熱老化性，耐候性に優れている，などの利点も備えている。さらに，数種類のグレードをラインアップすることで，カレンダー成型，キャスト成型，ブロー成型，押出成形，射出成型，発泡成型など幅広い加工方法に対応している。

一方，タフテックはS.O.E.シリーズ同様，スチレンとブタジエンからなるブロック共重合体の二重結合部分を水素添加した耐候性，耐熱老化性に優れる水添スチレン系熱可塑性エラストマーで，「Hシリーズ」，「Mシリーズ」（変性タイプ），「Pシリーズ」（特定二重結合部分を選択的に水素添加したタイプ）の3タイプの製品がある。

タフテックは軟質塩ビの代替材料として耐熱性が低い低密度ポリエチレン（LDRE），EVA，オレフィン系エラストマー，耐熱性は高いが柔軟性と耐寒衝撃性が不足しているポリプロピレンとそれぞれが課題を抱える中で，ポリプロピレンの耐熱性を維持したまま，柔軟にできる添加剤として開発された。ポリプロピレンと中心的な製品である「H1221」をブレンドすることで透明で柔軟な軟質材料が製造でき，同社ではブレンド材料を塩ビ代替材料として顧客に供給している。

同材料はPVC並みの柔軟性と，耐熱性，耐寒衝撃性を持ち，さまざまな用途で塩ビフリー材料として使用できる。また，ブレンド比率を適切に設定することで，医療・医薬用途の汎用的な滅菌方法である121℃高圧蒸気滅菌にも耐えられる材料の設計も可能である。通常，スチレン系エラストマーはオイルを含浸させて使用されるが，H1221はオイルを使用しなくても柔軟で透明な材料となるため，オイルのブリード問題が発生せず，また，リサイクルできることから環境に配慮した材料として提案されている。同社ではH1221の流動性を向上したグレードである「H1521」も上市しており，押出成型，インフレーション成型，ブロー成型，射出成型など幅広い製法に対応している。

タフテックはPE，PP，PSなどの汎用樹脂やPA，PET，PC，変性PPEなどのエンジニアリングプラスチックの改質剤や異種プラスチックとの相溶化剤などとして広く使用されているほか，粘接着材料およびシーラント原料，保護フィルムの粘着剤，燃料改質剤，複層材料，多層フィルムの接着層（タイレイヤー），TPEコンパウンド原料としても使用されている。タフテックの用途分野は医療用フィルム・チューブ，透明射出成形部品，食品ラッピングフィルム，飲料用チューブ・ホース，電線被覆材などに広がっている。

(9)　クラレ

「セプトン」はクラレが蓄積した独自技術を発展させ，開発した水添スチレン系熱可塑性エラストマーである。ポリスチレンのハードブロックと柔軟なポリオレフィン構造（水添ポリジエン）のソフトブロックで構成された，ジブロックとトリブロックの2種類を基本とするブロック共重合体で，広い温度範囲でゴム的性質を示す。セプトンのポリスチレンブロックはポリスチレンのガラス転移温度以下で架橋点として働き，加熱することで溶融し，熱可塑性樹脂としての流動特性を示し，ソフトブロックが未水添であるスチレン系エラストマーと比べて高い引張強度，優れた耐熱性，耐候性，耐オゾン性，良好なオレフィンとの相容性を示すという特長を有している（表16）。

セプトンは柔軟なスチレン含有量と分子量に基づき，低スチレン銘柄から剛直な高スチレン銘柄まで，また，流動性の高い低分子量銘柄から力学物性に優れた高分子量銘柄まで数多くのグレードがラインアップされており，さらに，ソフトブロックの違いによりSEPS，SEBS，SEEPSと3つの異なるタイプがある。

それ以外にもセプトンには複数の特殊銘柄が開発されている。「セプトンJ-シリーズ」は特に制振性（高ダンピング性能）に優れた素材で，高性能ゲル用の同社独自銘柄である。粘度が低く，低温・低せん断場での成型性に優れるという特長があるため，同シリーズを用いることで成型性に優れたコンパウンドを得ることができる。従来品に比べて，特に柔軟性やソフト感に優れているため，関節用サポーターや靴用中敷をはじめとする低硬度ゲル状成型品に最適で，各種クッション材をはじめ緩衝材として多く使用されている。

「セプトンK-シリーズ」はクラレが接合可能な柔軟成形材料で，熱融着による接着力で，ガラス，各種金属（アルミニウムやマグネシウム合金等の軽金属）に対する接着力に優れているほか，極性から非極性まで幅広い樹脂に接着できる。また，ゴム弾性により，線膨張係数の異なる素材同士を接着した際の気温変化により発生する応力を吸収するので，各素材の割れ，変形などを抑制する効果が高い。同シリーズは自動車用部品，電気電子部品，住宅・建築関連部材（窓ガラス周辺部材）などの用途に使用されている。

「セプトンQ-シリーズ」は柔軟性，耐久性，耐摩耗性，弾性回復性に優れる高性能熱可塑性エ

表16 「セプトン」の主な特徴

〈材料特性〉
・高弾性，高強度
・耐候性
・低温特性
・耐薬品性（酸，アルカリ，アルコール）
・耐熱劣化性
・電気特性（絶縁性）
・安全性
〈その他〉
・リサイクルが可能

（クラレホームページ）

ラストマーで，同シリーズを使用したコンパウンドはウレタン系，エステル系，アミド系のTPEに匹敵する機械特性と耐スクラッチ性，耐摩耗性を有している。また，これらのTPE低比重であるため製品を軽量化できる利点がある。ポリオレフィンとの相容性にも優れているため，ポリオレフィンとの共押出成形や二色成形に適している。フィルムや靴などの用途での利用が多い。

「セプトンV-シリーズ」は反応性（架橋性）を有するポリスチレン系ハードブロックと柔軟なポリオレフィン構造（水添ポリジエン）のソフトブロックからなる，同社独自のブロック共重合体である。他のセプトンが持つ良好な低温特性，優れた電気特性（絶縁性），低比重といった特長に加え，有機過酸化物や電子線による架橋ができるという新たな特長が付与されている。V-シリーズを使用したコンパウンドは，他のセプトンを使用するコンパウンドと比較して，耐熱性，耐油性が向上している。同シリーズは自動車部品やウェザーシール（断熱扉），ガスケット部品，シール材，Oリングなどの工業部品，押出成形部品，電子部品（被覆材），粘接着剤などの用途に使用されている。

同社では米国のAmyris社が保有する微生物発酵技術をベースとしてサトウキビから抽出した糖を発酵して生産されるバイオ由来の新規共役ジエンモノマー「β-ファルネセン」を原料とする水添スチレン-ファルネセン共重合体の「セプトンBIO-シリーズ」（Hydrogenated Styrene Farnesene Copolymer；HSFC）を開発した。同シリーズは従来の水添スチレン系ブロックコポリマー（HSBC）にはない特徴的な分子構造を有しており，HSBCとの比較において流動性，接着性，制振性能に優れ，低永久伸び，低圧縮永久歪みという特長を持っている（表17，図6）。また，柔軟性にも優れることから，少ない可塑剤量でブリードアウトの少ない低硬度ゲルエラストマーを作製できる。主な用途としては粘接着剤やシーリング材，ゲル状緩衝材，保護フィルム用粘着剤。樹脂改質剤，不織布，発泡体などに使用されている。

一方，「ハイブラー」はポリスチレンのハードブロックとビニル-ポリジエンのソフトブロックからなるトリブロック共重合体の制振性熱可塑性エラストマーである。室温領域にガラス転移温度あるいは$\tan\delta$の吸収があることで高い制振性能を発揮する。ハイブラーにはビニル-ポリジエンのブロックからなる未水添グレードとそれらを水素添加した水添グレードがラインアップされている。水添グレードはポリプロピレンとの相容性に優れているため，ブレンド材料は透明性

表17　「セプトンBIO-シリーズ」の主な特徴

- ・幅広い温度範囲で優れた粘着特性を示す。
- ・高流動性であり，加工性が良好である。
- ・幅広い温度領域で高い損失係数（$\tan\delta$）を有し，優れた制振性能がある。
- ・永久伸びが小さく，圧縮永久歪み特性にも優れている。
- ・可塑剤の少量添加または無可塑で低硬度化でき，オイルブリードの少ないコンパウンドが作製できる。
- ・糊残りの少ない粘着剤を作製できる。

（クラレホームページ）

に優れ，適度な柔軟性を有するという特長がある。軟質塩ビとは異なり可塑剤を含まずに柔軟な透明材料が得られるため，環境に配慮した材料としてフィルム，シート，チューブなどに使用されている（表18）。

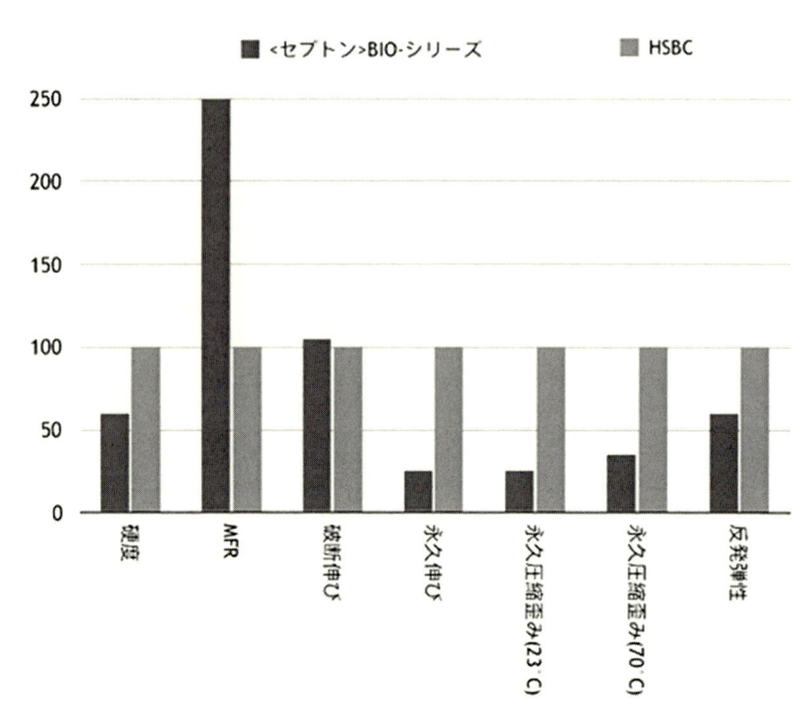

図6 「セプトンBIO-シリーズ」とHSBCの比較
（クラレホームページ）

表18 「ハイブラー」の主な用途

・スポーツ用品，グリップ類
・制振，吸音部材
・家電製品
・自動車用部品
・医療包装材用フィルム・シート
・粘接着剤，コーティング剤，建材用・自動車用シーリング材
・押出成形品
・床材
・靴用部材
・日用品
・発泡制振材（フォーム材）

（クラレホームページ）

(10) 三井化学

「ミラストマー」は三井化学がグローバルに展開するオレフィン系ゴムとオレフィン系樹脂を主原料とする熱可塑性エラストマーである。同ブランドは加硫ゴムのような柔軟な銘柄から，低密度ポリエチレン（LDPE）のような半硬質の銘柄まで幅広くラインアップされており，それぞれの用途に応じたユニークな特性を持つ多数製品も開発されている。

ミラストマーはゴムのようなコンパウンド工程や下流工程を必要としないうえ，汎用樹脂と同じように射出成型，押出成型，中空成型など各種工法に対応しており，また，ナチュラル銘柄は容易に着色できる。軽量性，ゴム弾性，耐熱性，耐寒性，耐薬品性，電気絶縁性などの特性に加えて，塗装性，熱融着性，真空成形性などの二次加工性にも優れている。このような多くの特性を生かしてミラストマーの用途は幅広い分野にわたっており，自動車部品，建材，家電部品，スポーツ用品，日用品などさまざまな分野で使用されており，特に自動車部品では内外装部品に幅広く採用されている（表19）。

ミラストマーの密度は900 kg/m^{3}以下で，軟質樹脂の中でも密度が低く軽量であり，一般的な加硫ゴムを代替した場合製品を約30％軽量化できる。一方，耐熱性は他のエラストマーに比べて高く高温下で使用できる。また，高温でのゴム弾性に優れ，長時間の圧縮永久歪試験においては加硫ゴムを凌駕する変形回復性を有している。その他にも水，酸，アルカリ，アルコール類，アセトン，植物油に耐性がある，ポリエチレン，ポリプロピレンと同様に優れた電気絶縁性を有するなどの特徴がある。さらに，ミラストマーのB（ブラック）銘柄は耐候性に優れており，屋外でも長時間使用できる。また，N（ナチュラル）銘柄とともに耐オゾン性に優れている。

同社ではミラストマーの製造拠点を日本，欧州，中国に設けているが，2018年3月，新たに米国に製造拠点を開設することを発表している。北米における自動車内装表皮用途の拡大に対応するもので，新工場はオハイオ工場内に建設し，1ライン，年間6,000トンの製造を予定，2019年6月の竣工，10月の営業開始を目指している。

表19 「ミラストマー」の自動車部品への採用例

■外装部品
・ルーフアンテナカバー・グラスランチャンネル・ルーフモール・Bピラーシール
・QWモール・ドアクッションゴム・マットガード・ベルトモール（インナー，アウター）
・サイドモール・フェンダーライナー・シールフェンダーエプロン
・ヘッドランプシール呼吸キャップ・エアーインテークホース
・カウルルーバープロテクター
■内装部品
・アシストグリップ・エアバッグカバー・キーシリンダーベゼル・インパネ表皮
・コントロールパネルスイッチ・コンソールBOX中敷・センターコンソール表皮材
・カップホルダークッション・シフトグリップ・シートバックボード・Bピラーロア表皮
・アームレストカバー

（三井化学「ミラストマー製品カタログ」）

同社では今後も自動車内装表皮，ウェザーストリップ，エアバッグカバー，ステアリング・ブーツといった用途を中心に世界的にさらなる需要が見込まれていると予想しており，今後もミラストマー事業の拡大を図っていく。

（11）積水化学

積水化学の高性能不燃制振材「カルムーンシート」は，塩素化ポリエチレンを原料とする熱可塑性エラストマーで，建築分野（車両，橋梁桁，橋梁下面遮音板），建築設備分野（空調ダクト，空調機），住宅分野（壁，鋼製階段），船舶（壁，床）などの用途に使用されている。同シートは金属層と制振樹脂層から構成される貼り合せタイプの拘束型制振シートで，軽量，薄肉にもかかわらず，高い振動旧性能を発現する。鉄道車両をはじめとして，さまざまな分野の振動対策，騒音対策として使用されており，樹脂自体に粘着性があって，施工しやすいことが特色となっている。

同シートの制振性能は低周波から高周波まで周波数に依存することなく対応している。また，共振の低減に効果を発揮するためビビリを防止できる。さらに，低周波域で不要倍音を著しく低減し，波形の再現性を改善することができ，原音を忠実に再生する。自動車内の音質改善専用にカスタマイズされた制振・防音材である音質改善デッドニング用シート「レアルシルト」は，カルムーンシートをベースとして開発されたものである。

同シートは薄く従来品より軽量なため，取扱いがとても簡単で，特に高所作業での安全性と作業性に優れている。鉛などの従来の防音材や遮音材は全面に貼る必要があり，周辺部や接合部の処理が煩雑になりがちであるのに対して，同シートは全面に貼る必要がなく，そのような問題が発生しない。しかも樹脂層に粘着性があるため，離型紙を剥がして貼るだけで施工が完了する。施工のバラツキが生じず防音，遮音，制振性能が非常に安定するので，設計通りの防音，遮音，制振システムの構築が可能になる。

カルムーンシートは建築，鉄道，船舶，航空機，電気機器など各業界の難燃認定，証明書を取得しているため，それぞれの分野で防音，遮音，制振材として使用できる。また，Cd，Pd，Hg，Cr+6，PBB，PBDE，DMFについて各物質規制RoHS指令，ELV（廃自動車指令），EU一般リコール指令に適合している。

カルムーンシートには「一般タイプ」のほかに「船舶タイプ」，「アルミタイプ」などの製品がある（表20）。一般タイプは金属層に塗装溶融亜鉛メッキ鋼板を用いており，総厚み1.3 mm（金属層0.3 mm，樹脂層1.0 mm）で，1枚あたりの重量は0.6 kgと軽量である。一方，船舶タイプは金属層に高耐食性鋼板を使用，総厚みは1.3 mm（金属層0.8 mm，樹脂層0.5 mm）で，1枚あたり重量は1.0 kgである。最も軽量のアルミタイプは金属層のアルミニウムの厚みが0.2 mm，樹脂層の厚みが1.7 mm，1枚あたりの重量は0.5 kgである。また，アルミタイプは曲面使用が可能になっている。

表20 「カルムーンシート」の製品仕様

		カルムーンシート 一般	カルムーンシート 船舶タイプ	カルムーンシート アルミタイプ
幅×長さ		300×500	300×500	300×500
材質	金属層	塗装溶融亜鉛 めっき鋼板	高耐食性鋼板	アルミニウム
	樹脂層	塩素化 ポリエチレン系樹脂	塩素化 ポリエチレン系樹脂	塩素化 ポリエチレン系樹脂
厚み	金属層	0.3	0.8	0.2
	樹脂層	1.0	0.5	1.7
	総厚み	1.3	1.3	1.9
色	金属層	シルバー	シルバー	シルバー
	樹脂層	ベージュ	ベージュ	ベージュ
重量 (kg)	1枚	0.6	1.0	0.5
	1箱	17	16	13

（積水化学ホームページ）

(12) 太平化学製品

東ソーの子会社である太平化学製品は，熱可塑性エラストマーの「エラステージ」事業のほか，硬質塩化ビニル樹脂をはじめとする各種樹脂をフィルム，シートに加工する合成樹脂事業，カラーチップ（高分散体）事業，ホットメルト塗工事業などを展開する化学メーカーである。エラステージは同社が培ってきたプラスチックおよびゴムの技術を駆使して開発した新規の高機能熱可塑性エラストマーで，エステル系ポリマー，ハロゲン系ポリマーをはじめとする複数のポリマーからなる種々の機能を有したポリマーアロイ型の材料であり，極めてゴムに近い性質を示す。

また，熱可塑性のためライナーなどのリサイクルが可能で，経済的にも環境的にも優れる材料である。エラステージには高機能熱可塑性エラストマーの「ESシリーズ」と熱可塑性振動吸収材の「EDシリーズ」がラインアップされている。

エラステージの最も大きな特長は低硬度の新素材としての用途展開が可能で，ゴム的性能に優れていることにある（図7)。応力-ひずみ曲線は加硫ゴムに極めて近く，圧縮永久歪，永久伸びなどでも優れた性能を発揮する。また，帯電防止性，耐寒性，耐摩擦性，耐オゾン性，耐油性に優れ，EDシリーズはエネルギー吸収性能でもトップクラスの性能を有している（図8)。同材料の耐油性はNBRなどの特殊ゴムに匹敵する。加工においても通常の熱可塑性樹脂と同様に成形でき，着色が可能で肌触りにも優れている。

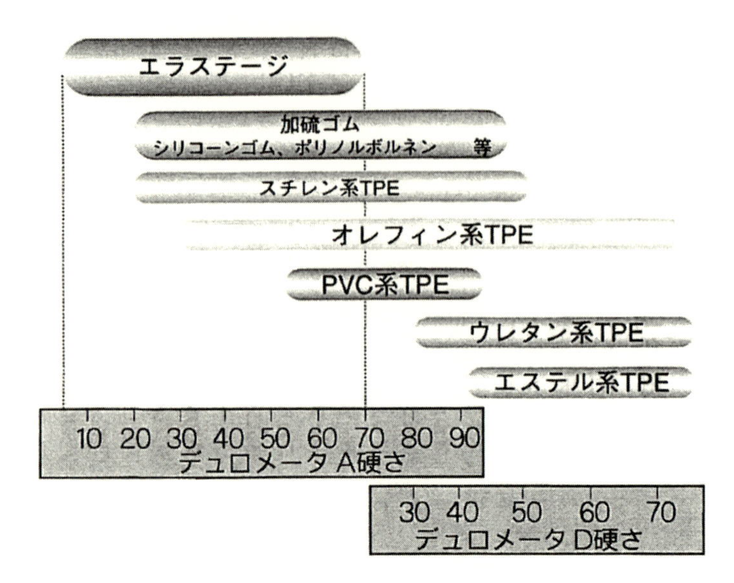

図７「エラステージ」と他素材との硬度の比較
（太平化学製品ホームページ）

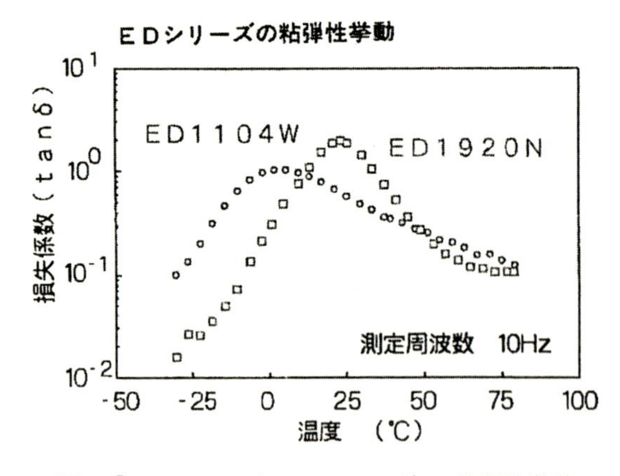

図８「エラステージ ED シリーズ」の粘弾性挙動
（太平化学製品ホームページ）

(13) 北川工業

北川工業は新エネルギー，工作機械，自動車，バイオテクノロジー，IT，半導体，医療などの幅広い分野でプラスチック・ファスナー製品，EMC設計製品，防振・緩衝・制音製品，熱設計製品，スパッタリングなどの事業を展開している。防振・緩衝・静音事業では振動を抑制する各種パーツや，制御する周波数，形状に応じて選択が可能なカット・打ち抜き加工用のシート材などを上市している。

防振用パーツは板金ユニット向け，放熱ファン向け，マイク向け，HDD向けなどの用途別に製品化されている。板金ユニット向けの「ボウシンブッシュVB」は，非シリコーン系材料を使用した超低硬度材および高減衰材を使用した高性能な防振ダンパーで，いずれもブッシュ形状のパーツである。スチレン系熱可塑性エラストマーベースの製品が主体であるが，アクリルゴムをベースとした製品も開発されている。また，一部の製品はUV94基準を取得している。板金ユニット向け製品は，ボウシンブッシュVBのほかにも制振性が高く，振動や衝撃を素早く減衰する「SYダンパーSYD」,「HIGH-END DAMPER HED」などの製品がある。

放熱ファン向けでは，冷却ファンからの振動伝達を減衰することにより共振やビビリ音などの発生を抑える「ファンフィクサーFF」,「ファンホルダーFH」が上市されている。ファンフィクサーFFは，スナップ構造の採用によりワンタッチ取付けが可能になっており，ネジや工具を必要としない。また，ファンホルダーFHは，ファンの騒音のもととなる振動周波数にあわせて防振効果の高い材料を選択でき，優れた静音効果を発揮する。厚み10，15，25 mmのファンに対応しており，RoHS指令にも適合している。

その他にも，オリジナルのオリジナル材料のkg-ゲルを使用し，マイクの雑音対策，音質改善を図る「マイクホルダーMH」は，低周波数から幅広い防振領域を有しており，不要な雑音や振動をカットしてマイクの集音性能を向上させる，伸びがよく，マイクに容易に装着できる利点がある。また，ハードデスク（HDD）を保護する「HDD-ゲルバンパー」はkg-ゲルを使用しているほか，難燃性UL94-HB材料を取得している非シリコーン系ダンパーで，1.8インチ，厚み3.3 mmタイプのHDDにも装着できる。

3.6 熱可塑性樹脂系制振材料

3.6.1 概要

熱可塑性樹脂は加熱すると軟化する樹脂で，ガラス転移温度または融点に達すると軟化する。熱可塑性樹脂には汎用プラスチック，エンジニアリングプラスチック，スーパーエンジニアリングプラスチックの3種類がある（表21）。熱可塑性樹脂は機械加工に適さない場合が多く，一般的には射出成形や真空成形などの製法が用いられている。熱硬化性樹脂よりも靱性が優れ，成形温度は高いが短時間で成形できることから生産性に優れている。

加熱すれば何度でも成形できることからリサイクルが比較的容易である。熱可塑性樹脂は，通常硬度の高いプラスチックとほぼ同意味で使われているが，厳密に言えば硬度がより低い熱可塑

表21　熱可塑性樹脂（プラスチック）の種類と主な材料

汎用プラスチック	エンジニアリングプラスチック	スーパーエンジニアリングプラスチック
ポリエチレン（PE）	ポリアミド（PA）	ポリフェニレンスルファイド（PPS）
高密度ポリエチレン（HDPE）	ナイロン	ポリテトラフロロエチレン（PTFE）
中密度ポリエチレン（MDPE）	ポリアセタール（POM）	ポリサルフォン（PSF）
低密度ポリエチレン（LDPE）	ポリカーボネート（PC）	ポリエーテルサルフォン（PES）
ポリプロピレン（PP）	変性ポリフェニレンエーテル（m-PPE，変性 PPE，PPO）	非晶ポリアリレート（PAR）
ポリ塩化ビニリデン（PVC）	ポリエチレンテレフタレート（PET）	液晶ポリマー（LCP）
ポリスチレン（PS）	グラスファイバー強化ポリエチレンテレフタレート（GF-PET）	ポリエーテルエーテルケトン（PEEK）
ポリ酢酸ビニル（PVAc）	ポリブチレンテレフタレート（PBT）	熱可塑性ポリイミド（PI）
ポリウレタン（PUR）	環状ポリオレフィン（COP）	ポリアミドイミド（PAI）
ポリテトラフルオロエチレン（PTFE）		
ABS 樹脂（アクリロニトリルブタジエンスチレン樹脂）		
AS 樹脂（アクリロニトリルスチレンコポリマー）		
アクリル樹脂（PMMA）		

性エラストマーも熱可塑性樹脂の範囲に含まれる。

汎用プラスチックは可塑性に優れ，成型加工しやすいという長所を持つが，熱に弱く，機構部品の素材として用いると可動部で摩擦熱が発生する，また，使用環境の温度が高いと強度不足により破損する，精度が保てない，寿命が短いなどの問題点がある。また，低温下でもプラスチック部品の強度が低下する，硬度が金属に比べて低いため耐磨耗性に劣る，太陽光に曝される環境では紫外線によって劣化する，油脂のような溶剤や化学薬品あるいはガスに曝された場合に脆化するなどのリスクも存在している。

汎用プラスチックは家庭用品や電気製品の外箱（ハウジング），雨どいや窓のサッシなどの建築素材，フィルムやクッションなどの梱包素材などの幅広い用途で大量に使用されている。

エンジニアリングプラスチックは強度に優れ，耐熱性のような特定の機能を強化してあるプラスチックで，一般には100℃以上の環境に長時間曝されても，49 MPa 以上の引っ張り強度と2.4 GPa 以上の曲げ弾性率を持つものを指している。

エンジニアリングプラスチックは熱に弱いというプラスチックの本質的な性質を改善した合成樹脂で，高耐熱性と同時に機械的強度も向上させている。使用温度や強度の点では，金属部品と汎用プラスチック部品の中間的，補完的な位置付けを有しており，多くの種類が開発されて用途に応じて使い分けられている。一方，自然に逆らうようなベンゼン環構造を多く内包した分子構造を持つものが多いことから，微生物分解性に乏しい。また，リサイクル性では金属に劣っている。

エンジニアリングプラスチックは汎用プラスチックに比べて素材そのものの価格が高く，加工費も割高となる傾向がある。また，比重も一般のプラスチックと比べ大きめであるが，一方で，素材に強度があるため構造自体を細く薄くするなどして製品自体を軽量化できる余地はある。

エンジニアリングプラスチックは汎用プラスチック製品の代替需要よりも，むしろ金属素材の代替需要という役割が大きく，多くは家電製品内部の歯車や軸受けといった機構部品に多用されている。これらの部品は油がなくとも耐磨耗性に優れ，軽量で錆びず，複雑な形状も精度よく成型加工でき大量生産に向いているというエンジニアリングプラスチックの特色を生かしやすい分野である。また，エンジニアリングプラスチックは十分な強度があり，小型装置で内部，外部の複雑な形状が容易につくり出せるうえ，塗装が不要もしくは定着性のよい塗料の選択性が大きいことから携帯電話など家電以外の電気製品にも使用されている。

スーパーエンジニアリングプラスチックは，耐熱温度は150℃以上，強度49MPa以上，曲げ弾性率2.4 GPa以上のプラスチックで，エンジニアリングプラスチックよりもさらにエンプラよりもさらに高い熱変形温度と長期使用できる特性を持つことから，自動車，航空機の構造体などの特殊な目的に使用される。

3.6.2　主要メーカーと製品

(1) 上野製薬

上野製薬は自社開発した「UENOプロセス」を活用して，液晶ポリマー用原料の「POB」（パラヒドロキシ安息香酸），「BON6」（2-ヒドロキシ-6ナフトエ酸）を生産する一方で，原料モノマー供給メーカーとしての強みを生かして液晶ポリマー「UENO LCP」を一貫生産して市場に供給している。UENOプロセスは，同社が芳香族ヒドロキシ化合物のアルカリ金属塩に二酸化炭素を作用させてカルボキシル基を導入する反応であるコルベ・シュミット反応の解明を通じて，従来，気相／固相で行われていたコルベ・シュミット反応を気相／液相反応で行うことに成功，これらの化合物の連続的かつ効率的な工業的生産を可能にした。

POB，BON6はPCやスマートフォンなどの電子部品に多用される液晶ポリマー（LCP）の原料として，国内のみならずグローバルに供給されているほか，さまざまな誘導体の開発を通じて，日常生活に欠くことのできない化粧品／医薬品／食品／樹脂の添加剤，液晶ポリマーなどの原料として広く活用されている（表22）。

UENO LCPは，液晶ポリマーの世界的原料（モノマー）メーカーである同社が自社の強みとノウハウを生かして研究開発したスーパーエンジニアリングプラスチックに分類される熱可塑性プラスチックで，難燃性を有し，環境にやさしい成形材料である。一般的にはモノマー構成になっているが，樹脂名称は化学構造に基づいた名称ではなく，溶融時に液晶層を形成するポリマー（主にポリエステル）の総称である。剛直なモノマーによって構成されていることから，汎

表22 「POB」,「BON6」の主な用途分野

POB	パラベン類，可塑剤，感熱紙顕色剤，感光材料の原料，紫外線吸収剤原料，洗顔料中間体，写真薬・香料の原料，農薬等中間体，重合選択性触媒，LCP用ポリマー
BON6	電子写真感光色素前駆体，アゾ原料・アゾ染料，トナー帯電制御剤，OPC感光体，電荷調整剤，強誘電液晶の材料，医・農薬等中間体，LCP用モノマー

（上野製薬ホームページ）

用プラスチックに比べると，高流動性，優れた機械特性，低アウトガス，優れた寸法安定性，低誘電正接，高いリフローはんだ耐性，優れた耐薬品性，高振動減衰性値などの特徴ある性質を持っている。

高弾性率かつ高振動減衰値を特長とする材料の代表的な使用例としては，スピーカーやヘッドフォンの振動版があげられる。固体中に伝わる音速は（ヤング率／密度）の1/2乗に比例するといわれており，樹脂中でも高いヤング率を持つLCPは振動版に最適な材料ということができる。また，振動減衰値が他樹脂に比べて高く，振動の収まりが速いことに起因し，意図しない音の重なりも抑制される傾向があり，共振点が少なくなることから，全周波領域において平坦な音圧の確保が期待できる。

同社ではLCPに期待される高流動，耐熱，高強度，汎用の各グレードを揃えて，顧客ニーズに細かく対応している（表23，図9，10）。

研究開発は三田市にあるR＆Dセンターを中心に行われており，各生産拠点では化学薬品事業の主力製品であるPOB，BON6，それらを原料とする液晶ポリマー（LCP），また，化粧品防カビ剤パラベンなどをすべて独自技術によって製造，販売している。同社の四日市工場は，芳香族ヒドロキシカルボン酸類モノマーの連続工業生産プロセスであるUENOプロセスを実現する工場で，工場内の各プラントではコンピューターを利用した制御システムにより，原料合成から反応，精製等の後処理工程にいたるまでの全プロセスが遠隔監視制御され，製品の包装工程も含めて自動化されている。一方，同社初の生産拠点である伊丹工場は液晶ポリマーの生産に特化しており，モノマーの重合による高流動，耐熱，高強度，汎用など各種グレードのポリマーの製造からガラス繊維などのコンパウンディングまで，顧客メーカーの多品種少量ニーズに応じた液晶ポリマーの一貫生産を行っている。

2015年におけるLCPの世界市場は年間約4万トンで，用途別ではSMTコネクタ（61.9％），電気・電子部品（スイッチ，リレー，モーターインシュレータなど，29.1％），自動車部品（9.2％），機械・フィルム他（2.8％）の構成比となっている。主要用途の1つである電気・電子部品用途で製品の小型化が進み，機器1台あたりに使用される樹脂量が減少傾向にあるため，メーカー各社による需要拡大のための用途展開が進んでいる。

同社ではLCPの主原料であるパラヒドロキシ安息香酸，2-ヒドロキシ-6ナフトエ酸の世界的メーカーであることの優位性を生かして新たな機能の付与による新規用途開拓を積極的に展開している。特にさまざまな特性を持つLCPの中でも，熱可塑性樹脂の中ではトップクラスの性能

表23 「UENO LCP」の主な製品仕様

		測定項目	比重	引張強さ	引張伸び	曲げ強さ	曲げ弾性率	IZOd衝撃値	荷重たわみ温度		熱膨張係数		成形収縮率		絶縁破壊強さ
		単位	—	MPa	%	MPa	GPs	J/m	℃		X10^{-5}/℃		%		kV/mn
		測定方法 ASTM	D792	D638	D638	D790	D790	D256	D648		D696		—		D148
									1.82MPa	0.46MPa	MD	TD	MD	TD	1mmt
標準タイプ	2030G	標準	1.62	170	1.5	210	14.0	100	255	>295	0.5	5.5	0.1	0.9	45
	2125G	高流動	1.58	161	1.7	196	12.0	88	252	290	0.3	6.0	0.1	0.7	41
	2140GM	超低ソリ高流動	1.74	98	1.5	142	10.8	34	240	284	0.8	3.3	0.1	0.5	45
	2140GM-HV	低ソリ高強度	1.74	120	1.4	170	11.0	40	252	290	0.8	3.7	0.1	0.4	53
	2140GM-GT	低ソリ高剛性	1.74	135	1.5	180	12.0	60	252	295	0.6	4.4	0.1	0.4	28
耐熱タイプ	3030G	標準	1.62	160	1.5	190	12.0	100	272	>295	0.6	5.0	0.0	0.6	43
	3040G	標準	1.72	150	1.3	195	14.0	80	272	>295	0.7	4.2	0.0	0.6	45
	3040GM	低ソリ	1.74	100	1.5	127	8.7	50	258	288	0.8	4.0	0.0	0.4	50
	UX101	低ソリ高流動	1.69	111	2.8	135	8.6	110	254	288	0.9	6.0	0.1	0.8	56
	UX207	低ソリ超高流動	1.62	120	3.0	140	9.0	170	250	290	0.7	5.6	0.1	0.7	50
高強度タイプ	5030G	標準	1.62	216	2.0	245	14.2	127	230	251	0.5	5.5	0.1	0.6	47
	5030G-UF	高流動	1.62	191	3.2	213	12.5	80	213	242	0.5	5.5	0.1	0.7	45
	5050G	高剛性	1.83	175	1.3	230	19.0	60	225	251	0.9	4.5	0.1	0.5	45
	5050GM	良寸法安定性	1.84	125	1.2	206	16.0	46	230	242	0.7	3.5	0.1	0.7	31
	5540G	易成形	1.71	130	1.5	180	13.5	55	230	251	0.5	5.5	0.1	0.7	42
高耐熱タイプ	6030G	標準	1.62	186	1.5	216	13.7	108	285	>295	0.5	5.5	0.0	0.8	45
	6030G-MF	超ガラス高流動	1.62	131	2.7	150	10.0	42	270	293	0.4	6.4	0.0	0.9	40
	6040GM	低ソリ	1.74	127	1.7	156	10.8	44	280	>295	0.7	3.4	0.0	0.4	44
	6040GM-MD	低ソリ高ウェルド強度	1.74	140	1.5	180	12.0	45	267	>295	0.8	4.3	0.0	0.4	49
	6125GM-MF	低ソリ超高流動	1.60	152	2.8	147	9.4	125	265	>295	0.8	5.9	0.0	0.6	43
	6130GM	低ソリ高流動	1.63	150	1.7	184	11.0	70	277	>295	0.8	4.3	1.1	0.4	47
	6140GZ-A	超低ソリ高流動	1.74	116	1.7	150	12.0	36	270	>295	0.8	4.3	0.0	0.4	44

（上野製薬ホームページ）

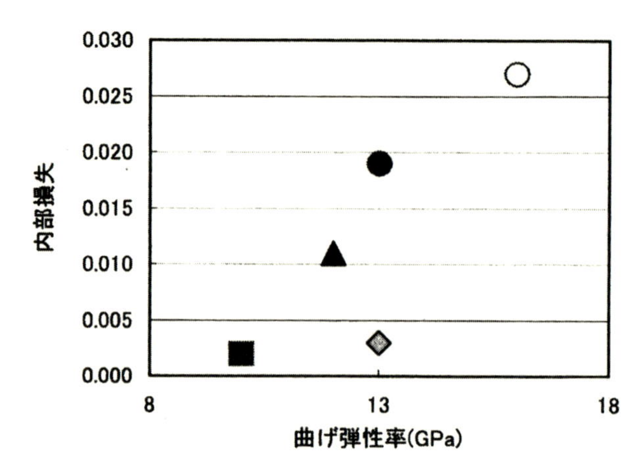

図９　弾性率 VS 減衰特性
●：2030G，○：5050GM，▲：他者標準品，◇：PPS（ポリフェニレンサルファイド，GF40％），■：PBT（ポリブチレンテレフタレート，GF30％）
（上野製薬ホームページ）

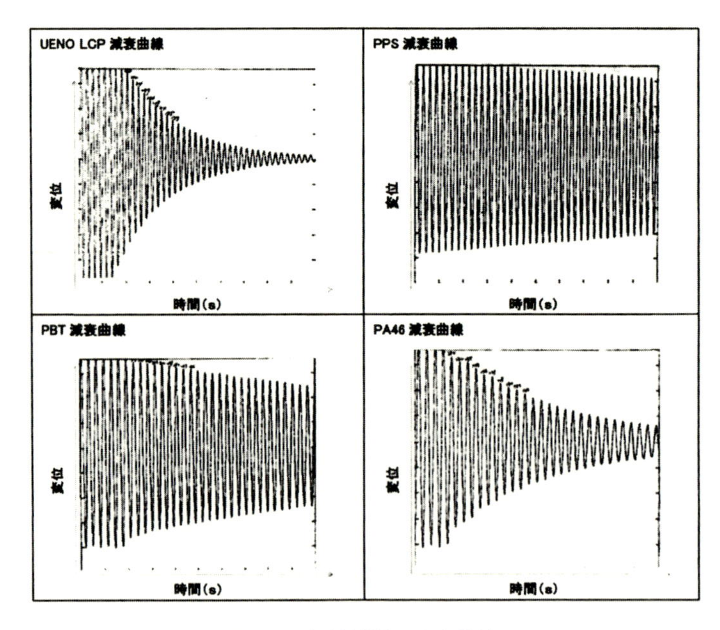

図 10　各種材料の減衰曲線
（上野製薬ホームページ）

を持ちながら，フィルムや容器への加工が難しく接着性が低いうえ，加工温度が高くPP，PE，PETなどとのブレンドや積層が難しいため用途展開が遅れていた分野における，ガスバリア性を生かした用途開発に力を入れている。同社ではすでにUENO LCPで培った技術を応用して，LCPの特徴を保持したままLCPの融点を下げることに成功したアロイグレードの「TECROS テクロス（A-8100)」を開発ずみで，さまざまな特徴を保有するUENO LCPをPP，PE，PETなどの他樹脂とアロイ化させ，他樹脂の高機能化を実現する提案を行っている。

A-8100（ニートレジン）はモノマー構成成分を改良して，全芳香族でありながら低融点（約220℃）を実現，従来のLCPにない低温加工性を持ちながら全芳香族LCPに特徴的な高ガスバリア性，高強度，高弾性率，低膨張係数といった特長を有している。また，同社は融点が約280℃とやや低めの全芳香族LCP（ニートレジン）も有しており，これらの融点の違いを利用すると，他樹脂との組み合わせに，加工面で相性のよいLCPの選択性が広がる。同社は2017年の国際プラスチックフェアにおいて，これらの新材料と他樹脂をアロイ化した高機能ポリマーを「TECROS」の商標名で初めて公表しており，現在はPPとLCPの複合材である「Pシリーズ」，PEとLCPの複合材である「Eシリーズ」，PETとLCPの複合材である「Tシリーズ」を上市している。

TECROS Pシリーズではホモ PPとブロック PPの2種類をベースとした材料を展開している。LCPの添加により，PPの流動性，断成立，耐熱性，ガスバリア性が向上し，紫外線や雨に曝された後の対候強度が保持されることが確認されている。代表的な用途としては耐候強度を生かした自動車部品や土木製品，ガスバリア性を生かした包装材料などを想定している。

一方，PEとの複合材料であるTECROS EシリーズではHDPEとLLDPEの2種類をベースとした材料を展開しており，HDPEは粘度の異なる2種類をベースとした複合材料を上市している。LCPの添加によりPEの機械強度や耐熱性，ガスバリア性に加えて制振特性の向上を実現している。用途としてはガスバリア性を生かした包装材料や制振性を生かした制振材料を想定している。

TECROS Tシリーズでは，ホモPET，共重合PET，低融点PETを使用した3グレードの材料を展開しており，PETの特徴に合わせ，ホモPET，共重合PETとのアロイにはA-5000，低融点PETにはA-8000を使用している。LCPとのアロイ化により，PETの機械強度や耐熱性，ガスバリア性，耐薬品性の向上を確認している。

一方で，LCPとのアロイ化は各樹脂のコストアップや透明性の劣化につながるリスクを有している。しかし，アロイ化を通じてLCP単独では不可能なフィルム成型やブロー成型が可能になることから，同社ではコストアップを抑えながら効果的にメリットを引き出せるような材料検討を進めており，複数のメーカーとの間でユーザー評価を進めている。

(2) 三井化学

三井化学の「アブソートマー」は，従来のポリオレフィンが持つ軽量性，低密度，オレフィン素材との相溶性，加工性や衛生性などの特性に加えて，動的粘弾性で測定した損失正接（$\tan\delta$）のピーク温度を室温近傍に設定し，そのピーク値を最大限に高めた熱可塑性ポリオレフィンである。同社独自のメタロセン触媒技術により，従来のポリオレフィン重合触媒では重合が困難であったかさ高いα-オレフィンの共重合を実現して開発された。α-オレフィンをポリマーの骨格に導入することで，ポリマー主鎖がミクロブラウン運動を起こす際に分子間で適度な摩擦を発生させ，ガラス転移温度付近で大きな$\tan\delta$を示すポリマーの設計につなげている。表24はアブソートマーの代表的な物性値であるが，特筆すべき特徴の1つとしてペレット状でハンドリングできることがあげられる。

アブソートマー自体が室温では硬く，エラストマーと呼び難いため，同社では熱可塑性樹脂と位置づけているが，エチレンプロピレンゴム（EPDM）などのポリオレフィンエラストマーとの複合化をはじめとして各種ゴム材料，熱可塑性樹脂との複合化が可能で，新しい機能の発現が期待されている。

EPDMとの複合化においては，アブソートマーはEPDM配合物と部分的に相溶するため，EPDMの$\tan\delta$ピークを残したまま，アブソートマーに由来する$\tan\delta$ピーク温度が低温側にシフトする。また，アブソートマー由来の$\tan\delta$値と温度は配合調製により制御できる。アルミ基材に制振材料としてEPDMを配合した加硫ゴムシートを貼り付けた場合と，アブソートマーを添加したEPDMの加硫ゴムシートを貼り付けた場合を比較すると，周波数応答関数はアブソートマーを添加したEPDMのほうがより大きく低減することが確認されており，アルミ基材の振動は速やかに減衰していく。

一方，TPV（オレフィン系動的架橋熱可塑性エラストマー）との複合化においては，双方がともに熱可塑性の高分子材料であるため，二輪押し出し機を用いて溶媒混練が可能となる。EPDMと複合化する場合と同様，アブソートマーの配合量が増えるにつれて－10～30℃帯域で

表24　アブソートマーの基本物性（代表値）

項目		単位	測定条件	ABSORTMER	
				EP-1001	EP-1013
流動性	MFR	g/10min	JIS K 7210 準拠（230℃，2.16kgf）	10	10
密度		kg/m^3	JIS K 7112 準拠	840	838
柔軟性	硬度	直後	JIS K 6253 準拠	A92	D69
		15秒後		A70	D55
機械特性	切断時伸び	%	JIS K 7127 準拠	≧400	≧400
	引張強さ	MPa		29	34
熱力学特性	融点	℃	三井化学法	なし	130
	ガラス転移温度	℃	$\tan\delta$ピーク温度	30	40
製品形状				ペレット	ペレット

（シーエムシー出版『自動車用制振・遮音・吸音材量の最新動向』，p.92）

の tan δ の向上が可能であり，低い反発弾性率を示す配合設計が行える。

同社では熱可塑性樹脂の中で極めて密度が低く，成形品の軽量化に適する，ペレット状で一般的な成形条件で加工できることから容易に各種素材とのブレンドできる，低融点であるため EPDM などのゴム材料とも加工できるなどの特徴を生かして，アスファルト系の制振シートの代替需要をはじめ，クッション材，グリップなどへの需要開拓を狙って事業化を進めている。

(3) 新光硝子工業

新光硝子工業は曲げガラス，合わせガラス，エッチングガラスなどのガラスの二次加工行っているメーカーで，産業，建築，鉄道車両の3部門で事業を展開している。産業部門では百貨店やコンビニエンスストアなどのショーケースのガラス，建築部門では美術館，銀座三愛ビルなどの曲面の外装やガラス製のテーブル，パーティション，鉄道車両では新幹線や特急列車のガラスなどを手がけている。企業イメージを高めている新幹線のガラスは企業の顔ではあるが，売上げ構成比は10%に及ばず，産業部門と建築部門が半々となっている。

同社は曲げガラスのトップメーカーで，後発ながら営業が現場で採寸して型を取り，現場へ納品するという新しいビジネスモデルの採用と確かな技術力で，短期間にトップに上り詰めた。経済成長の終焉に伴い高価な曲げガラスへの需要が減少するのに合わせて「スリーエス樹脂合わせガラス」を新たに開発して事業を拡大して需要を創造してきた。

通常の合わせガラスは2枚のガラスの間に特殊フィルムを挟み，加熱して接着しているが，同社のスリーエス樹脂合わせガラスは特殊フィルムの代わりに液体のアクリル樹脂であるスリーエス樹脂を流し込み，常温で接着している。熱を加えないため，ガラスの間にさまざまな異材を入れて接着できる。通常の合わせガラスが保持する耐衝撃性，ガラスの飛散防止，遮音性などに加え，各種機能を付加した特長のある合わせガラス製品となっている。光学レンズに使用されるアクリル樹脂を用いており，フィルムを挟んで圧着される合わせガラスとは異なり，耐候性，透明性，紫外線カットなどに優れ，硬化後も柔軟性を維持することから異素材合わせに対応できる。ブルー，マジェンダ，グリーンなどさまざまな色の合わせガラスが製造でき，多様なニーズに対応している。

また，金箔合わせガラスは，ガラスに金箔を貼りデザインパターンをエッチング加工したスリーエス樹脂で，2枚のガラスを接着している。スリーエス樹脂に顔料をまぜ合わせることによりさまざまな色調にすることや金箔部分を銀箔などの他の素材に変えて制作することもできる。

熱膨張の差異による歪からその大きさに制限が生じる重機車両や新幹線の車両窓や工作機械の覗き窓には，ポリカーボネート樹脂を使用する同社のスリーエス樹脂合わせガラスが採用されている。強化ガラスとポリカーボネート樹脂をスリーエス樹脂で合わせることで，衝撃強度（耐貫通性）を大幅に強化しており，ガラスとポリカーボネートの線膨張率の差異が大きい場合でも合わせられる。そのため，要求される安全性に対して，ガラスおよびポリカーボネートの厚みを変えることにより対応できる。また，合わせ工程において熱負荷をかけず常温常圧で合わせるため，熱をかけることで問題になる異種材料との熱膨張率に起因する残留歪やポリカーボネートの熱劣化がほとんど生じない。同ガラスは飛来物による事故などから安全性を確保するとともに，中間の樹脂層は減衰効果も担っている。

その他にも同社は2（通常）〜3枚（特殊）の複層ガラスも製造している。複層ガラスは専用のスペーサーを用いてガラス間隔を保ち，周囲を封着材で密封し，内部の空気を乾燥状態に保ったガラスである。空気層がガラスの間にあるため，単板のガラスに比べ断熱効果が高く，遮音・防音効果がある。同社は通常の複層ガラスに加えて，機械製造の難しい曲げ複層ガラスを主として製造しており，特に同社のクリアベンド（極小Rでの曲げ）を使った複層ガラスは曲げ部分がほとんど直角で外観性に優れている。

(4) ポリシス

ポリシスはポリウレタン樹脂の専業メーカーで，超軟質のゲル体から塗料までポリウレタンに由来する各種製品を開発している。「ハプラゲル」は粘性分子，弾性分子を不均一に配列させることで90%以上の衝撃吸収性とゴムの2〜4倍の防振性（tan δ 0.3〜0.5）を実現させた超軟質ポリウレタンである。耐熱温度80℃，引張特性，引裂特性ともに優れた機械特性を有しており，やわらかくて丈夫な耐久性を誇っている。製品は厚みが3，5，10 mmの3種類あり，幅×長さは400×400 mmで，ポリウレタンゲルを100 μm厚のポリエチレンフィルムまたはPETフィルムで挟み込んで多層化された構成となっている。販売を開始してからすでに20年を超える製品であり，新幹線防振材，精密部品製造装置用防振材など幅広い分野で活用されている。

「ハプラタックゲル」は自己粘着性をもつ超軟質ポリウレタンゲルである。粘着層となる官能基を樹脂自体に組み込んだ分子設計であるため粘着力は継続して落ちることがない。

ポリウレタン樹脂100%でできているため，対象物を傷めることなく剥がすことができ，緩衝能力（防振性）も併せ持つため貼れる防振材としても使用されている。絨毯，畳などの平面が出ていない状況では地震倒壊防止効果がなくなることから，使用はフローリングまたはコンクリート上に限られる。震度7程度の揺れに対しても家具や電子機器が倒れないように設計されているため簡単には剥がすことができず，片方を摘んで水平方向に引っ張った後，隙間に水をスポイトなどで垂らしながら引張り剥がしていく必要がある。地震倒壊防止用として病院やクリーンルームのようにアンカーが打てない場所で利用されているほか，アパートやマンションのフローリング床の緩衝材などに利用されている。

「ハプラキャストEL」は超強靭で極めて耐摩耗性に優れたウレタンエラストマー（ウレタンゴム）で，毒性の強いTDI，MOCA（特化則該当）を一切使わない処方で特異な防振性と高強度化を実現している。

(5) 住友セメント

住友セメントは機能性成形材料である「ジーマシリーズ」を上市している。ジーマシリーズは独自のフィラー技術（MBT技術）により，各種金属や酸化物系のフィラーを樹脂に高密度に充填することで，成形材料に熱伝導性，電気絶縁性，高精度成形，低膨張，比重長生などの各種機能を付加した製品である。製品の1つである「ジーマ・メガロ」は，熱可塑性樹脂にさまざまな金属または金属酸化物粒子を結合することで，比重2.0～13までの幅広い比重領域において，0.1刻みで自由に設定することが可能な重量級熱可塑性射出成形材料である。環境負荷物質として対象となる鉛毒懸念の製品，鋳造合金では実現できない比重範囲で精密な成形品など部品の形と重さが両方とも重要なコンセプトになる部品を製造する場合に極めて有効な手段の1つとなっている。その他にも音波や振動の緩衝，制振性能，ずっしりとした重量感と精密な形状付与，ヒケ，反りの少ない無機質な表面状態・附形性など高比重から得られる多くのメリットを有している。また，同製品は2～13すべての比重領域において，独特な粒子形状と粒度構成のフィラー（＝MBTフィラー）を選択，組み合わせた基材設計をしており，一般のエンジニアリングプラスチックと同様に精密な成形品を得ることができる。同製品は振動用モーター分銅，モーターケース，電装品のケース，カメラ部品，光学機器部品，圧力弁，加速度センサ部品などの機械部品から，ピアノ鍵盤のおもり，モデルガン，鉄道模型，玩具部品，スポーツ用品，釣り具のおもりまで非常に幅広い用途で使用されている。

(6) タイカ

タイカはシリコーンを主原料にしたゲル状の衝撃吸収素材「αGEL」の製造，販売事業と自動車の内装部品や家電など立体素材に印刷を施す曲面印刷技術キュービックプリンティング事業を展開する化学メーカーである。αGELは衝撃吸収，放熱，防水・防塵，防振・制振，オプティカルボンディングなどの用途に対応しているシリコーンベースの多機能素材である。

防振，制振用途ではマウントタイプ（インシュレーター），ブッシュタイプ（ゲルブッシュ），シートタイプ（SNシート），UV硬化ゲル（CIPD）などの製品がある。マウントタイプは簡易的な構造で対象物を支え，振動を絶縁することができる防振材で，柔軟性と耐久性を両立させ，ゴムでは対応が難しい低周波数域から高周波数域において，圧倒的な防振性能を発揮し，破損・動作不良などから機器を保護する。上下をボルトで固定するタイプで，たわみ量を十分に確保できるため，わずかな振動も除去することができる。同社では硬度を変えたり，バネと複合したりすることで，4点支持で2 kg～300 kgの機器に対応している。固有振動数が低く設計されているため，低周波数域から 幅広い振動周波数域の防振が可能となっている。

ブッシュタイプはネジ止め部分に取り付けることができる防振材で，小型で柔らかく，たわみやすいため，軽量な基板などへの微振動に対して優れた防振性能を発揮する。αGELで基板を挟み込み，ボルトで貫通させて使用するタイプであり，横ぶれが少なく小型でありながら，防振・衝撃吸収に大きな効果が期待できる。4点支持で0.2 kg～32 kgの機器に対応している。

シートタイプは対象物の下に敷くだけで，簡単に設置できるシートタイプの防振材で，後付けが可能なうえ荷重に合わせて調整もできる。そのため，さまざまな対象物に使用されている。製品の分割や枚数の増減により，幅広い荷重範囲に対応でき，固定せず，機器などの下に敷いたり，挟み込んだりするだけで簡単に設置でき，共振倍率が小さく横揺れが少ないため安定している。

UV硬化ゲルは液体状からUV照射で硬化するタイプのCIPD（Cured-In-Place-Damper）と呼ばれているシリコーン製の制振材で，柔らかさとダンピング特性（損失係数など）を最適に設計することで，極小精密機器の制振に効果を発揮する。ダンピング特性は幅広い調整が可能であり，温度依存性が低いため，幅広い温度範囲で安定した性能を発揮できる。UV 硬化型のため短期間で硬化し，硬化時にほとんど収縮しない。光ピックアップのダンピング材として豊富な採用実績を有している。

αGEL は同社のシリコーンを主原料とした柔らかいゲル状の素材のブランド名で，スポーツ用品（ランニングシューズ，バスケットシューズなど），ペン（グリップ部分），パソコン，携帯電話，デジタルカメラから産業機器など幅広い製品で採用されている。また，同社ではαGEL の圧力分散性能を生かした床ずれ防止マットレス「αPLA」を自社ブランドで製造，販売している。

4 制振塗料

4.1 概要

塗料は対象物を保護・美装，または独自な機能を付与するために，その表面に塗工する材料で，用途に応じてさまざまなタイプの製品が開発されている。一般に液状で，溶剤の揮発・乾燥によって固化・密着し，表面に塗膜を形成して対象物の美観を整え，保護するものや粘度が低く，材料内部に浸透し，材料その物の劣化を防ぎ，着色するものなど製品特性も多様であり，建築物や構造物，自動車，鉄道などの車両，船舶，電気機械，金属製品，ガーデニング用品，家具，皮革，模型など多様な用途ごとに特化したものが存在している。

制振塗料は振動音や衝撃音の音源そのものに働きかけ，振動エネルギーを熱エネルギーなどの他の形態にかえて消費し，振動によって発生する騒音を低減する効果を発揮する塗料で，一般的な特性としては，以下のような特性を有している。

〈制振塗料の一般的特性〉

- 振動体に直接塗装できる。
- 事前での成型を必要としない。
- 被塗物の形状にこだわらない。
- 必要に応じて膜厚が調節でき，また，重ね塗りが自由である。
- 振動体を加工したり，ボルト止めなどを必要としたりせず，振動体に傷を加えない。
- 一般的な塗料より厚塗りであるため，防食性，防錆性が優れている。

制振塗料は騒音防止や乗り心地の改善などが求められる鉄道車両や自動車，船舶などの輸送機器や同じく騒音防止が必須である機械などの分野で用いられているほか，各種配管を通じて伝わる振動の防止，コンサートホールなどにおける音質の向上などさまざまな用途で使用されている。

制振塗料に求められる特性は，金属や樹脂などの他の制振材料に求められる特性同様，減衰性，密着性，作業性などであり，通常はかなりの膜厚で使用されるため，単位面積あたりの重量や価格も要因となる。また，輸送機器などではさまざまな気象環境や温度環境下で使用されるため，高度な密着性に加えて耐寒性や耐熱性なども求められる。

制振塗料の塗膜形成成分には，アスファルト，ギルソナイト，コールタール，ピッチなどの成分である瀝青砂をはじめ，エポキシ樹脂，フタル酸，エマルジョン，塩化ビニルなどが使われている。これらの中で最も多く使われているのは安価で作業性に優れる瀝青系で，溶剤タイプで常温乾燥，加熱乾燥のいずれも可能であることから利便性が高い。また，常温付近で大きな効果を発揮するエマルジョン系の塗料は，溶剤を使用しないことから安全性に優れるという特長を有している。

4.2　主要メーカーと製品

4.2.1　日本特殊塗料

日本特殊塗料は強い紫外線や急激な温度変化，激しい風圧や空気摩擦といった厳しい環境から機体をまもるため，特殊な機能が要求される航空機用塗料の開発からスタートした企業で，企業設立以来80年にわたり，さまざまな塗料（＝色）を生み出してきた。1953年に自動車用防音・防錆塗料「ニットク・アンダーシール」を開発して以来，同社では防音材＝音の世界の研究に力を注ぎ，その製品は国内のすべての自動車メーカーに採用されるとともに，生産設備は北米やアジアに広がっている。

原点である航空機用塗料は，「スカイハロー」という名称で上市されており，現在は政府専用機や各航空会社の特別塗装機などに数多く採用されているほか，宇宙航空研究開発機構のH-II Aロケットにも採用され，次世代超音速航空機「SST」用の塗料の研究開発に着手している。

一方，同社ではニットク・アンダーシールの開発技術をベースとして自動車用制振材「メルシート」を開発している。走行時の車体フロアの振動を抑え，騒音を減少させるメルシートの製品化を契機として，同社は塗料メーカーという枠を超えて，防錆・防音材メーカーとしての業容を構築している。ニットク・アンダーシールとメルシートで培われた防音技術は，現在，各種の自動車用吸・遮音材や建築・構築物用防音材「イーディケル」および「防音くん」シリーズ，家電・OA機器用防音材，さらに，鉄道車両用防音材を生み出し，今日の防音材メーカーとして基盤を固めている。

イーディケルは，車両・輸送機器，家電・弱電機器，事務機器類などの制振材，遮音材，防錆材などに広く使用されている瀝青系塗料で，合成樹脂，充填材とともに制振シートなどとして利用されている。感熱圧着タイプや加熱により自己融着するタイプなどさまざまな製品が二次加工メーカーから上市されている。また,「イーディケル M-2000NA」は同社が開発した車体の保護，防錆，防音，制振，断熱対策のスタンダード製品で，石油系瀝青樹脂をベースに，防錆，防音，断熱に優れた充填剤を配合している。自動車床裏防錆材として主に使用されているほか，鉄道車両，船舶，鋼製設備などにも多くのメーカーに長年にわたって採用されている。同製品の特長は長期にわたって発揮される防錆性能にある。また，耐塩害性に優れることから，冬季の低温環境に加え，塩化カルシウムなどの凍結防止剤にも耐久性がある。さらに，塗布型であるため，複雑な形状での制振処理が行え，基材に高密着して音の伝播を抑え，熱の侵入も防ぐ。スプレー塗装，ヘラ付塗装のいずれも可能であり，作業性がよい。イーディケルシリーズは東海道新幹線のぞみN700系やホームスタジアム神戸の制振材にも採用されており，用途は車両関連だけでなく，金属サイディング，屋根の雨音対策などにも広がっている。

防音くんシリーズは，自動車用防音技術を建築分野に展開したもので，簡単な施工で騒音対策に大きく寄与している。用途に応じ「窓用」，「室内吸音用」，「流し台用」，「床用」，「排水管用」，「鉄骨階段用」，「天井吸音ボード用」，「雨音対策用」，「吸音デコ」，「オトナシートマグネット」の10種類の製品が上市されている。「防音くん大人シートマグネット」はアスファルト系制振シートで，マグネット式を採用していることから洗濯機やビルトイン食器洗い乾燥機，スチールドア，ロッカーのドアなどの金属面に貼り付けるだけで，モーター音や振動を大きく低減する。また，1枚あたり約540gと軽量で，サイズは300 mm×400 mm×厚み2 mmであるがカットが可能で，自由に着脱でき非常に使いやすい。花柄，青チェック柄など7種類の絵柄が用意されている。

一方，「防音くん鉄骨階段用」は，鉄骨階段の歩行音対策として開発された製品で，鉄骨階段の裏面に貼り付けることで，階段の昇降の際に発生する足音を低減する。基材にはアスファルト系樹脂を採用しており，接着剤を併用し，貼り付けるだけで簡単に施工できる。また，裏面に貼り付けるため外観を損ねることもない。70%程度の施工面積で十分な効果が得られ，貼り付けやすく，加工もしやすいサイズ（ほぼA4判）で製品化されている。

一方，自動車用制振材のメルシートは主に車体のフロア部に使用されている。塗膜焼付炉の熱で融着し，形状に沿った均一な厚みの制振層を形成しており，さまざまなタイプの製品がある。また，「PAメルシート」は，感圧接着剤と組み合わせ，主にドア裏などの垂直面の金属板に用いられて防音，制振効果を発揮する。その他にも「オーケフルシリーズ」，「リエタ・ウルトラライト」，「NTダンピングコートシリーズ」，「磁着シート」，「NTダンプシート」，「NTダンプレックス」など，さまざまな部材が開発されている（表25）。

4.2.2 シーシーアイ

シーシーアイは岐阜県関市に本社を置くカーケミカル，カーケア用品，樹脂・ゴム製品，防音材，制振材，高機能セラミックス等の開発，製造，販売を展開するメーカーで，自動車部品，特にカーケミカル分野において高い競争力を持っており「ゴールデンクルーザー」ブランドで販売するブレーキ液とエンジンクーラントは世界シェアの約20%，日本国内においては約60%のシェアを有している。また，研究開発に特に力を入れており，全社員の40%を研究開発スタッフで占めている。

同社独自の研究から生まれたダイポルギー技術は，音，振動，衝撃のエネルギーを高性能に吸収する技術で，この技術をベースとして各種制振材製品が生み出されている。

表25　日本特殊塗料の主な自動車用部品（防音材）

製品名		概要
リエタ・ウルトラライト		音響機能を「遮音」から「吸音」に置き換えることで，音響性能の低下を招かずに30〜60%という大幅な軽量化を実現。 エンジンルームから社室内，トランクルームまで車両トータルの防音システムを展開できる。
オーケルシリーズ		ダッシュ，ルーフ，ミッション，フェンダーなどのパネル形状に立体成形された自動車用吸・遮音材である。 フードインシュレーター，エンジンアンダーカバーインシュレーター，ダッシュアウターインシュレーター，ダッシュインシュレーター（ウレタンタイプ，フェルトタイプ），フロアインシュレーター，吸音成形天井，フェンダーインシュレーター，トランスミッションインシュレーターなどの製品がある。
エンジントップカバー		エンジン上部に装着し，エンジンノイズを効果的に低減する。カバーは適切な形状設計を行うことにより，高い防音性能を発揮する。
タカ・タカポール		タカは軽い多孔質の吸音マット，タカポールはタカとセプタム（マスチックシート）を貼り合わせた吸・遮音材である。極細繊維を使用し，高吸音性を有する熱硬化NCF，熱可塑NCFもある。
ヒートシールド・ヒートインシュレーター		エンジンまわり，ターボチャージャーなどの近接排気管・触媒コンバーター上部などに装着し，吸・遮音特性も併せて高める遮熱材である。
NTダンピングコートシリーズ		水系タイプの塗布型制振材で，複雑な形状部や垂直面・背面を効率的に制振処理できる。 使用部位の環境温度，要求性能に適した各種グレードがある。 主として自動車のフロアパネル，トランク部等に使用されるが，自動車エンジンまわり部品用の高温グレードもある。
メルシート	低比重タイプ 高制振タイプ 高比重タイプ 発泡タイプ 磁着タイプ	自動車の制振材で，主に車体のフロア部に使用する。塗膜焼付炉の熱で融着，形状に沿った均一な厚みの制振層を形成する。
磁着シート	一般タイプ	基材自体が磁力を有し，縦壁面等の垂直部位に施工可能な制振材である。 塗膜焼付け炉の熱で融着するとともに，磁力による自己追従性機能が働き，複雑な形状にも優れた密着性を発揮する。
	発泡熱硬化タイプ	発泡熱硬化させることにより，優れた制振性，高剛性，耐熱性を発揮する。
PAメルシート		感圧接着剤と組み合わせ，主にドア裏などの垂直面の金属板に用い，防音・制振効果を発揮する。
NTダンプシート		自己接着性と柔軟性を持つサンドイッチ型制振材。 あらゆる部位・形状にワンタッチで貼着できる。 A，K，P，E，BG，BP，BAのタイプがある。
NTダンプレックス	SMタイプ MRタイプ	高性能サンドイッチ型制振材で，拘束層として鋼板を用いたタイプ（SM）はダッシュ部，樹脂を用いたタイプ（MR）はフロア用として使用される。

（日本特殊塗料ホームページ）

「ダイポルギーFDC」は拘束タイプの制振シートで，広い温度範囲で優れた制振性能を発揮する制振材である。高い粘着力があり，接着剤，粘着剤を必要としないうえ，柔軟なシートで曲面への追従も可能である。シンク，ダクト，シャッターなどの建築，住宅設備をはじめ，トラクター，発電機，ベルトコンベアなどの産業機械，エアコン，冷蔵庫，洗濯機などの家電製品などに広く使われている。

「ダイポルギーFDW」は非拘束タイプの制振シートで，環境負荷物質を使用していない制振材である。UL94 V-0 認定を取得している難燃グレードの制振シートで，コストパフォーマンスに優れ，高い制振性能を発揮する。ダイポルギーFDC の用途に加え，OA 機器や AV 機器にも使用されている。

「ダイポルギーDP」は曲面や複雑な形状にも塗れる塗料タイプの制振材で，広い温度範囲で優れた防音性能を発揮する。有機溶剤を含まない環境保全型の水性塗料で，薄塗り，厚塗りの施工が自由で作業性がよい。垂直面に塗布してもタレにくい高粘度タイプも上市されている。同塗料は新幹線などの鉄道車両，自動車のフェンダー，タイヤハウス，トラクター，発電機，ベルトコンベアなどの産業機械，エアコン，冷蔵庫，洗濯機などの家電製品，OA 機器，AV 機器などの幅広い分野で実績を持っている。

「ダイポルギー吸音フォーム」は従来の吸音材に比べ，高い吸音性能を発揮する。標準タイプと UL-94 HF-1 認定の難燃グレードがある。難燃グレードは燃焼時の有毒ガスの発生が限りなくゼロに近い地球環境にやさしい吸音材である。食器洗い乾燥機，室外機，洗濯機などの家電製品，モーター，コンプレッサーなどの産業機器，フロア材などの自動車内装関連材，換気フードなどの住宅設備を主要用途としている。

4. 2. 3　枚方技研

創業以来，機械設計を中核として事業展開している枚方技研は，従来にない機能を持った防振材「ノンブレン」を自社開発し，顧客ニーズに合わせて設計，製作，販売を行っている。受注生産品の「ノンブレンコート」は主剤と硬化剤を混合して使用する塗料タイプの防振材で，塗膜は振動を取り除き防振・防音効果がある。また，音や振動の発生源を塗料で包み込むことができる。無色無臭で，溶剤不使用であることから安全に使用できる。被着対象物は金属（SS, SUS, アルミ），合板，木材，コンクリート，石膏ボード，プラスチック（PE, PP などを除く）と幅広く，スプレーで吹付けることができるため作業性にも優れている。

同材料はボンネットの防振，ルーフの防音，フロアの防振・防食，特殊車両のカバーの防振など車両の防音，防振動対策をはじめ電気製品の防音，防振（洗濯機，テレビキャビネットなど），オーディオ機器の防音，防振（スピーカーボックス，音響板），機械の防音，防振（コンプレッサー，ファン，モーター，コンベア，フード変圧器，砕石機）などに広く採用されている。その他にも道路の防音壁や橋桁の重防食と防音対策，壁，床，階段，ベランダ，ピアノルームなど住宅設備の防音対策にも使われている。また，防水塗料，厚膜の保護塗料，重防食塗料，ライニング塗料としても利用できる。

一方，新製品の「丸型ノンブレンNVシリーズ」は，大きな荷重のかかるものに対して四隅に簡単に取り付けられるインシュレータータイプの丸型防振材である。4点支持の場合，2kg～1t使用でき，支持点数を変えることでさまざまな対象物で使用できる。金具との接着強度が強く，横揺れにも強さを発揮するため，コンプレッサーなどにも安心して使えるうえ，SUS304製の金具を使用しており，半導体製造工場などのクリーンルームでも使用できる。六角レンチ用の差込み穴があり，本体がねじれず簡単に取り付けられる。

4.2.4　サイデン化学

サイデン化学はデンプン系接着剤メーカーとして，合成樹脂系接着剤，粘着剤，各種コーティング剤など独自の技術を用いた各種機能性樹脂の製造に取組んでいる。主力製品である接着剤の「サイビノール」は，あらゆる産業において活用されている。同社では1,000以上の製品群から顧客の要望にフィットするような製品をセレクトして紹介するほか，新製品の共同開発も行っている。

塗料用サイビノールには，シーラー・プライマー用，クリヤートップ・ニス用，屋根・床塗料用など数多くのエマルションがあり，弾性塗料用エマルションとしてはアクリル，スチレンを主成分とする「UC-404／440」，高弾性塗料用エマルションとしてアクリルを主成分とする「UC-1818」などがある。これらの製品は主に自動車車内の静寂性を確保するための制振材などに採用されている。現在，自動車用制振材では自動塗布システムによる吹付け方式が採用されている。多くの塗布型制振材にはアクリルエマルションが用いられており，非結晶性高分子材料の粘弾性特性を利用して変形によって生じる振動エネルギーを熱エネルギーとして消費させ，振動を減衰している。同社では適正なモノマー組成の選定により，熱エネルギーへの変換を高効率化させており，特定温度範囲および広い範囲などのコントロールを適切な組み合わせにより設計している。 また，コア／シェル化技術も併せて導入しており，粒子内に異なるガラス転移部位を作成することで，幅広い温度領域で制振性能を発揮させている。また，フィラー等の高機能化材料を適正に分散，安定化させるために重要な役割を果たす粒子制御，粒子安定化技術も保有しており，顧客から高い信頼を獲得している。

4.2.5　高圧ガス工業

高圧ガス工業はガス事業，化成品事業，ITソリューション事業を展開している。化成品事業では環境対応型の高性能水系合成樹脂エマルジョンの総合メーカーとして，さまざまな産業分野に製品を供給している。主力製品には合成樹脂エマルションの「ペガール」，瞬間強力接着剤の「シアノン」，変性アクリレート系構造用接着剤の「ペガロック」などがある。

制振材の「サウンドプルーフ」は，ナノサイズからミクロンサイズの大きさと形状が異なる制振フィラーを充填したまったく新しい制振・防音材で，水性の塗布型，シートタイプ，金属屋根用シートタイプ，吸音フェルトとニーズに合わせた形態で顧客に提供している。

水性塗布型のサウンドプルーフは，シート型の制振材に比べて軽量であり，また，カットや面倒な加工を必要としない利点がある。塗布する場所に応じて，ハケ，ローラー塗布，吹付け塗布が可能であり作業性にも優れている。一般用の「1000」，高性能用の「1000HS」，高温用の「1100」，難燃用の「1200」（鉄道車両用材料燃焼試験 18-1070K を取得）と4タイプの製品があり，コンプレッサーや集塵機の騒音対策などに使用されている。

「サウンドプルーフ SF-3A」は，常温（15℃～45℃）で優れた遮音・制振性を発揮する制振シートである。非拘束タイプであるため軽量で，粘着剤で簡単に貼り付けられる。耐水性に優れ，温度による寸法変化がないという特色を有しており，鋼板屋根の防音，ダクトやコンプレッサー，発電機の騒音対策などに使用されている。標準品は厚み 3 mm，製品寸法 230×300 であるが，他のサイズにも受注生産で対応している。

吸遮音フェルトの「サウンドプルーフ KF-20A」は，吸音塗料を不織布にコーティングした吸音効果と遮音効果を併せ持つ新しいタイプの吸遮音材である。低～中周波領域で非常に高い吸音性能を発揮する。安全に作業できる PET フェルト基材を使用しており，粘着剤で簡単に貼り付けて使用できる。主な用途は発電機，コンプレッサー，集塵機の防音カバーの内側への貼付や建屋の壁，天井などの騒音防止対策などである。

「サウンドプルーフ SF-2RT」は，金属屋根用の軽量制振シートで，制振効果により鋼板屋根の雨音を防止できる。また，基材に PET 不織布を使用しているため，軽量で柔軟性がある。結露防止・断熱性の機能を一般のカラー鋼板に付与できる。施工は鋼板加工前に接着する。また，直接折り曲げ加工も可能である。制振タイプの「SF-2R」，制振・断熱タイプの「SF-4D」の2製品がある。

4.2.6 リックス

福岡市に本社を置くリックスは機械装置や計測機器などを販売する課題解決型のメーカー商社である。また，回転継手や洗浄装置の製造も行っている。同社が開発した制振塗料の「WAVLES COAT（ウェブレスコート）」は，優れた制振効果により騒音のもととなる物体の振動を速やかに減少させ防音効果を発揮する。同製品はナノサイズからミクロンサイズの大きさや形状の異なる制振フィラーを高充填した塗布型タイプとしては他に類をみない大きな損失係数を示す制振材であり，ポリマー中には有機，無機，制振フィラーが分散されている。

無機フィラーは制振フィラーと接触し，支点の役割を果たしている。また，振動が外力として作用した時，制振フィラーが有機フィラー疑集体と接触し，摩擦熱が発生し大気中に発散される。振動エネルギーが摩擦熱に変換されることで振動は減少する。WAVLES COAT の特色は，ブチルゴムでは0℃が最高値になり，常温から高温になるにつれて損失係数が下がっていくのに対して，WAVLES COAT は高性能タイプ，高温タイプともに任意の温度で最高値になり高い損失係数を保てることにある。また，水性タイプで比重 1.2～1.3 と軽量で，環境にも優しく，難燃タイプの製品も用意されている。塗布方法も選択可能で，加工性も良好である。

その他にも同社は制振合金の制振性と成形加工性に優れた高機能素材「WAVLES」シリーズ，さまざまな周波数帯の音（100～20,000 Hz）を吸収し，減衰させる吸音・遮音材の「オトクイ」などの製品を上市している。WAVLES シリーズにはマンガンベース，鉄ベースのアルミ合金，加熱加圧成型によって製造した多孔質鋳鉄などの製品がある。

5　制振鋼板

5.1　概要

制振鋼板は一般的には2枚の鋼板の間に合成樹脂を挟んだ構造で，樹脂層によって鋼板の振動を吸収し，車内の騒音を低くする部材である。自動車のダッシュ・ボードに使用してエンジンルームからの音や振動を遮断する用途などをはじめさまざまな用途で使用されている。制振鋼板の制振性は，樹脂にせん断歪みが発生し，振動エネルギーが樹脂の粘弾性によって吸収され，熱エネルギーの変換されるために発現する。この制振性は粘弾性樹脂がガラス転移領域において起こる現象であり温度依存性がある。制振鋼板の樹脂層には熱可塑性樹脂や熱硬化性樹脂が用いられており，自動車，電機部品，建材などで行われる塗装焼付け工程などでは高温下でも接着強度の低下が小さく十分な耐熱性を有する熱硬化性樹脂が使用されている。

制振鋼板は中間層が電子絶縁体であるため通常鋼板と同一条件で抵抗溶接を行えない。そのため，樹脂層の中に導電性フィラーを添加し通電性を与えることにより抵抗溶接性を付与している。制振鋼板に使用される表皮鋼板には冷延鋼板のみならず，溶融亜鉛メッキ鋼板，電気亜鉛メッキ鋼板，ステンレス鋼板なども利用され，溶接性はそれぞれの表皮鋼板の特性に依存する。

鋼板，樹脂，鋼板の3層からなる制振鋼板の積層プロセスは，はさみ込む樹脂の形態により異なっている。フィルムタイプはホットメルト接着性を有した樹脂をラミネートし，熱圧着によって積層する。このタイプは高い接着力があり，かつ製造しやすいが，樹脂の種類が限られる。一方，コーティングタイプは溶液状の樹脂を鋼板上に塗布し，乾燥後，一方の鋼板を積層する。常温で粘着性の強い樹脂を使用する場合に適している。

5.2　主要メーカーと製品

5.2.1　新日鉄住金

新日本住金の「バイブレス」は薄鋼板の強度，加工性など優れた特長を維持し，かつ制振性を持つ薄板製品であり，自動車，電気製品，建材用の材料として広く使用されている。バイプレスは騒音の発生源での振動を抑えることで騒音を減らす効果に優れており，振動源への直接接触や振動源の本体に使用することで最も高い効果を発現する。2枚の鋼板の間に約40～60 mmの粘弾性樹脂をサンドイッチした構造で，曲げ振動に伴う粘弾性樹脂のすり変形によって駆動エネルギーを熱エネルギーに変換して振動減衰効果を発揮する。

バイブレスは使用される温度で最高の制振性を発揮できるよう常温用，中温用，高温用の各タイプがラインアップされている。常温用は約20℃，中温用は約60℃，高温用は80～100℃で最高の減衰効果を発揮する。また，バイブレスは鋼板と同じ強度を維持しながら，一般的な制振合金やダンピングシートを貼り付けた鋼板よりも高い損失係数を示す。遮音効果においても，音響

表 26 「バイブレス」の主要用途

分野	対象部品例
自動車関連	オイルパン（ディーゼル，ガソリン），ミッションオイルパン，エンジンカバー，ホイールハウス，ダッシュパネル，フロアパネル，ルームパーティション，シートバックセンター，ドアーパネル，ルーフ，ブレーキ部品，ハンドルホーン，ベルトカバー，クロスメンバー
電気製品関連	洗濯機ボディ，乾燥機ドラム，ファンヒーターケース，スピーカーフレーム，音響機器（VTR，CD，プレーヤーなど）のカバー・部品，プリンター部品，給湯器ケース，エアコン部品，BS アンテナ部品，複写機部品，モーターカバー，モーターファンカバー，モーターフレーム，スイッチボックス
建材関連その他	屋根，床，階段，シャッター，カーテンレール，産業機械のシュート類，ホッパー・カバー，各種防音壁，鋼製家具，空調機ダクト，自動販売機受け板，船舶壁，車両床

（「バイブレス」製品カタログ）

透過損失は質量則に従うが，一般鋼材と比べて共振点での音響透過損失の低下がない。また，騒音の発生源が近く，かつ過大である場合は遮音材自身の振動により音響透過損失の低下が起こるが，バイブレスを遮音材に用いた場合にはこの振動を防止するので，質量則相当の音響透過損失が見込める。

表皮鋼板は標準品として冷延鋼板，電気亜鉛メッキ鋼板，合金亜鉛鋼板が各種ラインアップされているが，他の鋼板のバイブレスの受注生産も行っている。

バイブレスはオイルパン，エンジンカバー，ダッシュパネルなどの自動車用途で数多くの部品に用いられているほか，洗濯機，乾燥機，ファインヒーターなどの電気機器，屋根材，床材，シャッター，カーテンレールなどの建材でも幅広く使用されている（表 26)。

5. 2. 2 JFE グループ

JFE グループでは JFE スチールと関連会社の JFE シビルが共同で制振部材の市場浸透を図っている。建築事業を主力に事業を展開する JFE シビルは，座屈拘束ブレースの「二重鋼管座屈補剛ブレース」，「ハーフ十字ブレースダンパー」，「J-UP ブレース」，「制振間柱／制振壁」などの耐震，制振デバイスを取り扱っている。

これらのデバイスの制振材には親会社の JEFE スチールが製造している建築構造用低降伏点鋼材「JFE-LY シリーズ（100／225)」が使用されている。同材料は制振ダンパー用低降伏点鋼材で，従来の軟鋼に比べて強度が低く，延性が極めて高い。塑性域でのエネルギー吸収能力が極めて大きいため，ダンパーとして組み込むことにより，柱や梁などの主要構造部の損傷を未然に防ぐことができる。同社では建物の構造や規模に対応するため基準強度の異なる 2 種類の低降伏点鋼材を製造している。JFE-LY100 は 50％以上の伸び性能を保証している製品で，大きな変形性能が要求される履歴型制振ダンパー用として必要な変形性能を有している（表 27)。

表27　JFEスチールの建築構造用低降伏点鋼材一覧

制振用：JFE-LY100

部材記号（品番）	降伏軸力（kN）	軸力材				補剛鋼管（SM400A）	補剛限界長 Lamx（mm）
		幅 B(mm)	板厚 tb(mm)	リブ幅 H(mm)	断面積 Ag (cm^2)	径×板厚 D(mm) tc(mm)	
RDB100-0250	251	140	16	72	31.4	□-137×12	7,100
RDB100-0500	503	200	22	108	62.9	□-184×12	8,100
RDB100-0750	753	240	28	124	94.1	□-217×12	8,800
RDB100-1000	1,004	270	32	154	125.4	□-241×12	8,800
RDB100-1250	1,254	300	32	222	156.8	□-262×12	7,800
RDB100-1500	1,503	340	36	218	187.9	□-302×16	10,900
RDB100-1750	1,754	380	40	208	219.2	□-333×16	12,300

注1）低降伏点鋼（JFE-LY100S，JFE-LY225S）の降伏応力度は，大臣認定のF値にならい，それぞれ80 N/mm^2，205 N/mm^2としています。
注2）降伏軸力は，軸部断面積に基準強度を乗じた値を表記しております。
注3）上表以外の寸法の場合はお問い合わせください。
注4）補剛限界長は，スプライスプレート端間長さになります。
注5）補剛限界長を超える場合はお問い合わせください（補剛管を再設定します）。

制振用：JFE-LY225　①

部材記号（品番）	降伏軸力（kN）	軸力材				補剛鋼管（SM490A）	補剛限界長 Lamx（mm）
		幅 B(mm)	板厚 tb(mm)	リブ幅 H(mm)	断面積 Ag (cm^2)	径×板厚 D(mm) tc(mm)	
RDB225-0500	505	110	16	60	24.6	□-116×12	4,600
RDB225-0750	754	150	16	96	36.8	□-144×12	5,700
RDB225-1000	1,005	180	19	97	49.0	□-168×12	6,500
RDB225-1250	1,254	200	22	100	61.2	□-184×12	7,200
RDB225-1500	1,507	220	25	99	73.5	□-201×12	7,600
RDB225-1750	1,753	230	25	137	85.5	□-208×12	6,900
RDB225-2000	2,009	250	28	128	98.0	□-224×12	7,700
RDB225-2250	2,250	260	28	160	109.8	□-231×12	7,200
RDB225-2500	2,506	280	32	134	122.2	□-248×12	8,300
RDB225-2750	2,755	290	32	162	134.4	□-255×12	8,100
RDB225-3000	3,004	300	32	190	146.6	□-262×12	7,900
RDB225-3500	3,513	320	36	192	171.4	□-287×16	9,500
RDB225-4000	4,015	340	36	240	195.8	□-302×16	8,000
RDB225-4500	4,510	360	40	230	220.0	□-319×16	9,600

注1）低降伏点鋼（JFE-LY100S，JFE-LY225S）の降伏応力度は，大臣認定のF値にならい，それぞれ80 N/mm^2，205 N/mm^2としています。
注2）降伏軸力は，軸部断面積に基準強度を乗じた値を表記しております。
注3）上表以外の寸法の場合はお問い合わせください。
注4）補剛限界長は，スプライスプレート端間長さになります。
注5）補剛限界長を超える場合はお問い合わせください（補剛管を再設定します）。

（JFEシビルホームページ）

6　その他の制振材料

6.1　東レ／制振繊維複合材料

東レはグリーンイノベーションの中核事業として，炭素繊維複合事業の拡大を図ってきた。炭素繊維は鉄の4分の1の重量で，10倍の比強度があるうえ，錆びないため，ライフサイクルコスト上では二酸化炭素の削減に大きく貢献する。炭素繊維は航空宇宙用途に続き，産業用途では2000年代から本格化し，現在では自動車用途で本格的な拡大が続いている。

同社では世界最大のシェアを誇るPAN（ポリアクリロニトリル）系炭素繊維を中心にさまざまな素材形態で顧客ニーズに対応しており，航空機，自動車，一般産業，スポーツ用途など幅広い分野で事業を展開している。同社のPAN系炭素繊維は「トレカ」のブランド名で，「トレカ糸」（高性能炭素繊維），「トレカクロス」（トレカ糸を使用した織物），「トレカプリプレグ」（トレカ糸のシート物，トレカクロスの形成材料），「トレカ長繊維／短繊維ペレット」（射出成形材料），「トレカカットファイバー／ミルドファイバー」（複合材料用強化繊維），「トレカマット」（短繊維ランダム配向マット）などの製品に展開されている。

炭素繊維はPAN繊維やピッチ繊維などの有機繊維を不活性雰囲気中で蒸し焼きにし，炭素以外の元素を脱離させて製造される。市販されている炭素繊維の90%以上は性能とコスト，使いやすさなどのバランスがピッチ繊維よりも優れているPAN系炭素繊維で占められている。

炭素繊維の特長は比重が1.8前後と鉄の7.8に比べて非常に軽く，アルミの2.7あるいはガラス繊維の2.5と比べても有意に軽い材料である。そのうえ強度および弾性率に優れ，引張強度を比重で割った比強度が鉄の約10倍，引張弾性率を比重で割った比弾性率が鉄の約7倍と優れている。また，疲労しない，錆びない，化学的・熱的に安定といったさまざまな特性を有し，厳しい条件下でも特性が長期的に安定した信頼性の高い材料である。

トレカの応用分野は，スポーツ用品（釣り竿，ゴルフシャフト，テニスラケットなど），航空宇宙（航空機，人工衛星，ロケットなど），輸送機器（自動車，船舶，自転車など），土木・建築（補修・補強材），環境・エネルギー（風力発電，高圧容器），モバイル機器（ノートPC，タブレット端末）など非常に広範な分野製品にわたっている。

採用が本格化している自動車部品では，CFRP（炭素繊維強化プラスチック）として，ボンネットフードやリアスポイラー，プロペラシャフトなどさまざまな部品に採用されている。トレカを使用するCFRP部品は部位により異なるが，従来のスチール製部品と比べて約50%の軽量化効果が期待できる。また，CFRP化により振動減衰性や固有振動数の向上などが可能で，同社の独自技術により衝突時の乗員や歩行者に負荷される衝撃力を緩和し，安全性向上にも役立っている。さらに，加工面では一体化により部品点数削減や組立工数削減が期待できる。スチールやアルミと比べ材料疲労特性に優れているほか，錆や劣化に対する耐腐食性や耐油性，耐薬品性においても優れた性能を発揮する。

世界で初めて採用された同社のCFRP製ボンネットフードは，対アルミ品に比べて約30%の軽量化を実現，航空機や宇宙衛星にも使用される先端材料を使用することで，併せて高級感・高性能感も付与していた。また，CFRP製プロペラシャフトは高い比剛性により中間軸受の省略を実現し，部品全体で約50%の軽量化を実現した。さらに，CFRP化による振動減衰性の向上と高い比剛性により静粛性，走行性能向上にも寄与していた。

現在，自動車用途ではルーフ，インパクトビーム，フード，プラットフォーム，プロペラシャフト，ディフューザー，リアスポイラー，トランクリッドなどにCFRP製部品が使用されている。

土木・建築分野では地震対策に伴う建築物などの補修材，補強材などに炭素繊維が使用されている。炭素繊維は軽くて強いうえ，炭素繊維織物を現場で樹脂に含浸させて硬化させることにより施工できるなどの利点があり，金属板を貼り付ける場合に必要な重機が不要となる。耐震補強が重要視されるようになった今日では，炭素繊維による補修や補強が全国的に普及している。炭素繊維は比強度および比弾性率の高さに加え，錆びない特長があるため，海岸などの環境でも金属に比べ劣化が小さく採用が進んでいる。

炭素繊維による補修・補強方法には，織物を使う方法と引き抜き成形で得られた硬化板（ラミネート）を使う方法がある。いずれもエポキシ樹脂で織物あるいはラミネートをコンクリート表面などに貼り付けて室温で硬化させる。煙突や柱など円形あるいは屈曲した部材および部位にはどんな形態にも沿わせることができる織物が採用されており，一方，床板などの平板部には何層も積層が必要な織物ではなく，短期で施工できるラミネートを貼る方法が採用されている。

トレカ糸はPANを原料にした高性能炭素繊維で，同社では1971年に「トレカT300」を上市して以来，高品質で安定した製品を多く市場に供給している。また，同社では従来，技術難易度が高いとされてきた高強度と高弾性率化の両方を実現する「トレカT1100G」の開発に成功しており，耐衝撃性タイプと高曲げ強度タイプの2製品がある。国立研究開発法人新エネルギー・産業技術総合開発機構（NEDO）と共同開発したナノアロイ技術を適用した新規マトリックス樹脂を開発し，T1100Gと組み合わせることで高強度と高弾性率の両立を実現させた。

「トレカクロス」は炭素繊維を使用した織物で，シート状の形状をしており，加工性に優れ，樹脂の含浸が容易であるという特長を有している。土木建築の補強材や自転車などのスポーツ用途のほか，航空機部材の材料にも用いられるなど用途が拡大している。

一方，同社はトレカの中間製品である「トレカプリプレグ」の事業展開にも力を入れている。プリプレグは炭素繊維に樹脂を含浸させたシート状の製品で，航空機の胴体や主翼，尾翼などの主構造部材やゴルフクラブのシャフト，釣り竿，テニスラケットのフレームなどのスポーツ用途中心に幅広く用いられている。

「トレカ短繊維ペレット」は熱可塑性樹脂に炭素繊維を分散強化した，ペレット状の射出成形材料で，ガラス繊維入りナイロン，PBT，ABSとほとんど同一条件で成形できる。ペレット長が短く，短繊維がランダム配向に含有されている。一方，「トレカ長繊維ペレット」はペレット長と同じ長さの炭素繊維を同一方向に含有する樹脂材料で，短繊維強化材料に比べ，成型後の成型品中の繊維長が長い。そのため，機械特性や電気特性など多くの面で優れた特性を発揮する。

また，TLP製造工程において，炭素繊維に特殊な繊維分散性を向上させる工夫を施しているため，長繊維強化材料でありながら良好な成型性を有している。

トレカ糸を3 mm～24 mmに短繊維化した「トレカカットファイバー」や30 μm～150 μmに短繊維化した「トレカミルドファイバー」は熱硬化性樹脂，ゴム，紙，セメントなどのマトリックスに混入して使用する複合材料用強化繊維である。

一方，ナノアロイ技術は，同社が開発した複数のポリマーをナノメートルオーダーで微分散させることで，従来材料と比較して飛躍的な特性向上を発現させることができる独自の革新的微細構造制御技術で，テクノロジー・ブランドとして運用されている。テクノロジー・ブランドとは，特許などで守られた独自技術をブランドで「見える化」し，技術力の高い企業イメージの向上や技術を適用した商品の差別化を図り，間接的に事業収益に貢献させる事業ソースとして活用するブランドである。ナノアロイ技術は一般的なミクロンオーダーのアロイでは実現できなかった高分子材料の高性能化および高機能化を可能にする技術であり，同社のみが基本特許ならびに主要な製造特許，用途特許を保有している。

従来のポリマーアロイ化方法がそれぞれのポリマー特性を十分に発揮することができなかったのに対して，同社では山形大学工学部機能高分子工学科の井上研究室との共同研究により確立したリアクティブプロセッシング技術をベースとする製造技術を確立，数十ナノメートルオーダーで構造制御を可能にし，硬い性質を持つナイロンと柔らかい性質を持つ反応性ゴムを混ぜ合わせることで，通常使用時には強度と剛性を持つプラスチックとしての性質を示し，衝突時など速くて強い衝撃に対してはゴムのように変形して衝撃を吸収する「衝撃吸収ナイロン」を創成することに成功した。

リアクティブプロセッシングは，2種の材料の末端につけられた官能基同士をその接触する界面で化学反応により結合させることで界面での接着強度を高める技術で，従来，こうした反応物は接触界面に留めておく思想で材料設計がなされていたが，井上教授らの研究グループでは反応時間を長くして反応物のせん断を繰り返すことで，化学反応により結合した反応物がせん断により界面から遊離しミセル化して分散していくことを発見した。高分子の末端部分が界面で接触して混ぜ合わされる通常のポリマーアロイが数μmサイズの構造であるのに対して，遊離したナノミセルでは複数のポリマーを混ぜ合わせてナノメートルオーダーで制御することが可能になる。

193 kgの錘を時速約11 kmで落下させ高速大型落錘試験では，一般的なナイロン（プラスチック）では力が加わった瞬間に亀裂が入り，最終的には割れてしまうのに対して，衝撃吸収ナイロンは錘に押しつぶされるように変形し，亀裂が生じたり，壊れたりすることもなく元の形に戻り，高速で変形するほど柔軟性が現れることも確認された。この特性を活かせる分野として真っ先に想定されたのが自動車の歩行者保護対策部品で，応用用途としては通常走行時は硬さを保ち，事故などで強い衝撃が加わったときだけ柔らかくなり衝撃を吸収することが理想的な自動車用部品が想定されていた。

ナノアロイ技術は現在，樹脂素材ではPA／エラストマー（製品名「アミラン」），PBT／ポリカ（製品名「トレコン」），透明グレードのPLA（製品名「エコディア」），炭素繊維プリプレグの「トレカ」などの製品に応用されており，レーシングバイク，バドミントンやテニス用ストリングスやラケット，高機能ゴルフシャフト，高級釣り竿などの製品に使用されている。

6.2　積水化成品／エステイレイヤー

積水化成品が開発した「ST-LAYER（エステイレイヤー）」は，同社が独自開発したCFRPと発泡成形体の複合材料である。CFRPの特性と同社独自の発泡体の特性を併せ持った新しい素材で，顧客ニーズに応じてさまざまな形状設計や物性に対応できる。同素材は同じ強度の金属系材料と比較して軽量であり，CFRP単体と比較して強度が高く，強靭（高破壊エネルギー）である。発泡芯材の選択により用途やスペックに合わせたカスタマイズが可能で，制振性，電磁波遮蔽，X線透過性などさまざまな機能を付与できる。形状や厚さに合わせて「Fグレード」，「Bグレード」，「Sグレードの」の3種類のグレードがある。

Fグレードはグレード中最高の強度を有しており，対応肉厚が3～60 mmで風力発電用部品用途に使用される。Bグレードは複雑な形状に対応可能なグレードで，対応肉厚は10～100 mm，主にエンジンカバー用途に使用される。また，Sグレードは厚みの薄い用途に適する素材で，対応肉厚は0.8～3 mmで，アタッシュケースなどが主な用途となっている。

ST-LAYERは，CFRP単体よりもさらに高い制振性を有しており，ロボットアーム部材，精密部品組立装置，高速回転・移動装置，自動車部材などの制振性，作動性向上に寄与している。また，発泡体を芯材として使用していることから断熱性に優れており，自動車の内外装材や保温が必要な住設・輸送機器などへ適用が期待されている。

6.3　三井金属エンジニアリング／オンシャット

三井金属エンジニアリングの「オンシャット」は，建築物や設備などの遮音，制振対策に優れた性能を発揮する鉛ベースの素材である。原料は三井金属鉱業で生産された高純度の鉛地金（EMK）で，高いマテリアルクオリティを保持しながら，DM法（Direct Method）によって製造されており，優れた騒音低減効果と施工性を実現している。

遮音材の性能は質量則により綿密度に比例して高くなる。そのため，したがって，鉛に比較して密度の小さい他の遮音材を使用する場合，オンシャットに匹敵する遮音性能を得るためには数倍以上の厚さが必要となる。しかも，鉛は弾性率が低く，他の素材に見られるコインシデンス効果（特定の周波数に対する共振現象）が発生しないため，忠実に質量則に従って遮音特性が安定しているという特長を有している。また，高密度で柔軟な鉛は，振動エネルギーをよく吸収するため，振動絶縁，制振に適した素材として認識されている。

オンシャットは通常の場合，0.3～0.5 mmの厚の製品がラワンベニヤ，シナベニヤ，フレキシブルボード，石膏ボード，ケイ酸カルシウム板，鉛シート，鉛テープなどに貼り付けられ，建物の床，壁，天井をはじめパイプシャフト，エレベーターシャフト，空調ダクト，配管系統などの遮音・制振・消音対策などに使用されている。

6.4 東邦亜鉛／ソフトカーム

東邦亜鉛の「ソフトカーム」は，比重が大きく柔らかい金属である鉛を遮音材とした製品で，鉛遮音材の代名詞となるほど広く認知されており多くの利用実績がある。特に「制振遮音材Sシリーズ」は，コストと性能において顧客ユーザーニーズに合った遮音建材として開発，販売され，住宅メーカー各社に採用されている。

制振遮音板の「SFタイプ」は，床面に敷き込むことで，上階からの足音や物の落下音を軽減させるのに最適な製品で，戸建住宅のみならず，2世帯住宅やマンション，アパートなどの集合住宅で採用されている。また，制振遮音ボードの「SPタイプ」は，制振遮音板と石膏ボードとの複合板となっている製品で，下地材にそのままビス固定することで壁材や天井材として施工できる。また，石膏ボード面にはクロス仕上げなどが可能である。特に4mm厚の遮音板と複合した「SP-4D」は，高い遮音性能が得られる製品で，楽器練習室などの防音や界壁の遮音改修などに使用されている。その他，遮音シートの「SCタイプ」は，小さな音でも気になりやすい集合住宅の排水管からの騒音防止対策に適したシートとして使用されている。また，遮音材の「鉛複合板・鉛シート」は，比重が大きく，やわらかいという遮音に適した性質を有する遮音建材で，空港や基地周辺住宅の防音対策として国から指定採用されるなど，遮音建材として数多くの実績を残している。

間仕切壁の石膏ボード（片側）を制振遮音ボード（SP-4D），鉛複合板（P-5＝石膏ボード12.5t，鉛1.0t）に張り替えた場合の遮音性能改善量は，遮音等級が鉛複合板で2ポイント，SD-40で3ポイント向上し，平均音響透過損失も鉛複合板が5ポイント，SP-40が7ポイント向上することが確認されている。

高分子制振材料・応用製品の最新動向Ⅲ

2019年3月27日　第1刷発行

監　　修　西澤　仁　　（T1106）
発 行 者　辻　賢司
発 行 所　株式会社シーエムシー出版
東京都千代田区神田錦町1－17－1
電話 03(3293)7066
大阪市中央区内平野町1－3－12
電話 06(4794)8234
http://www.cmcbooks.co.jp/
編集担当　深澤郁恵／町田　博

〔印刷　倉敷印刷株式会社〕

ISBN978-4-7813-1407-5 C3043 ¥76000E